머리말

KB196922

"변화하는 시험 경향, 맞춤형 전략으로 합격의 문을 열다."

위험물기능사 실기시험의 최근 10년간 평균 합격률은 약 40%입니다. 이는 결코 낮은 수치가 아니기에, 충분히 도전해볼 만한 가치가 있는 분야입니다. 따라서 위험물기능사 실기에 처음 도전하는 수험생이라도 본 교재의 단계별 체계적인 학습을 통해 실전에 필요한 기술과 지식을 확실히 익힌다면 시험에서 원하는 결과를 반드시 얻게 될 것입니다.

2025년부터 위험물기능사 필기시험 과목이 변경되었으나, 실기시험은 이전과 동일한 "위험물 취급 실무"로 1시간 30분 동안 필답형으로 진행됩니다. 다만 최근 실기시험이 단순 암기보다는 위험물의 특성과 그에 따른 안전조치에 관한 실무적인 이해가 필요한 문제 위주로 출제된다는 것에 주목해야 합니다.

본 교재는 이러한 최신 출제 경향을 반영하여 핵심 개념의 이해부터 실전 문제풀이까지 철저하고 완벽한 학습이 가능하도록 구성되어 있으므로, 다가오는 시험에서 충분히 좋은 성과를 거둘 수 있도록 도와줄 것입니다.

위험물기능사 실기시험 합격을 위한 효과적인 학습방법을 정리하면 다음과 같습니다.
첫째, 이론학습과 동시에 기출문제를 반복적으로 풀면서 실전 감각을 키웁니다.
둘째, 최근 7개년 기출문제를 반복적으로 풀면서 출제 경향을 익힙니다.
셋째, 틀린 문제는 반드시 복습하여 취약점을 보완합니다.
넷째, 자주 출제되는 화학반응식은 반드시 암기합니다.

마지막으로, 자격증 취득을 위한 여정에서 가장 중요한 것은 지속적인 노력과 긍정적인 태도라는 것을 명심하길 바랍니다. 그리고 본 교재와 함께 차근차근 각자의 속도로 나아가며 작은 성취를 쌓길 바랍니다. 어려운 순간이 오더라도 그 경험이 스스로를 더욱 강하게 만들어 줄 것이라는 믿음으로 포기하지 않고 꾸준히 노력한다면, 합격의 기쁨은 반드시 여러분의 것이 될 것입니다.

본 교재는 수험생 여러분께 위험물기능사 실기시험에서 합격에 이르는 성공적인 여정을 위한 최고의 파트너이자 든든한 지원군이 되어 드릴 것입니다. 여러분의 합격을 진심으로 기원합니다.

편저자 김연진

위험물기능사 시험정보

▌위험물기능사란?

- **자격명 :** 위험물기능사
- **영문명 :** Craftsman Hazardous material
- **관련부처 :** 소방청
- **시행기관 :** 한국산업인력공단
- **직무내용 :** 위험물을 저장, 취급, 제조하는 제조소등에서 위험물을 안전하게 저장, 취급, 제조하고 일반 작업자를 지시·감독하며, 각 설비에 대한 점검과 재해 발생 시 응급조치 등의 안전관리 업무를 수행하는 직무

▌위험물기능사 응시료

- **필기 :** 14,500원
- **실기 :** 17,200원

▌위험물기능사 취득방법

구분		내용
시험과목	필기	위험물의 성질 및 안전관리
	실기	위험물 취급 실무
검정방법	필기	객관식 4지 택일형, 60문항(60분)
	실기	필답형(1시간 30분)
합격기준	필기	100점을 만점으로 하여 60점 이상
	실기	100점을 만점으로 하여 60점 이상

위험물기능사 합격률

연도	필기			실기		
	응시	합격	합격률(%)	응시	합격	합격률(%)
2023	16,542	6,668	40.3	8,735	3,249	37.2
2022	14,100	5,932	42.1	8,238	3,415	41.5
2021	16,322	7,150	43.8	9,188	4,070	44.3
2020	13,464	6,156	45.7	9,140	3,482	38.1
2019	19,498	8,433	43.3	12,342	4,656	37.7

위험물기능사 실기
출제기준

직무분야	화학	중직무분야	위험물	자격종목	위험물기능사	적용기간	2025.01.01 ~2029.12.31
실기검정방법		필답형		시험시간		1시간 30분	

실기과목명	주요항목	세부항목
위험물 취급 실무	1. 제4류 위험물 취급	1. 성상 및 특성
		2. 저장방법 확인하기
		3. 취급방법 파악하기
		4. 소화방법 수립하기
	2. 제1류, 제6류 위험물 취급	1. 성상 및 특성
		2. 저장방법 확인하기
		3. 취급방법 파악하기
		4. 소화방법 수립하기
	3. 제2류, 제5류 위험물 취급	1. 성상 및 특성
		2. 저장방법 확인하기
		3. 취급방법 파악하기
		4. 소화방법 수립하기
	4. 제3류 위험물 취급	1. 성상 및 특성
		2. 저장방법 확인하기
		3. 취급방법 파악하기
		4. 소화방법 수립하기
	5. 위험물 운송·운반시설 기준 파악	1. 운송기준 파악하기
		2. 운송시설 파악하기
		3. 운반기준 파악하기

위험물기능사 실기
출제기준 ———————

실기과목명	주요항목	세부항목
위험물 취급 실무	6. 위험물 저장	1. 저장기준 조사하기
		2. 탱크저장소에 저장하기
		3. 옥내저장소에 저장하기
		4. 옥외저장소에 저장하기
	7. 위험물 취급	1. 취급기준 조사하기
		2. 제조소에서 취급하기
		3. 저장소에서 취급하기
		4. 취급소에서 취급하기
	8. 위험물 제조소 유지관리	1. 제조소의 시설기술기준조사하기
		2. 제조소의 위치 점검하기
		3. 제조소의 구조 점검하기
		4. 제조소의 설비 점검하기
		5. 제조소의 소방시설 점검하기
	9. 위험물 저장소 유지관리	1. 저장소의 시설기술기준 조사하기
		2. 저장소의 위치 점검하기
		3. 저장소의 구조 점검하기
		4. 저장소의 설비 점검하기
		5. 저장소의 소방시설 점검 하기
	10. 위험물 취급소 유지관리	1. 취급소의 시설기술기준 조사하기
		2. 취급소의 위치 점검하기
		3. 취급소의 구조 점검하기
		4. 취급소의 설비 점검하기
		5. 취급소의 소방시설 점검 하기

이 책의 구성과 특징

✅ CHECK 손글씨 핵심요약

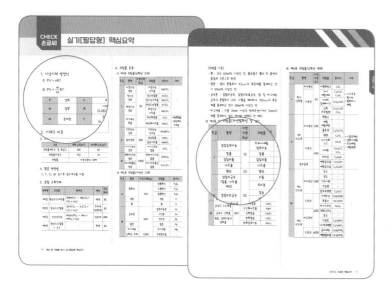

| Point 1

꼭 알아야 할 중요한 핵심이론만 눈이 편한 손글씨로 정리

| Point 2

필답형 실기시험 대비에 효과적인 집중 학습 가능

✅ 실기[필답형] 기출복원문제

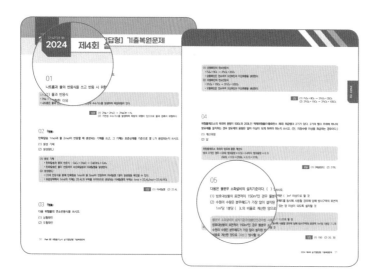

| Point 1

2024년~2018년까지 7개년 총 28회차 실기[필답형] 기출복원문제 제공

| Point 2

출제된 필답형 문제풀이를 통해 실전 대비

✅ 실기[필답형] 모의고사

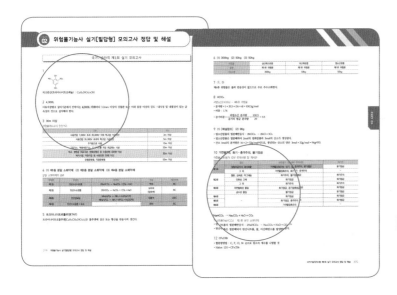

▌Point 1
실제 위험물기능사 실기[필답형] 문제
형식으로 실전테스트

▌Point 2
문제와 해설을 분리하여 문제풀이 후
보충할 부분을 확인하고 최종마무리

CONTENTS
목차

01

위험물기능사 실기[필답형]
핵심요약

1. 이상기체 방정식

① $PV = nRT$

② $PV = \dfrac{w}{M}RT$

P	압력	V	부피
w	질량	R	기체상수 (0.082L·atm/mol·K)
M	분자량	T	절대온도 (K = 273+℃)

2. 기체의 비중

$$증기비중 = \dfrac{기체분자량}{29(공기의\ 평균분자량)}$$

3. 소요단위(연면적)

구분	내화구조(m^2)	비내화구조(m^2)
위험물제조소 및 취급소	100	50
위험물저장소	150	75
위험물	지정수량의 10배	

4. 할론 명명법

C, F, Cl, Br 순으로 원소개수를 나열

5. 분말 소화약제

약제명	주성분	분해식	색상	적응화재
제1종	탄산수소나트륨	$2NaHCO_3 \rightarrow Na_2CO_3 + CO_3 + H_2O$	백색	BC
제2종	탄산수소칼륨	$2KHCO_3 \rightarrow K_2CO_3 + CO_2 + H_2O$	보라색 (담회색)	BC
제3종	인산암모늄	$NH_4H_2PO_4 \rightarrow NH_3 + HPO_3 + H_2O$	담홍색	ABC
제4종	탄산수소칼륨 + 요소	-	회색	BC

6. 위험물 종류

① 제1류 위험물(산화성 고체)

등급	품명	지정수량 (kg)	위험물	분자식	기타
I	아염소산염류	50	아염소산나트륨	$NaClO_2$	-
	염소산염류		염소산칼륨	$KClO_3$	
			염소산나트륨	$NaClO_3$	
	과염소산염류		과염소산칼륨	$KClO_4$	
			과염소산나트륨	$NaClO_4$	
	무기과산화물		과산화칼륨	K_2O_2	• 과산화칼슘 • 과산화마그네슘
			과산화나트륨	Na_2O_2	
II	브로민산염류	300	브로민산암모늄	NH_4BrO_3	-
	질산염류		질산칼륨	KNO_3	
			질산나트륨	$NaNO_3$	
	아이오딘산염류		아이오딘산칼륨	KIO_3	
III	과망가니즈산염류	1,000	과망가니즈산칼륨	$KMnO_4$	
	다이크로뮴산염류		다이크로뮴산칼륨	$K_2Cr_2O_7$	

② 제2류 위험물(가연성 고체)

등급	품명	지정수량(kg)	위험물	분자식
II	황화인	100	삼황화인	P_4S_3
			오황화인	P_2S_5
			칠황화인	P_4S_7
	적린		적린	P
	황		황	S
III	금속분	500	알루미늄분	Al
			아연분	Zn
			안티몬	Sb
	철분		철분	Fe
	마그네슘		마그네슘	Mg
	인화성 고체	1,000	고형알코올	-

[위험물 기준]

- 황 : 순도 60wt% 이상인 것, 불순물은 활석 등 불연성 물질과 수분으로 한정
- 철분 : 철의 분말로서 $53\mu m$의 표준체를 통과하는 것이 50wt% 이상인 것
- 금속분 : 알칼리금속, 알칼리토류금속, 철 및 마그네슘 금속의 분말로서 구리, 니켈을 제외하고 $150\mu m$의 표준체를 통과하는 것이 50wt% 이상인 것
- 마그네슘 : 지름 2mm 이상의 막대모양이거나 2mm의 체를 통과하지 않는 덩어리 상태의 것 제외

③ 제3류 위험물(자연발화성 및 금수성 물질)

등급	품명	지정수량 (kg)	위험물	분자식
I	알킬알루미늄	10	트라이에틸 알루미늄	$(C_2H_5)_3Al$
	칼륨		칼륨	K
	알킬리튬		알킬리튬	RLi
	나트륨		나트륨	Na
	황린	20	황린	P_4
II	알칼리금속 (칼륨, 나트륨 제외)	50	리튬	Li
			루비듐	Rb
	알칼리토금속		칼슘	Ca
			바륨	Ba
	유기금속화합물 (알킬알루미늄, 알킬리튬 제외)		-	-
III	금속의 수소화물	300	수소화칼슘	CaH_2
			수소화나트륨	NaH
	금속의 인화물		인화칼슘	Ca_3P_2
	칼슘, 알루미늄의 탄화물		탄화칼슘	CaC_2
			탄화알루미늄	Al_4C_3

④ 제4류 위험물(인화성 액체)

등급	품명		지정수량 (L)	위험물	분자식	기타
I	특수인화물	비수용성	50	이황화탄소	CS_2	• 이소프로필아민 • 황화다이메틸
		수용성		다이에틸에터	C_2H_5O C_2H_5	
				아세트알데하이드	CH_3CHO	
				산화프로필렌	CH_2CHO CH_3	
II	제1석유류	비수용성	200	휘발유	-	• 시클로헥산 • 염화아세틸 • 초산메틸 • 에틸벤젠
				메틸에틸케톤	-	
				톨루엔	$C_6H_5CH_3$	
				벤젠	C_6H_6	
		수용성	400	사이안화수소	HCN	
				아세톤	CH_3CO CH_3	
				피리딘	C_5H_5N	
	알코올류			메틸알코올	CH_3OH	
				에틸알코올	C_2H_5OH	
III	제2석유류	비수용성	1,000	등유	-	-
				경유	-	
				스타이렌	-	
				크실렌	-	
				클로로벤젠	C_6H_5Cl	
		수용성	2,000	아세트산	CH_3COOH	
				포름산	HCOOH	
				하이드라진	N_2H_4	
	제3석유류	비수용성	2,000	크레오소트유	-	
				중유	-	
				아닐린	$C_6H_5NH_2$	
				나이트로벤젠	$C_6H_5NO_2$	
		수용성	4,000	글리세린	$C_3H_5(OH)_3$	
				에틸렌글리콜	$C_2H_4(OH)_2$	

		윤활유		
제4석유류	6,000	기어유	-	
		실린더유		
		대구유		
		정어리유		
동식물유류	10,000	해바라기유	-	
		들기름		
		아마인유		

[위험물기준]
- 특수인화물 : 이황화탄소, 다이에틸에터 그 밖에 1기압에서 발화점이 섭씨 100도 이하인 것 또는 인화점이 섭씨 영하 20도 이하이고 비점이 섭씨 40도 이하인 것
- 제1석유류 : 아세톤, 휘발유 그 밖에 1기압에서 인화점이 섭씨 21도 미만인 것
- 제2석유류 : 등유, 경유 그 밖에 1기압에서 인화점이 섭씨 21도 이상 70도 미만인 것

[동식물유류 종류]

구분	아이오딘값	불포화도	종류
건성유	130 이상	큼	대구유, 정어리유, 상어유, 해바라기유, 동유, 아마인유, 들기름
반건성유	100 초과 130 미만	중간	면실유, 청어유, 쌀겨유, 옥수수유, 채종유, 참기름, 콩기름
불건성유	100 이하	작음	소기름, 돼지기름, 고래기름, 올리브유, 팜유, 땅콩기름, 피마자유, 야자유

⑤ 제5류 위험물(자기반응성 물질)

등급	품명	지정수량(kg) 제1종 : 10kg 제2종 : 100kg	위험물	분자식	기타
I	질산에스터류	10	질산메틸	CH_3ONO_2	-
			질산에틸	$C_2H_5ONO_2$	
			나이트로글리세린	$C_3H_5(ONO_2)_3$	
			나이트로글리콜		
			나이트로셀룰로오스	-	
			셀룰로이드		

	유기과산화물		과산화벤조일	$(C_6H_5CO)_2O_2$	• 과산화메틸에틸케톤
			아세틸퍼옥사이드	-	
	하이드록실아민			NH_2OH	-
	하이드록실아민염류			-	
II	나이트로화합물	100	트라이나이트로톨루엔	$C_6H_2(NO_2)_3CH_3$	• 다이나이트로벤젠 • 다이나이트로톨루엔
			트라이나이트로페놀	$C_6H_2(NO_2)_3OH$	
			테트릴		
	나이트로소화합물				
	아조화합물				
	다이아조화합물				
	하이드라진유도체		-		-
	질산구아니딘				

[상온 중 액체 또는 고체인 위험물 품명]

품명	위험물	상태
질산에스터류	질산메틸 질산에틸 나이트로글리콜 나이트로글리세린	액체
	나이트로셀룰로오스 셀룰로이드	고체
나이트로화합물	트라이나이트로톨루엔 트라이나이트로페놀 다이나이트로벤젠 테트릴	고체

[트라이나이트로페놀과 트라이나이트로톨루엔 구조식]

트라이나이트로페놀 [$C_6H_2(NO_2)_3OH$]	트라이나이트로톨루엔 [$C_6H_2(NO_2)_3CH_3$]

⑥ 제6류 위험물(산화성 액체)

등급	위험물	지정수량(kg)	분자식	기타
Ⅰ	질산	300	HNO_3	-
	과산화수소		H_2O_2	-
	과염소산		$HClO_4$	
	할로젠간 화합물		BrF_3	삼플루오린화브로민
			BrF_5	오플루오린화브로민
			IF_5	오플루오린화아이오딘

[위험물 기준]

- 질산 ⇒ 비중 1.49 이상
- 과산화수소 ⇒ 농도 36wt% 이상

7. 위험물별 특징

① 위험물별 피복유형

위험물	종류	피복
제1류	알칼리금속과산화물	방수성
	그 외	차광성
제2류	철분, 금속분, 마그네슘	방수성
제3류	자연발화성 물질	차광성
	금수성 물질	방수성
제4류	특수인화물	차광성
제5류	-	차광성
제6류		차광성

② 위험물별 유별 주의사항 및 게시판

유별	종류	운반용기 외부 주의사항	게시판
제1류	알칼리금속 과산화물	가연물접촉주의, 화기·충격주의, 물기엄금	물기엄금
	그 외	가연물접촉주의, 화기·충격주의	-
제2류	철분, 금속분, 마그네슘	화기주의, 물기엄금	화기주의
	인화성 고체	화기엄금	화기엄금
	그 외	화기주의	화기주의
제3류	자연발화성 물질	화기엄금, 공기접촉엄금	화기엄금
	금수성 물질	물기엄금	물기엄금
제4류	-	화기엄금	화기엄금
제5류	-	화기엄금, 충격주의	화기엄금
제6류	-	가연물접촉주의	-

③ 게시판 종류 및 바탕, 문자색

종류	바탕색	문자색
위험물제조소	백색	흑색
위험물	흑색	황색
주유 중 엔진정지	황색	흑색
화기엄금	적색	백색
물기엄금	청색	백색

④ 혼재 가능한 위험물(단, 지정수량의 1/10배를 초과하는 경우)

1	6		혼재 가능
2	5	4	혼재 가능
3	4		혼재 가능

8. 안전거리

구분	거리
사용전압 7,000V 초과 35,000V 이하의 특고압 가공전선	3m 이상
사용전압 35,000V 초과의 특고압 가공전선	5m 이상
주거용으로 사용	10m 이상
고압가스, 액화석유가스, 도시가스를 저장, 취급하는 시설	20m 이상
• 학교, 병원급 의료기관 • 공연장, 영화상영관 및 그 밖에 이와 유사한 시설로서 수용인원 300명 이상인 것 • 아동복지시설, 노인복지시설, 장애인복지시설, 한부모가족복지시설, 어린이집, 성매매피해자등을 위한 지원시설, 정신건강증진시설, 보호시설 및 그 밖에 이와 유사한 시설로서 수용인원 20명 이상인 것	30m 이상
유형문화재, 기념물 중 지정문화재	50m 이상

9. 환기설비 바닥면적 150m² 미만인 경우 급기구 면적

바닥면적	급기구 면적
60m² 미만	150cm² 이상
60m² 이상 90m² 미만	300cm² 이상
90m² 이상 120m² 미만	450cm² 이상
120m² 이상 150m² 미만	600cm² 이상

10. 보유공지

① 옥외탱크저장소

위험물의 최대수량	공지의 너비
지정수량의 500배 이하	3m 이상
지정수량의 500배 초과 1,000배 이하	5m 이상
지정수량의 1,000배 초과 2,000배 이하	9m 이상
지정수량의 2,000배 초과 3,000배 이하	12m 이상
지정수량의 3,000배 초과 4,000배 이하	15m 이상
지정수량의 4,000배 초과	탱크의 수평단면의 최대지름과 높이 중 큰 것 이상 ① 소 : 15m 이상 ② 대 : 30m 이하

② 옥내저장소

위험물 최대수량	공지의 너비	
	벽, 기둥 및 바닥 : 내화구조	그 밖의 건축물
지정수량의 5배 이하	-	0.5m 이상
지정수량의 5배 초과 10배 이하	1m 이상	1.5m 이상
지정수량의 10배 초과 20배 이하	2m 이상	3m 이상
지정수량의 20배 초과 50배 이하	3m 이상	5m 이상
지정수량의 50배 초과 200배 이하	5m 이상	10m 이상
지정수량의 200배 초과	10m 이상	15m 이상

③ 위험물제조소

취급하는 위험물의 최대수량	공지의 너비
지정수량의 10배 이하	3m 이상
지정수량의 10배 초과	5m 이상

11. 각 저장소 구조 및 설비 기준

옥외탱크저장소	• 방유제는 높이 0.5m 이상 3m 이하, 두께 0.2m 이상, 지하매설깊이 1m 이상으로 할 것 • 방유제 내의 면적은 8만m² 이하로 할 것 • 방유제 내의 설치하는 옥외저장탱크의 수는 10 (방유제 내에 설치하는 모든 옥외저장탱크의 용량이 20만L 이하이고, 당해 옥외저장탱크에 저장 또는 취급하는 위험물의 인화점이 70℃ 이상 200℃ 미만인 경우에는 20) 이하로 할 것
옥내탱크저장소	• 옥내저장탱크와 탱크전용실의 벽과의 사이 및 옥내저장탱크의 상호 간에는 0.5m 이상의 간격을 유지할 것(다만, 탱크의 점검 및 보수에 지장이 없는 경우에는 그러하지 아니함) • 옥내저장탱크의 용량(동일한 탱크전용실에 옥내저장탱크를 2 이상 설치하는 경우에는 각 탱크의 용량의 합계)은 지정수량의 40배(제4석 유류 및 동식물유류 외의 제4류 위험물에 있어서 당해 수량이 20,000L를 초과할 때에는 20,000L) 이하일 것

이동탱크 저장소	• 이동저장탱크는 그 내부에 4,000L 이하마다 3.2mm 이상의 강철판 또는 이와 동등 이상의 강도 · 내열성 및 내식성이 있는 금속성의 것으로 칸막이를 설치하여야 함(다만, 고체인 위험물을 저장하거나 고체인 위험물을 가열하여 액체 상태로 저장하는 경우에는 그러하지 아니함) • 위 규정에 의한 칸막이로 구획된 각 부분마다 맨홀과 위험물안전관리법령에 의한 안전장치 및 방파판을 설치하여야 함 • 안전장치상용압력이 20kPa 이하인 탱크에 있어서는 20kPa 이상 24kPa 이하의 압력에서, 상용압력이 20kPa를 초과하는 탱크에 있어서는 상용압력의 1.1배 이하의 압력에서 작동하는 것으로 할 것
간이탱크 저장소	• 하나의 간이탱크저장소에 설치하는 간이저장탱크는 그 수를 3 이하로 하고, 동일한 품질의 위험물의 간이저장탱크를 2 이상 설치하지 아니하여야 함 • 간이저장탱크의 용량은 600L 이하이어야 함 • 간이저장탱크는 두께 3.2mm 이상의 강판으로 흠이 없도록 제작하여야 하며, 70kPa의 압력으로 10분간의 수압시험을 실시하여 새거나 변형되지 아니하여야 함
지하저장 탱크	• 지하저장탱크는 용량에 따라 다음 표에 정하는 기준에 적합하게 강철판 또는 동등 이상의 성능이 있는 금속재질로 완전용입용접 또는 양면겹침이음용접으로 틈이 없도록 만드는 동시에, 압력탱크(최대상용압력이 46.7kPa 이상인 탱크) 외의 탱크에 있어서는 70kPa의 압력으로, 압력탱크에 있어서는 최대상용압력의 1.5배의 압력으로 각각 10분간 수압시험을 실시하여 새거나 변형되지 아니하여야 함) • 이 경우 수압시험은 소방청장이 정하여 고시하는 기밀시험과 비파괴시험을 동시에 실시하는 방법으로 대신할 수 있음

12. 판매취급소

① 점포에서 위험물을 용기에 담아 판매하기 위해 지정수량의 40배 이하의 위험물을 취급하는 장소를 뜻함

② 저장 또는 취급하는 위험물의 수량에 따라 제1종(지정수량 20배 이하)과 제2종(지정수량 40배 이하)으로 구분

13. 탱크의 용적산정기준

① 횡으로 설치한 것

$$V = \pi r^2 (l + \frac{l_1 + l_2}{3})(1 - 공간용적)$$

② 종으로 설치한 것

$$V = \pi r^2 l$$

14. 아세트알데하이드등의 저장기준

보냉장치 있는 경우	보냉장치 없는 경우
이동저장탱크에 저장하는 아세트알데하이드등의 온도는 당해 위험물의 비점 이하로 유지할 것	이동저장탱크에 저장하는 아세트알데하이드등의 온도는 40℃ 이하로 유지할 것

15. 위험물운송자는 장거리 운송을 할 때에 2명 이상의 운전자로 하지 않아도 되는 경우

① 운전책임자의 동승
운송책임자가 별도의 사무실이 아닌 이동탱크저장소에 함께 동승한 경우(운송책임자가 운전자의 역할을 하지 않아야 함)

② 운송위험물의 위험성이 낮은 경우
운송하는 위험물이 제2류 위험물, 제3류 위험물(칼슘 또는 알루미늄의 탄화물과 이것만을 함유한 것), 제4류 위험물(특수인화물 제외)인 경우

③ 적당한 휴식을 취하는 경우
운송 도중에 2시간 이내마다 20분 이상씩 휴식하는 경우

16. 자체소방대

제조소 또는 일반취급소에서 취급하는 제4류 위험물의 최대수량 합	화학소방 자동차 (대)	자체 소방대원 수 (인)
지정수량의 3천배 이상 12만배 미만인 사업소	1	5
지정수량의 12만배 이상 24만배 미만인 사업소	2	10
지정수량의 24만배 이상 48만배 미만인 사업소	3	15
지정수량의 48만배 이상인 사업소	4	20
옥외탱크저장소에 저장하는 제4류 위험물의 최대수량이 지정수량의 50만배 이상인 사업소	2	10

17. 시험문제에 자주 나오는 위험물 화학반응식

① 탄화알루미늄과 물의 반응식

> - $Al_4C_3 + 12H_2O \rightarrow 4Al(OH)_3 + 3CH_4$
> - 탄화알루미늄은 물과 반응하여 수산화알루미늄과 메탄을 발생

② 알루미늄분과 물의 반응식

> - $2Al + 6H_2O \rightarrow 2Al(OH)_3 + 3H_2$
> - 알루미늄분은 물과 반응하여 수산화알루미늄과 수소를 발생

③ 탄화칼슘과 물의 반응식

> - $CaC_2 + 2H_2O \rightarrow Ca(OH)_2 + C_2H_2$
> - 탄화칼슘은 물과 반응하여 수산화칼슘과 아세틸렌을 발생

④ 인화칼슘과 물의 반응식

> - $Ca_3P_2 + 6H_2O \rightarrow 3Ca(OH)_2 + 2PH_3$
> - 인화칼슘은 물과 반응하여 수산화칼슘과 포스핀가스를 발생

⑤ 황린의 연소반응식

> - $P_4 + 5O_2 \rightarrow 2P_2O_5$
> - 황린은 연소하여 오산화인을 생성

⑥ 적린의 연소반응식

> - $4P + 5O_2 \rightarrow 2P_2O_5$
> - 적린은 연소하여 오산화인을 생성

⑦ 벤젠의 연소반응식

> - $2C_6H_6 + 15O_2 \rightarrow 12CO_2 + 6H_2O$
> - 벤젠은 연소하여 이산화탄소와 물을 생성

⑧ 이황화탄소와 물의 반응식

> - $CS_2 + 2H_2O \rightarrow CO_2 + 2H_2S$
> - 이황화탄소는 물과 반응하여 이산화탄소와 황화수소를 발생

⑨ 과산화나트륨과 물의 반응식

> - $2Na_2O_2 + 2H_2O \rightarrow 4NaOH + O_2$
> - 과산화나트륨은 물과 반응하여 수산화나트륨과 산소를 발생

⑩ 과산화칼륨과 물의 반응식

> - $2K_2O_2 + 2H_2O \rightarrow 4KOH + O_2$
> - 과산화칼륨은 물과 반응하여 수산화칼륨과 산소를 발생

⑪ 삼황화인의 연소반응식

> - $P_4S_3 + 8O_2 \rightarrow 2P_2O_5 + 3SO_2$
> - 삼황화인은 연소하여 오산화인과 이산화황을 생성

⑫ 오황화인의 연소반응식

> - $2P_2S_5 + 15O_2 \rightarrow 2P_2O_5 + 10SO_2$
> - 오황화인은 연소하여 오산화인과 이산화황을 생성

⑬ 트라이메틸알루미늄의 연소반응식

> - $2(CH_3)_3Al + 12O_2 \rightarrow Al_2O_3 + 6CO_2 + 9H_2O$
> - 트라이메틸알루미늄은 연소하여 산화알루미늄, 이산화탄소, 물을 생성

⑭ 트라이에틸알루미늄과 물의 반응식

> - $(C_2H_5)_3Al + 3H_2O \rightarrow Al(OH)_3 + 3C_2H_6$
> - 트라이에틸알루미늄은 물과 반응하여 수산화알루미늄과 에탄을 발생

⑮ 칼륨과 에탄올의 반응식

> - $2K + 2C_2H_5OH \rightarrow 2C_2H_5OK + H_2$
> - 칼륨은 에탄올과 반응하여 칼륨에틸레이트와 수소를 발생

⑯ 아염소산나트륨의 열분해반응식

> - $NaClO_2 \rightarrow NaCl + O_2$
> - 아염소산나트륨은 완전열분해하여 염화나트륨과 산소를 방출

⑰ 염소산칼륨의 분해반응식

- $2KClO_3 \rightarrow 2KCl + 3O_2$
- 염소산칼륨은 분해되어 염화칼륨과 산소를 생성

⑱ 마그네슘의 연소반응식

- $2Mg + O_2 \rightarrow 2MgO$
- 마그네슘은 연소하여 산화마그네슘을 생성

⑲ 마그네슘과 물의 반응식

- $Mg + 2H_2O \rightarrow Mg(OH)_2 + H_2$
- 마그네슘은 물과 반응하여 수산화마그네슘과 수소를 발생

⑳ 수산화칼슘과 물의 반응식

- $CaH_2 + 2H_2O \rightarrow Ca(OH)_2 + 2H_2$
- 수소화칼슘은 물과 반응하여 수산화칼슘과 수소를 발생

㉑ 인화알루미늄과 물의 반응식

- $AlP + 3H_2O \rightarrow Al(OH)_3 + PH_3$
- 인화알루미늄은 물과 반응하여 수산화알루미늄과 포스핀을 발생

㉒ 탄화리튬과 물의 반응식

- $Li_2C_2 + 2H_2O \rightarrow 2LiOH + C_2H_2$
- 탄화리튬은 물과 반응하여 수산화리튬과 아세틸렌을 발생

㉓ 아연과 물의 반응식

- $Zn + 2H_2O \rightarrow Zn(OH)_2 + H_2$
- 아연은 물과 반응하여 수산화아연과 수소를 발생

㉔ 아연과 염산의 반응식

- $Zn + 2HCl \rightarrow ZnCl_2 + H_2$
- 아연은 염산과 반응하여 염화아연과 수소를 발생

18. 시험문제에 자주 나오는 위험물별 인화점

위험물	인화점
톨루엔	4℃
아세톤	-18℃
벤젠	-11℃
다이에틸에터	-45℃
아세트산	40℃
아세트알데하이드	-38℃
에탄올	13℃
나이트로벤젠	88℃

02

위험물기능사 실기[필답형]
기출복원문제

01

나트륨과 물의 반응식을 쓰고 반응 시 위험한 이유를 함께 쓰시오.

(1) 물과 반응식
(2) 위험한 이유

나트륨과 물의 반응식
- $2Na + 2H_2O \rightarrow 2NaOH + H_2$
- 나트륨은 물과 반응하여 수산화나트륨과 가연성의 수소가스를 발생하며 폭발위험이 있다.

정답 (1) $2Na + 2H_2O \rightarrow 2NaOH + H_2$
(2) 가연성 수소가스를 발생하며 폭발의 위험이 있으므로 물과 접촉이 위험하다.

02 빈출

탄화칼슘 1mol과 물 2mol이 반응할 때 생성되는 기체를 쓰고, 그 기체는 표준상태를 기준으로 몇 L가 생성되는지 쓰시오.

(1) 생성 기체
(2) 생성량(L)

(1) 생성 기체
- 탄화칼슘과 물의 반응식 : $CaC_2 + 2H_2O \rightarrow Ca(OH)_2 + C_2H_2$
- 탄화칼슘은 물과 반응하여 수산화칼슘과 아세틸렌을 발생한다.
(2) 생성량(L)
- (1)의 반응식을 통해 탄화칼슘 1mol과 물 2mol이 반응하여 아세틸렌 1몰이 발생됨을 확인할 수 있다.
- 표준상태에서 1mol의 기체는 22.4L의 부피를 차지하므로 생성되는 아세틸렌의 부피는 1mol × 22.4L/mol = 22.4L이다.

정답 (1) 아세틸렌 (2) 22.4L

03 빈출

다음 위험물의 연소반응식을 쓰시오.

(1) 삼황화인
(2) 오황화인

(1) 삼황화인의 연소반응식
• $P_4S_3 + 8O_2 \rightarrow 2P_2O_5 + 3SO_2$
• 삼황화인은 연소하여 오산화인과 이산화황을 생성한다.
(2) 오황화인의 연소반응식
• $2P_2S_5 + 15O_2 \rightarrow 2P_2O_5 + 10SO_2$
• 오황화인은 연소하여 오산화인과 이산화황을 생성한다.

정답 (1) $P_4S_3 + 8O_2 \rightarrow 2P_2O_5 + 3SO_2$
(2) $2P_2S_5 + 15O_2 \rightarrow 2P_2O_5 + 10SO_2$

04

위험물제조소의 옥외에 용량이 500L와 200L인 액체위험물(이황화탄소 제외) 취급탱크 2기가 있다. 2기의 탱크 주위에 하나의 방유제를 설치하는 경우 방유제의 용량은 얼마 이상이 되게 하여야 하는지 쓰시오. (단, 지정수량 이상을 취급하는 경우이다.)

(1) 계산과정
(2) 답

위험물제조소 옥외의 방유제 용량 계산식
탱크 2기인 경우 = (최대 탱크용량 × 0.5) + (나머지 탱크용량 × 0.1)
　　　　　　　(500L × 0.5) + (200L × 0.1) = 270L

정답 (1) [해설참조]　(2) 270L

05

다음은 물분무 소화설비의 설치기준이다. ( ) 안에 알맞은 수치를 쓰시오.

(1) 방호대상물의 표면적이 150m²인 경우 물분무 소화설비의 방사구역은 ( )m² 이상으로 할 것
(2) 수원의 수량은 분무헤드가 가장 많이 설치된 방사구역의 모든 분무헤드를 동시에 사용할 경우에 당해 방사구역의 표면적 1m²당 1분당 ( )L의 비율로 계산한 양으로 ( )분간 방사할 수 있는 양 이상이 되도록 설치할 것

물분무 소화설비의 설치기준(위험물안전관리법 시행규칙 별표 17)
방호대상물의 표면적이 150m²인 경우 물분무 소화설비의 방사구역은 150m² 이상으로 할 것
수원의 수량은 분무헤드가 가장 많이 설치된 방사구역의 모든 분무헤드를 동시에 사용할 경우에 당해 방사구역의 표면적 1m²당 1분당 20L의 비율로 계산한 양으로 30분간 방사할 수 있는 양 이상이 되도록 설치할 것

정답 (1) 150　(2) 20, 30

06

위험물안전관리법령상 이동저장탱크저장소의 이동저장탱크 방파판은 두께 몇 mm 이상의 강철판으로 만들어야 하는지 쓰시오.

이동탱크저장소의 방파판 설치기준(위험물안전관리법 시행규칙 별표 10)
방파판은 두께 1.6mm 이상의 강철판 또는 이와 동등 이상의 강도 · 내열성 및 내식성이 있는 금속성의 것으로 할 것

정답 1.6mm 이상

07 ✈빈출

다음 물질의 운반용기 외부에 표시해야 하는 주의사항을 쓰시오.

(1) 과산화벤조일
(2) 과산화수소
(3) 아세톤
(4) 마그네슘
(5) 황린

위험물 유별 운반용기 외부 주의사항과 게시판

유별	종류	운반용기 외부 주의사항	게시판
제1류	알칼리금속의 과산화물	가연물접촉주의, 화기 · 충격주의, 물기엄금	물기엄금
	그 외	가연물접촉주의, 화기 · 충격주의	–
제2류	철분, 금속분, 마그네슘	화기주의, 물기엄금	화기주의
	인화성 고체	화기엄금	화기엄금
	그 외	화기주의	화기주의
제3류	자연발화성 물질	화기엄금, 공기접촉엄금	화기엄금
	금수성 물질	물기엄금	물기엄금
제4류	–	화기엄금	화기엄금
제5류		화기엄금, 충격주의	화기엄금
제6류		가연물접촉주의	–

• 과산화벤조일 : 제5류 위험물로 화기엄금과 충격주의를 표시한다.
• 과산화수소 : 제6류 위험물로 가연물접촉주의를 표시한다.
• 아세톤 : 제4류 위험물로 화기엄금을 표시한다.
• 마그네슘 : 제2류 위험물로 화기주의와 물기엄금을 표시한다.
• 황린 : 제 3류 위험물 중 자연발화성 물질로 화기엄금과 공기접촉엄금을 표시한다.

정답 (1) 화기엄금, 충격주의 (2) 가연물접촉주의 (3) 화기엄금
(4) 화기주의, 물기엄금 (5) 화기엄금, 공기접촉엄금

08

다음 물질에 대하여 화학식과 분자량을 쓰시오.

(1) 질산
- 화학식
- 분자량

(2) 과염소산
- 화학식
- 분자량

제6류 위험물(산화성 액체)

구분	질산	과염소산
화학식	HNO_3	$HClO_4$
분자량	$1 + 14 + (16 \times 3) = 63g/mol$	$1 + 35.5 + (16 \times 4) = 100.5g/mol$
지정수량	300kg	300kg

정답 (1) HNO_3, 63g/mol (2) $HClO_4$, 100.5g

09

과산화수소 170g 분해 시 생성되는 산소의 g수는 얼마인지 계산하시오.

(1) 계산과정
(2) 답

- 과산화수소 분해반응식 : $2H_2O_2 \rightarrow 2H_2O + O_2$
- 과산화수소는 분해되어 물과 산소를 생성한다.
  과산화수소(H_2O_2)는 1mol당 $(2 \times 1) + (2 \times 16) = 34g/mol$이다.
- 과산화수소 170g을 몰로 환산하면 $\dfrac{170g}{34g/mol} = 5mol$이 된다.
- 과산화수소 2mol당 산소 1mol이 생성되므로, 과산화수소 5mol에서 생성되는 산소의 몰수는 $\dfrac{5mol}{2mol} = 2.5mol$이다.
- 산소(O_2)는 1mol당 $16 \times 2 = 32g/mol$이므로, 산소 2.5mol은 $2.5mol \times 32g/mol = 80g$이다.
- 따라서 과산화수소 170g이 분해될 때 생성되는 산소의 질량은 80g이다.

정답 (1) [해설참조] (2) 80g

10

원자량이 24인 제2류 위험물에 대하여 다음 물음에 답하시오.

(1) 물질명을 쓰시오.
(2) 염산과의 반응식을 쓰시오.

마그네슘(Mg) – 제2류 위험물
• 은백색의 광택이 나는 금속으로 원자량이 24인 제2류 위험물이고, 물과 반응하면 수소를 발생시키며 폭발의 위험이 있다.
• 마그네슘과 염산의 반응식 : $Mg + 2HCl \rightarrow MgCl_2 + H_2$
• 마그네슘은 염산과 반응하여 염화마그네슘과 수소를 발생한다.

 정답 (1) 마그네슘
(2) $Mg + 2HCl \rightarrow MgCl_2 + H_2$

11

메탄올 연소 시 생성되는 표준상태에서 공기의 부피(m^3)는 얼마인지 구하시오.

(1) 계산과정
(2) 답

• 메탄올의 연소반응식 : $2CH_3OH + 3O_2 \rightarrow 2CO_2 + 4H_2O$
• 메탄올은 연소하여 이산화탄소와 물을 생성한다.
• 메탄올(CH_3OH)은 1mol당 $12 + (1 \times 3) + 16 + 1 = 32g/mol$이다.
• 메탄올 1mol이 연소할 때 필요한 산소의 부피는 1.5mol이다.
• 따라서 메탄올 1mol의 연소에는 $1.5mol \times 22.4L = 33.6L$의 산소가 필요하다.
• 공기 중 산소는 21%이므로, 필요한 산소 33.6L는 $\frac{33.6L}{0.21} = 160L$이고, m^3로 환산하면 $0.16m^3$이다.

정답 (1) [해설참조] (2) $0.16m^3$

12

다음 [보기]를 보고 아세트알데하이드의 특성으로 맞는 것을 고르시오.

─────[보기]─────

(1) 물, 알코올, 에테르에 녹는다.

(2) 구리나 마그네슘 합금용기에 저장한다.

(3) 분자량 44g, 인화점 −20℃이다.

(4) 무색의 액체이다.

아세트알데하이드 − 제4류 위험물
• 아세트알데하이드(CH₃CHO)는 제4류 위험물 중 특수인화물로 무색의 액체이며, 인화점은 -38℃이다.
• 아세트알데하이드는 물, 알코올, 에테르에 잘 녹는다.
• 아세트알데하이드는 저장 시 구리, 은, 수은, 마그네슘 등으로 만든 용기를 사용하지 않고, 스테인리스강이나 특수 코팅된 용기에 저장한다.

정답 (1), (4)

13

다음 표를 보고 소화설비 적응성 표에 소화가 가능한 경우 ○ 표시를 하시오.

소화 설비의 구분	대상물 구분											
	건축물 그 밖의 공작물	전기 설비	제1류 위험물		재2류 위험물			제3류 위험물		제4류 위험물	제5류 위험물	제6류 위험물
			알칼리 금속 과산화물 등	그밖의것	철분 금속분 마그네슘 등	인화성 고체	그밖의 것	금수성 물질	그밖의 것			
옥내소화전 옥외소화전 설비	○			○		○	○		○		○	○
스프링클러 설비	○			○		○	○		○	△	○	○
물분무 소화설비												

소화설비의 기준(위험물안전관리법 시행규칙 별표 17)

소화 설비의 구분	대상물 구분											
	건축물 그 밖의 공작물	전기 설비	제1류 위험물		재2류 위험물			제3류 위험물		제4류 위험물	제5류 위험물	제6류 위험물
			알칼리 금속 과산화물 등	그밖의것	철분 금속분 마그네슘 등	인화성 고체	그밖의 것	금수성 물질	그밖의 것			
옥내소화전 옥외소화전설비	○			○		○	○		○		○	○
스프링클러 설비	○			○		○	○		○	△	○	○
물분무 소화 설비	○	○		○		○	○		○	○	○	○

- 물분무 소화설비는 주수소화, 질식소화 효과가 있다.
- 건축물 그 밖의 공작물은 주수소화한다.
- 전기설비는 포 소화설비를 제외한 질식소화에 적응성이 있다.

정답 [해설참조]

14

다음 [보기] 중 질산에스터류에 해당하는 물질을 모두 쓰시오.

──────────────[보기]──────────────
트라이나이트로톨루엔, 나이트로셀룰로오스, 나이트로글리세린, 테트릴, 질산메틸, 피크린산

품명	위험물	상태
질산에스터류	질산메틸 질산에틸 나이트로글리콜 나이트로글리세린	액체
	나이트로셀룰로오스 셀룰로이드	고체
나이트로화합물	트라이나이트로톨루엔 트라이나이트로페놀 다이나이트로벤젠 테트릴	고체

정답 나이트로셀룰로오스, 나이트로글리세린, 질산메틸

15

다음은 제4류 위험물에 대한 내용이다. 빈칸에 알맞은 내용을 쓰시오.

물질명	품명	지정수량(L)	수용성 여부
에틸렌글리콜	(①)	(③)	(⑤)
글리세린	(②)	(④)	(⑥)

물질명	품명	분자식	지정수량(L)	수용성 여부
에틸렌글리콜	제3석유류	$C_2H_4(OH)_2$	4,000	수용성
글리세린	제3석유류	$C_3H_5(OH)_3$	4,000	수용성

정답 ① 제3석유류 ② 제3석유류
③ 4,000 ④ 4,000
⑤ 수용성 ⑥ 수용성

16 ⭐빈출

다음 물음에 답하시오.

(1) 트라이나이트로페놀(피크린산)의 구조식을 나타내시오.
(2) 트라이나이트로톨루엔(TNT)의 구조식을 나타내시오.

구분	트라이나이트로페놀(피크린산)	트라이나이트로톨루엔(TNT)
품명	나이트로화합물	나이트로화합물
분자식	$C_6H_2(NO_2)_3OH$	$C_6H_2(NO_2)_3CH_3$
구조식	(1)	(2)
특징	페놀의 수산기(OH)에 세 개의 나이트로(NO_2) 그룹이 치환된 구조	톨루엔의 메틸 그룹(CH_3)에 세 개의 나이트로(NO_2) 그룹이 치환된 구조

정답 (1) (2)

17

다음 [보기]의 위험물을 보고 질문에 따라 답을 쓰시오.

[보기]
특수인화물, 알코올류, 칼슘, 황린, 제2석유류

(1) 위험등급 Ⅰ등급을 모두 고르시오.
(2) 위험등급 Ⅱ등급을 모두 고르시오.

위험물	유별	위험등급
특수인화물	제4류 위험물	Ⅰ
알코올류	제4류 위험물	Ⅱ
칼슘	제3류 위험물	Ⅱ
황린	제3류 위험물	Ⅰ
제2석유류	제4류 위험물	Ⅲ

정답 (1) 특수인화물, 황린 (2) 알코올류, 칼슘

18

위험물은 그 운반용기 외부에 위험물안전관리법령에서 정하는 사항을 표시하여 적재하여야 한다. 위험물 운반용기의 외부에 표시하여야 하는 사항 중 3가지를 쓰시오.

위험물 운반용기 외부 표시사항(위험물안전관리법 시행규칙 별표 19)
• 운반용기의 제조년월
• 제조자의 명칭
• 겹쳐쌓기 시험하중
• 규정에 의한 준수사항
• 위험물의 품명 및 위험등급
• 위험물의 수량
• 위험물의 화학명

정답 운반용기의 제조년월, 제조자의 명칭, 겹쳐쌓기 시험하중, 규정에 의한 준수사항, 위험물의 품명 및 위험등급, 위험물의 수량, 위험물의 화학명 중 3가지

19 ★빈출

물과의 반응으로 나오는 기체의 명칭을 쓰시오.(단, 없으면 "없음"이라 쓰시오.)

(1) 과산화마그네슘

(2) 칼슘

(3) 질산나트륨

(4) 수소화칼륨

(5) 과염소산나트륨

---

(1) 과산화마그네슘과 물의 반응식
  - $2MgO_2 + 2H_2O \rightarrow 2Mg(OH)_2 + O_2$
  - 과산화마그네슘은 물과 반응하여 수산화마그네슘과 산소를 발생한다.
(2) 칼슘과 물의 반응식
  - $Ca + 2H_2O \rightarrow Ca(OH)_2 + H_2$
  - 칼슘은 물과 반응하여 수산화칼슘과 수소를 발생한다.
(3) 질산나트륨은 물과 반응하지 않는다.
(4) 수소화칼륨과 물의 반응식
  - $KH + H_2O \rightarrow KOH + H_2$
  - 수소화칼륨은 물과 반응하여 수산화칼륨과 수소를 발생한다.
(5) 과염소산나트륨은 물과 반응하지 않는다.

정답 (1) 산소 (2) 수소 (3) 없음 (4) 수소 (5) 없음

20 ✈빈출

다음 위험물의 화학식을 쓰시오.

(1) 다이크로뮴산나트륨

(2) 과망가니즈산칼륨

(3) 염소산칼륨

제1류 위험물(산화성 고체)

등급	품명	지정수량(kg)	위험물	분자식	기타
I	아염소산염류	50	아염소산나트륨	$NaClO_2$	-
	염소산염류		염소산칼륨	$KClO_3$	
			염소산나트륨	$NaClO_3$	
	과염소산염류		과염소산칼륨	$KClO_4$	
			과염소산나트륨	$NaClO_4$	
	무기과산화물		과산화칼륨	K_2O_2	• 과산화칼륨
			과산화나트륨	Na_2O_2	• 과산화마그네슘
II	브로민산염류	300	브로민산암모늄	NH_4BrO_3	-
	질산염류		질산칼륨	KNO_3	
			질산나트륨	$NaNO_3$	
	아이오딘산염류		아이오딘산칼륨	KIO_3	
III	과망가니즈산염류	1,000	과망가니즈산칼륨	$KMnO_4$	
	다이크로뮴산염류		다이크로뮴산칼륨	$K_2Cr_2O_7$	

정답 (1) $Na_2Cr_2O_7$ (2) $KMnO_4$ (3) $KClO_3$

01 빈출

다음 위험물의 연소반응식을 쓰시오.

(1) 삼황화인

(2) 오황화인

(1) 삼황화인의 연소반응식
- $P_4S_3 + 8O_2 \rightarrow 2P_2O_5 + 3SO_2$
- 삼황화인은 연소하여 오산화인과 이산화황을 생성한다.

(2) 오황화인의 연소반응식
- $2P_2S_5 + 15O_2 \rightarrow 2P_2O_5 + 10SO_2$
- 오황화인은 연소하여 오산화인과 이산화황을 생성한다.

정답 (1) $P_4S_3 + 8O_2 \rightarrow 2P_2O_5 + 3SO_2$
(2) $2P_2S_5 + 15O_2 \rightarrow 2P_2O_5 + 10SO_2$

02

하이드라진과 제6류 위험물 중 어떤 물질을 반응시키면 질소와 물이 반응한다. 다음 물음에 대하여 답하시오.

(1) 두 물질이 폭발적으로 반응하는 반응식을 쓰시오.

(2) 두 물질 중 제6류 위험물에 해당하는 물질의 위험물안전관리법령상의 기준을 쓰시오.

- 하이드라진과 과산화수소의 반응식 : $N_2H_4 + 2H_2O_2 \rightarrow N_2 + 4H_2O$
- 하이드라진과 과산화수소가 반응하면 질소와 물이 생성된다.
- 과산화수소는 제6류 위험물로 위험물안전관리법령상 농도가 36wt% 이상일 때 위험물로 간주된다.

정답 (1) $N_2H_4 + 2H_2O_2 \rightarrow N_2 + 4H_2O$
(2) 농도 36wt% 이상

03

제조소등으로부터 다음 시설물까지의 안전거리는 몇 m 이상으로 해야 하는지 쓰시오.

(1) 노인복지시설
(2) 고압가스시설
(3) 35,000V를 초과하는 특고압 가공전선

안전거리	
구분	거리
사용전압 7,000V 초과 35,000V 이하 특고압 가공전선	3m 이상
사용전압 35,000V 초과의 특고압 가공전선	5m 이상
주거용으로 사용	10m 이상
고압가스, 액화석유가스, 도시가스를 저장, 취급하는 시설	20m 이상
학교, 병원급 의료기관, 영화상영관 등 수용인원 300명 이상 복지시설, 어린이집 수용인원 20명 이상	30m 이상
유형문화재, 지정문화재	50m 이상

정답 (1) 30m 이상 (2) 20m 이상 (3) 5m 이상

04 ⭐빈출

다음의 소화약제의 1차 열분해반응식을 쓰시오.

(1) 제1인산암모늄
(2) 탄산수소칼륨

분말 소화약제의 종류				
약제명	주성분	분해식	색상	적응화재
제1종	탄산수소나트륨	$2NaHCO_3 \rightarrow Na_2CO_3 + CO_2 + H_2O$	백색	BC
제2종	탄산수소칼륨	$2KHCO_3 \rightarrow K_2CO_3 + CO_2 + H_2O$	보라색 (담회색)	BC
제3종	인산암모늄	$NH_4H_2PO_4 \rightarrow NH_3 + H_3PO_4$(1차) $NH_4H_2PO_4 \rightarrow NH_3 + HPO_3 + H_2O$(2차)	담홍색	ABC
제4종	탄산수소칼륨 + 요소	–	회색	BC

정답 (1) $NH_4H_2PO_4 \rightarrow NH_3 + H_3PO_4$
(2) $2KHCO_3 \rightarrow K_2CO_3 + CO_2 + H_2O$

05 🛩빈출

그림과 같은 타원형 위험물탱크의 내용적은 약 얼마인지 구하시오. (단, 단위는 m이다.)

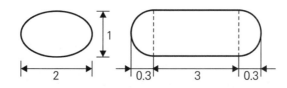

양쪽이 볼록한 타원형 탱크의 내용적

$$V = \frac{\pi ab}{4}(l + \frac{l_1 + l_2}{3})$$

$$= \frac{\pi \times 2 \times 1}{4} \times (3 + \frac{0.3 + 0.3}{3}) = 5.03m^3$$

[a : 타원의 긴 축(주축) 길이, b : 타원의 짧은 축(부축) 길이, 타원의 단면적 : $\frac{\pi ab}{4}$, l : 탱크의 중간 원통형 부분의 길이, l_1/l_2 : 양쪽 볼록한 끝 부분의 길이]

정답 5.03m³

06

2몰의 염소산칼륨이 완전열분해될 때 생성되는 산소의 양(g)을 구하시오.

(1) 계산과정

(2) 답

- 염소산칼륨의 열분해반응식 : $2KClO_3 \rightarrow 2KCl + 3O_2$
- 염소산칼륨은 열분해하여 2mol의 염화칼륨과 3mol의 산소를 생성한다.
- 산소 1mol의 분자량은 16 × 2 = 32g/mol이므로, 생성되는 산소의 양은 3mol × 32g/mol = 96g이다.

정답 (1) [해설참조] (2) 96g

07

위험물안전관리법령상 지정수량의 3천배 초과 4천배 이하의 위험물을 저장하는 옥외탱크저장소에 확보하여야 하는 보유공지의 너비는 얼마인지 쓰시오.

옥외탱크저장소의 보유공지

저장 또는 취급하는 위험물의 최대수량	공지의 너비
지정수량의 500배 이하	3m 이상
지정수량의 500배 초과 1,000배 이하	5m 이상
지정수량의 1,000배 초과 2,000배 이하	9m 이상
지정수량의 2,000배 초과 3,000배 이하	12m 이상
지정수량의 3,000배 초과 4,000배 이하	15m 이상

정답 15m 이상

08

제조소 또는 일반취급소에서 취급하는 제4류 위험물의 최대수량의 합이 지정수량의 24만배 이상 48만배 미만일 경우 화학소방자동차의 수 및 자체소방대원의 수는 몇 명인지 쓰시오.

(1) 화학소방자동차의 수
(2) 자체소방대원의 수

화학소방자동차와 자체소방대원 기준

제4류 위험물의 최대수량의 합	소방차(대)	소방대원(인)
지정수량의 3,000배 이상 12만배 미만	1	5
지정수량의 12만배 이상 24만배 미만	2	10
지정수량의 24만배 이상 48만배 미만	3	15
지정수량의 48만배 이상	4	20

정답 (1) 3대 (2) 15명

09

다음 위험물별 이동저장탱크의 외부도장 색상을 알맞게 쓰시오.

(1) 제1류 위험물

(2) 제2류 위험물

(3) 제3류 위험물

(4) 제5류 위험물

(5) 제6류 위험물

이동저장탱크의 외부도장(위험물안전관리에 관한 세부기준 제109조)

유별	제1류	제2류	제3류	제5류	제6류
색상	회색	적색	청색	황색	청색

정답 (1) 회색 (2) 적색 (3) 청색 (4) 황색 (5) 청색

10 ★빈출

제5류 위험물로 품명은 나이트로화합물이며 독성이 있고 물에는 녹지 않지만 알코올에 녹는 물질에 대하여 답하시오.

(1) 명칭을 쓰시오.

(2) 지정수량을 쓰시오.

(3) 구조식을 쓰시오.

트라이나이트로페놀 – 제5류 위험물

명칭	트라이나이트로페놀(피크린산)
품명	나이트로화합물
지정수량	100kg
분자식	$C_6H_2(NO_2)_3OH$
구조식	
일반적 성질	• 황산과 질산의 혼산으로 나이트로화하여 제조한 것 • 물에는 녹지 않지만 알코올, 에테르, 벤젠에는 잘 녹음 • 쓴맛이 있고, 독성이 있음

정답 (1) 트라이나이트로페놀 (2) 100kg (3)

11

다음은 위험물안전관리법령에서 정한 제3석유류의 정의이다. ( ) 안에 알맞은 용어 또는 수치를 쓰시오.

> "제3석유류"라 함은 (①), (②) 그 밖에 1기압에서 인화점이 섭씨 (③)도 이상 섭씨 (④)도 미만인 것을 말한다. 다만, 도료류 그 밖의 물품은 가연성 액체량이 (⑤)중량퍼센트 이하인 것은 제외한다.

제3석유류의 정의(위험물안전관리법 시행령 별표 1)
중유, 크레오소트유 그 밖에 1기압에서 인화점이 섭씨 70도 이상 섭씨 200도 미만인 것을 말한다. 다만, 도료류 그 밖의 물품은 가연성 액체량이 40wt% 이하인 것은 제외한다.

정답 ① 중유 ② 크레오소트유 ③ 70 ④ 200 ⑤ 40

12 ★빈출

경유 600L, 중유 200L, 등유 300L, 톨루엔 400L를 보관하고 있다. 위험물안전관리법령상 각 위험물의 지정수량의 배수의 합은 얼마인지 구하시오.

(1) 계산과정
(2) 답

• 위험물별 지정수량

위험물	품명	지정수량
경유	제2석유류(비수용성)	1,000L
중유	제3석유류(비수용성)	2,000L
등유	제2석유류(비수용성)	1,000L
톨루엔	제1석유류(비수용성)	200L

• 지정수량 배수 = $\dfrac{저장량}{지정수량}$

• 지정수량 배수의 총합 = $\dfrac{600L}{1,000L} + \dfrac{200L}{2,000L} + \dfrac{300L}{1,000L} + \dfrac{400L}{200L}$ = 3배

정답 (1) [해설참조] (2) 3배

13

벽, 기둥 및 바닥이 내화구조로 된 건축물에 드럼통 3개가 들어 있다. 그림을 보고 다음 물음에 답하시오.

(1) 명칭
(2) 보유공지 1m일 때 최대 지정수량
(3) 처마의 높이

- 옥내저장소 보유공지

위험물 최대수량	공지의 너비	
	벽, 기둥 및 바닥 : 내화구조	그 밖의 건축물
지정수량의 5배 이하	–	0.5m 이상
지정수량의 5배 초과 10배 이하	1m 이상	1.5m 이상
지정수량의 10배 초과 20배 이하	2m 이상	3m 이상
지정수량의 20배 초과 50배 이하	3m 이상	5m 이상
지정수량의 50배 초과 200배 이하	5m 이상	10m 이상
지정수량의 200배 초과	10m 이상	15m 이상

- 옥내저장소의 저장창고는 지면에서 처마까지의 높이(이하 "처마높이"라 한다)가 6m 미만인 단층건물로 하고 그 바닥을 지반면보다 높게 하여야 한다.

정답 (1) 옥내저장소 (2) 10배 (3) 6m 미만

14

제조소에서 위험물을 취급함에 있어서 정전기가 발생할 우려가 있는 설비에는 규정된 방법으로 정전기를 유효하게 제거할 수 있는 설비를 설치하여야 한다. 이에 해당하는 방법 3가지를 각각 쓰시오.

정전기 제거조건
- 접지에 의한 방법
- 공기 중의 상대습도를 70% 이상으로 하는 방법
- 공기를 이온화하는 방법
- 위험물을 느린 유속으로 흐르게 하는 방법

정답
(1) 접지에 의한 방법
(2) 공기 중의 상대습도를 70% 이상으로 하는 방법
(3) 공기를 이온화하는 방법

15

다음 제1류 위험물이 물과 반응하는 반응식을 쓰시오.

(1) 과산화나트륨

(2) 과산화마그네슘

(1) 과산화나트륨과 물의 반응식
- $2Na_2O_2 + 2H_2O \rightarrow 4NaOH + O_2$
- 과산화나트륨은 물과 반응하여 수산화나트륨과 산소를 발생한다.
(2) 과산화마그네슘과 물의 반응식
- $2MgO_2 + 2H_2O \rightarrow 2Mg(OH)_2 + O_2$
- 과산화마그네슘은 물과 반응하여 수산화마그네슘과 산소를 발생한다.

정답
(1) $2Na_2O_2 + 2H_2O \rightarrow 4NaOH + O_2$
(2) $2MgO_2 + 2H_2O \rightarrow 2Mg(OH)_2 + O_2$

16

금속나트륨 57.5g 연소 시 표준상태에서 산소의 부피를 구하시오.

(1) 계산과정

(2) 답

- 나트륨의 연소반응식 : $4Na + O_2 \rightarrow 2Na_2O$
- 나트륨은 연소하여 산화나트륨을 생성한다.
- 나트륨의 원자량은 23g/mol이므로, 나트륨 57.5g은 $\dfrac{57.5g}{23g/mol}$ = 2.5mol이다.
- 위의 반응식에서 나트륨 4mol당 산소 1mol이 필요하므로, 나트륨 2.5mol에 대해 필요한 산소의 몰수는 $\dfrac{2.5mol}{4mol}$ = 0.625mol이다.
- 표준상태에서 1mol의 기체는 22.4L의 부피를 차지하므로 산소의 부피는 0.625mol × 22.4L/mol = 14L이다.

정답 (1) [해설참조] (2) 14L

17

다음 위험물의 화학명을 빈칸에 알맞게 쓰시오.

시성식	화학명
$CH_3COC_2H_5$	(①)
C_6H_5Cl	(②)
CH_3COOH	(③)

시성식	품명	화학명	지정수량
$CH_3COC_2H_5$	제1석유류(비수용성)	메틸에틸케톤	200L
C_6H_5Cl	제2석유류(비수용성)	클로로벤젠	1,000L
CH_3COOH	제2석유류(수용성)	아세트산	2,000L

정답 ① 메틸에틸게론
② 클로로벤젠
③ 아세트산

18

다음 위험물을 보고 [보기]에서 알맞은 보호액을 찾아 알맞게 쓰시오.

―――――――[보기]―――――――
염산, 경유, 유동파라핀, 물, 에탄올

(1) 칼륨

(2) 나트륨

(3) 황린

(1) 칼륨(K)은 물과 반응하여 폭발적인 수소가스를 생성하기 때문에 유동파라핀이나 경유와 같은 불활성 기름에 보관해야 한다.
(2) 나트륨(Na)은 반응성이 매우 큰 금속으로, 특히 물이나 공기와 쉽게 반응하여 폭발적인 반응을 일으킬 수 있기 때문에 안전하게 보관하기 위해 반응하지 않는 물질(예 유동파라핀) 속에 보관해야 한다.
(3) 황린(P_4)은 자연발화의 위험이 있어 pH9인 물속에 저장한다.

정답 (1) 유동파라핀, 경유 (2) 유동파라핀, 경유 (3) 물

19

다음 위험물별 알맞은 지정수량을 쓰시오.

위험물	지정수량
알칼리금속과산화물	(①)
유기금속화합물	(②)
금속의 수소화물	(③)
금속의 인화물	(④)

위험물	지정수량
알칼리금속의 과산화물	50kg
유기금속화합물	50kg
금속의 수소화물	300kg
금속의 인화물	300kg

정답 ① 50kg ② 50kg ③ 300kg ④ 300kg

20

다음 제2류 위험물 표에서 잘못된 부분을 바르게 고치시오.

등급	품명	지정수량(kg)	위험물
I	황화인	100	삼황화인
			오황화인
			칠황화인
	적린		적린
	황		황
II	금속분	300	알루미늄분
			아연분
			안티몬
	철분		철분
	마그네슘		마그네슘
	인화성 고체	500	고형알코올

등급	품명	지정수량(kg)	위험물
II	황화인	100	삼황화인
			오황화인
			칠황화인
	적린		적린
	황		황
III	금속분	500	알루미늄분
			아연분
			안티몬
	철분		철분
	마그네슘		마그네슘
	인화성 고체	1,000	고형알코올

정답 I → II / II → III
300 → 500 / 500 → 1,000

제2회 실기[필답형] 기출복원문제

01 ⭐빈출

다음 그림을 보고 각 게시판의 바탕색과 문자색을 쓰시오.

(1) **화기엄금**

(2) **위험물일반취급소**

(3) **주유중엔진정지**

게시판 종류별 바탕색 및 문자색

종류	바탕색	문자색
위험물제조소등	백색	흑색
위험물	흑색	황색
주유 중 엔진정지	황색	흑색
화기엄금	적색	백색
물기엄금	청색	백색

• 위험물일반취급소 게시판의 바탕색은 백색이고 문자색은 흑색이다.

정답 (1) 적색바탕, 백색글자 (2) 백색바탕, 흑색글자 (3) 황색바탕, 흑색글자

02

다음 표에 들어갈 알맞은 말을 쓰시오.

(1)		
제조소	저장소	취급소
–	옥외・내저장소 옥외・내탱크저장소 (2) (3) 지하탱크저장소 암반탱크저장소	일반취급소 주유취급소 (4) (5)

위험물제조소등의 분류

위험물제조소등		
제조소	저장소	취급소
–	옥외 · 내저장소 옥외 · 내탱크저장소 이동탱크저장소 간이탱크저장소 지하탱크저장소 암반탱크저장소	일반취급소 주유취급소 판매취급소 이송취급소

정답 (1) 위험물제조소등　(2) 이동탱크저장소　(3) 간이탱크저장소
(4) 판매취급소　　　(5) 이송취급소

03 빈출

다음 물음에 답하시오.

(1) 트라이나이트로페놀(피크린산)의 구조식을 나타내시오.
(2) 트라이나이트로톨루엔(TNT)의 구조식을 나타내시오.

구분	트라이나이트로페놀(피크린산)	트라이나이트로톨루엔(TNT)
품명	나이트로화합물	나이트로화합물
분자식	$C_6H_2(NO_2)_3OH$	$C_6H_2(NO_2)_3CH_3$
구조식	(1) 피크린산 구조식 (OH, O_2N, NO_2, NO_2)	(2) TNT 구조식 (CH_3, O_2N, NO_2, NO_2)
특징	페놀의 수산기(OH)에 세 개의 나이트로(NO₂) 그룹이 치환된 구조	톨루엔의 메틸 그룹(CH₃)에 세 개의 나이트로(NO₂) 그룹이 치환된 구조

정답 (1) 피크린산 구조식　(2) TNT 구조식

04 빈출

과산화칼륨 1mol이 충분한 이산화탄소와 반응하여 발생하는 산소의 부피는 표준상태에서 몇 L인지 쓰시오.

(1) 계산과정

(2) 답

- 과산화칼륨과 이산화탄소의 반응식 : $2K_2O_2 + 2CO_2 \rightarrow 2K_2CO_3 + O_2$
- 과산화칼륨은 이산화탄소와 반응하여 탄산칼륨과 산소를 발생한다.
- 이때 과산화칼륨과 산소는 2 : 1의 반응비로 반응하므로 과산화칼륨 1mol이 반응할 때 산소는 0.5mol이 발생한다.
- 표준상태에서 1mol의 기체는 22.4L의 부피를 차지하므로 산소의 부피는 0.5mol × 22.4L = 11.2L이다.

정답 (1) [해설참조] (2) 11.2L

05 빈출

다음 각 분말 소화약제 주성분의 화학식을 쓰시오.

(1) 제1종 분말 소화약제

(2) 제2종 분말 소화약제

(3) 제3종 분말 소화약제

분말 소화약제의 종류

약제명	주성분	분해식	색상	적응화재
제1종	탄산수소나트륨	$2NaHCO_3 \rightarrow Na_2CO_3 + CO_2 + H_2O$	백색	BC
제2종	탄산수소칼륨	$2KHCO_3 \rightarrow K_2CO_3 + CO_2 + H_2O$	보라색 (담회색)	BC
제3종	인산암모늄	$NH_4H_2PO_4 \rightarrow NH_3 + H_3PO_4$(1차) $NH_4H_2PO_4 \rightarrow NH_3 + HPO_3 + H_2O$(2차)	담홍색	ABC
제4종	탄산수소칼륨 + 요소	-	회색	BC

정답 (1) $NaHCO_3$ (2) $KHCO_3$ (3) $NH_4H_2PO_4$

06

다음 제1류 위험물의 화학식 및 지정수량을 각각 쓰시오.

(1) 다이크로뮴산칼륨
- 화학식
- 지정수량

(2) 과산화칼륨
- 화학식
- 지정수량

(3) 과망가니즈산칼륨
- 화학식
- 지정수량

(4) 염소산칼륨
- 화학식
- 지정수량

(5) 질산칼륨
- 화학식
- 지정수량

제1류 위험물(산화성 고체)

위험물	품명	화학식	지정수량
다이크로뮴산칼륨	다이크로뮴산염류	$K_2Cr_2O_7$	1,000kg
과산화칼륨	무기과산화물	K_2O_2	50kg
과망가니즈산칼륨	과망가니즈산염류	$KMnO_4$	1,000kg
염소산칼륨	염소산염류	$KClO_3$	50kg
질산칼륨	질산염류	KNO_3	300kg

정답 (1) $K_2Cr_2O_7$ / 1,000kg
(2) K_2O_2 / 50kg
(3) $KMnO_4$ / 1,000kg
(4) $KClO_3$ / 50kg
(5) KNO_3 / 300kg

07 ★빈출

다음 위험물을 보고 다음 물음에 알맞은 답을 쓰시오.

수소화칼륨, 리튬, 인화알루미늄, 탄화리튬, 탄화알루미늄

(1) 물과 반응 시 메탄을 생성하는 물질을 쓰시오.
(2) (1)의 물질이 물과 반응하는 반응식을 쓰시오.

- 수소화칼륨과 물의 반응식 : $KH + H_2O \rightarrow KOH + H_2$
- 수소화칼륨은 물과 반응하여 수산화칼륨과 수소를 발생한다.
- 리튬과 물의 반응식 : $2Li + 2H_2O \rightarrow 2LiOH + H_2$
- 리튬은 물과 반응하여 수산화리튬과 수소를 발생한다.
- 인화알루미늄과 물의 반응식 : $AlP + 3H_2O \rightarrow Al(OH)_3 + PH_3$
- 인화알루미늄은 물과 반응하여 수산화알루미늄과 포스핀을 발생한다.
- 탄화리튬과 물의 반응식 : $Li_2C_2 + 2H_2O \rightarrow 2LiOH + C_2H_2$
- 탄화리튬은 물과 반응하여 수산화리튬과 아세틸렌을 발생한다.
- 탄화알루미늄과 물의 반응식 : $Al_4C_3 + 12H_2O \rightarrow 4Al(OH)_3 + 3CH_4$
- 탄화알루미늄은 물과 반응하여 수산화알루미늄과 메탄을 발생한다.

정답 (1) 탄화알루미늄
(2) $Al_4C_3 + 12H_2O \rightarrow 4Al(OH)_3 + 3CH_4$

08

다음 인화물을 인화점이 낮은 것부터 높은 순서대로 쓰시오.

아세트산, 아세톤, 에탄올, 나이트로벤젠

위험물	품명	인화점(℃)
아세트산	제2석유류(수용성)	40
아세톤	제1석유류(수용성)	-18
에탄올	알코올류	13
나이트로벤젠	제3석유류(비수용성)	88

정답 아세톤, 에탄올, 아세트산, 나이트로벤젠

09 ⭐빈출

다음 그림을 보고 탱크의 내용적을 계산하는 공식을 쓰시오.

(1)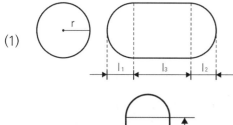

(2)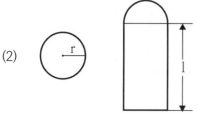

(1) 원통형 탱크의 내용적 중 횡으로 설치한 탱크의 내용적 공식

$$V = \pi\gamma^2(l + \frac{l_1 + l_2}{3})(1 - 공간용적)$$

$$= 원의\ 면적 \times (가운데\ 체적길이 + \frac{양끝\ 체적길이\ 합}{3}) \times (1 - 공간용적)$$

(2) 원통형 탱크의 내용적 중 종으로 설치한 탱크의 내용적 공식

$$V = \pi r^2 l$$

정답   (1) $V = \pi\gamma^2(l + \dfrac{l_1 + l_2}{3})(1 - 공간용적)$
        (2) $V = \pi r^2 l$

10

벤젠에서 수소 하나가 메틸기로 치환된 위험물에 대하여 다음 물음에 답하시오.

(1) 명칭
(2) 화학식
(3) 연소반응식

톨루엔 – 제4류 위험물(인화성 액체)
- 톨루엔($C_6H_5CH_3$)은 벤젠의 수소원자 1개가 메틸기로 치환하여 생성되는 물질로 제1석유류(비수용성)이며, 지정수량은 200L이다.
- 톨루엔을 진한 질산과 진한 황산으로 나이트로화하면 트라이나이트로톨루엔이 생성된다.
- 물에 녹지 않고 알코올, 에테르, 벤젠에 녹는다.
- 톨루엔의 연소반응식 : $C_6H_5CH_3 + 9O_2 \rightarrow 7CO_2 + 4H_2O$
- 톨루엔은 연소하여 이산화탄소와 물을 생성한다.

 (1) 톨루엔
(2) $C_6H_5CH_3$
(3) $C_6H_5CH_3 + 9O_2 \rightarrow 7CO_2 + 4H_2O$

---

11 빈출

비중 2.5, 적갈색의 제3류 위험물에 대하여 다음 물음에 답하시오.

(1) 물질명을 쓰시오.
(2) 물과의 반응식을 쓰시오.

인화칼슘 – 제3류 위험물
인화칼슘(Ca_3P_2)은 비중 2.5, 적갈색의 제3류 위험물로 물과 접촉하면 발열반응을 일으키고 공기 중에서 자발적으로 연소할 수 있다.
- 인화칼슘과 물의 반응식 : $Ca_3P_2 + 6H_2O \rightarrow 3Ca(OH)_2 + 2PH_3$
- 인화칼슘은 물과 반응하여 수산화칼슘과 포스핀가스를 발생한다.

 (1) 인화칼슘
(2) $Ca_3P_2 + 6H_2O \rightarrow 3Ca(OH)_2 + 2PH_3$

12 ✈빈출

다음 유별에 대하여 운반 시 혼재 가능한 유별을 모두 쓰시오. (단, 지정수량의 1/10을 초과하여 운반하는 경우이다.)

(1) 제1류 위험물
(2) 제2류 위험물
(3) 제3류 위험물

유별을 달리하는 위험물 혼재기준(지정수량 1/10배 초과)			
1	6		혼재 가능
2	5	4	혼재 가능
3	4		혼재 가능

정답 (1) 제6류 위험물 (2) 제5류 위험물, 제4류 위험물 (3) 제4류 위험물

13 ✈빈출

위험물안전관리법령상 위험물 운반용기 외부에 표시해야 하는 주의사항을 쓰시오.

(1) 알칼리금속의 과산화물
(2) 철분
(3) 자연발화성 물질
(4) 제4류 위험물
(5) 제6류 위험물

위험물 유별 운반용기 외부 주의사항 및 게시판			
유별	종류	운반용기 외부 주의사항	게시판
제1류	알칼리금속의 과산화물	가연물접촉주의, 화기 · 충격주의, 물기엄금	물기엄금
	그 외	가연물접촉주의, 화기 · 충격주의	–
제2류	철분, 금속분, 마그네슘	화기주의, 물기엄금	화기주의
	인화성 고체	화기엄금	화기엄금
	그 외	화기주의	화기주의
제3류	자연발화성 물질	화기엄금, 공기접촉엄금	화기엄금
	금수성 물질	물기엄금	물기엄금
제4류	–	화기엄금	화기엄금
제5류		화기엄금, 충격주의	화기엄금
제6류		가연물접촉주의	–

정답 (1) 가연물접촉주의, 화기 · 충격주의, 물기엄금 (2) 화기주의, 물기엄금
(3) 화기엄금, 공기접촉엄금 (4) 화기엄금 (5) 가연물접촉주의

14

제6류 위험물에 대하여 다음 물음에 답하시오. (해당하지 않으면 "해당 없음"이라 쓰시오.)

(1) 질산
- 화학식
- 위험물 기준
(2) 과염소산
- 화학식
- 위험물 기준
(3) 과산화수소
- 화학식
- 위험물 기준

제6류 위험물(산화성 액체)

위험물	화학식	위험물 기준	지정수량
질산	HNO_3	비중 1.49 이상	300kg
과염소산	$HClO_4$	–	300kg
과산화수소	H_2O_2	농도 36wt% 이상	300kg

정답
(1) HNO_3 / 비중 1.49 이상
(2) $HClO_4$ / 해당 없음
(3) H_2O_2 / 36wt% 이상

15

금속칼륨이 다음 물질과 반응할 때 화학반응식을 쓰시오.

(1) 물
(2) 에탄올

(1) 칼륨과 물의 반응식
- $2K + 2H_2O \rightarrow 2KOH + H_2$
- 칼륨은 물과 반응하여 수산화칼륨과 수소를 발생한다.
(2) 칼륨과 에탄올의 반응식
- $2K + 2C_2H_5OH \rightarrow 2C_2H_5OK + H_2$
- 칼륨은 에탄올과 반응하여 칼륨에틸레이트와 수소를 발생한다.

정답 (1) $2K + 2H_2O \rightarrow 2KOH + H_2$
(2) $2K + 2C_2H_5OH \rightarrow 2C_2H_5OK + H_2$

16 ✈빈출

다음 위험물이 물과 반응 후 생성되는 기체에 대하여 쓰시오.

(1) 인화칼슘

(2) 칼륨

(3) 탄화알루미늄

(4) 탄화칼슘

(1) 인화칼슘과 물의 반응식
 • $Ca_3P_2 + 6H_2O \rightarrow 3Ca(OH)_2 + 2PH_3$
 • 인화칼슘은 물과 반응하여 수산화칼슘과 포스핀가스를 발생한다.
(2) 칼륨과 물의 반응식
 • $2K + 2H_2O + 2KOH + H_2$
 • 칼륨은 물과 반응하여 수산화칼륨과 수소를 발생한다.
(3) 탄화알루미늄과 물의 반응식
 • $Al_4C_3 + 12H_2O \rightarrow 4Al(OH)_3 + 3CH_4$
 • 탄화알루미늄은 물과 반응하여 수산화알루미늄과 메탄을 발생한다.
(4) 탄화칼슘과 물의 반응식
 • $CaC_2 + 2H_2O \rightarrow Ca(OH)_2 + C_2H_2$
 • 탄화칼슘은 물과 반응하여 수산화칼슘과 아세틸렌을 발생한다.

정답 (1) 포스핀 (2) 수소 (3) 메탄 (4) 아세틸렌

17 ✈빈출

과산화수소 1,200kg, 질산 600kg, 과염소산 900kg을 같은 장소에 저장하려 할 때 각 위험물의 지정수량 배수의 총합은 얼마인지 구하시오.

(1) 계산과정

(2) 답

• 과산화수소, 질산, 과염소산은 제6류 위험물로 지정수량이 300kg이다.

• 지정수량 배수 $= \dfrac{\text{저장량}}{\text{지정수량}}$

• 지정수량 배수의 총합 $= \dfrac{1,200kg}{300kg} + \dfrac{600kg}{300kg} + \dfrac{900kg}{300kg} = 9$배

정답 (1) [해설참조] (2) 9배

18 ★빈출

이황화탄소 76g이 연소 시 발생 기체의 부피(L)를 구하시오. (단, 표준상태이다.)

- 이황화탄소의 연소반응식 : $CS_2 + 3O_2 \rightarrow CO_2 + 2SO_2$
- 이황화탄소는 연소하여 1mol의 이산화탄소와 2mol의 아황산가스를 발생하므로 총 3mol의 기체가 발생한다.
- 표준상태에서 1mol의 기체는 22.4L의 부피를 차지하므로 발생 기체의 부피는 3mol × 22.4L = 67.2L이다.

정답 67.2L

19

위험물안전관리법령상 제4류 위험물 중 다음 품명의 인화점 범위를 1기압 기준으로 쓰시오.

(1) 제1석유류

(2) 제3석유류

(3) 제4석유류

제4류 위험물의 기준(위험물안전관리법 시행령 별표 1)
- "특수인화물"이라 함은 이황화탄소, 다이에틸에터 그 밖에 1기압에서 발화점이 섭씨 100도 이하인 것 또는 인화점이 섭씨 영하 20도 이하이고 비점이 섭씨 40도 이하인 것을 말한다.
- "제1석유류"라 함은 아세톤, 휘발유 그 밖에 1기압에서 인화점이 섭씨 21도 미만인 것을 말한다.
- "알코올류"라 함은 1분자를 구성하는 탄소원자의 수가 1개부터 3개까지인 포화1가 알코올(변성알코올을 포함한다)을 말한다.
- "제2석유류"라 함은 등유, 경유 그 밖에 1기압에서 인화점이 섭씨 21도 이상 70도 미만인 것을 말한다. 다만, 도료류 그 밖의 물품에 있어서 가연성 액체량이 40중량퍼센트 이하이면서 인화점이 섭씨 40도 이상인 동시에 연소점이 섭씨 60도 이상인 것은 제외한다.
- "제3석유류"란 중유, 크레오소트유 그 밖에 1기압에서 인화점이 섭씨 70도 이상 섭씨 200도 미만인 것을 말한다. 다만, 도료류 그 밖의 물품은 가연성 액체량이 40중량퍼센트 이하인 것은 제외한다.
- "제4석유류"라 함은 기어유, 실린더유 그 밖에 1기압에서 인화점이 섭씨 200도 이상 섭씨 250도 미만의 것을 말한다. 다만 도료류 그 밖의 물품은 가연성 액체량이 40중량퍼센트 이하인 것은 제외한다.

정답 (1) 섭씨 21도 미만인 것
(2) 섭씨 70도 이상 섭씨 200도 미만인 것
(3) 섭씨 200도 이상 섭씨 250도 미만의 것

20

비중이 0.79인 에틸알코올 200ml와 물 150ml를 혼합하였다. 다음 물음에 답하시오.

(1) 에틸알코올의 함유량은 몇 wt%인지 구하시오.

(2) (1)의 에틸알코올은 제4류 위험물의 알코올류에 속하는지 여부를 판단하고 그 이유를 쓰시오.

(1) 에틸알코올 농도(wt%)
- 에틸알코올의 비중 : 0.79
- 에틸알코올 200ml의 질량 : 200ml × 0.79g/ml = 158g
- 물의 비중 : 1.0
- 물 150ml의 질량 : 150ml × 1.0g/ml = 150g
- 혼합물의 총 질량 : 에틸알코올 + 물의 질량 = 158g + 150g = 308g
- 중량퍼센트(wt%) = $\dfrac{158}{308}$ × 100 = 51.30wt%

(2) 위험물안전관리법령상 알코올류의 기준은 알코올류 1분자를 구성하는 탄소원자의 수가 1개 내지 3개의 포화1가 알코올의 함유량이 60wt% 이상일 때이다.

정답 (1) 51.30%
(2) 농도가 60wt% 미만이므로 알코올류에 속하지 않는다.

01

위험물안전관리법령상 위험물의 운반에 관한 기준에 따르면 적재하는 위험물의 성질에 따라 일광의 직사 또는 빗물의 침투를 방지하기 위해 유효하게 피복하는 등 기준에 따른 조치를 하여야 한다. 다음 위험물에는 어떠한 조치를 하여야 하는지 물음에 답하시오.

(1) 다이에틸에터는 어떤 피복으로 가려야 하는지 쓰시오.
(2) 무기과산화물은 어떤 피복으로 가려야 하는지 쓰시오.
(3) 황린은 어떤 피복으로 덮어야 하는지 쓰시오.
(4) 질산은 어떤 피복으로 덮어야 하는지 쓰시오.
(5) 마그네슘은 어떤 피복으로 덮어야 하는지 쓰시오.

• 위험물의 품명

위험물	품명
다이에틸에터	제4류 위험물 중 특수인화물
무기과산화물	제1류 위험물 중 알칼리금속의 과산화물
황린	제3류 위험물 중 자연발화성 물질
질산	제6류 위험물
마그네슘	제2류 위험물

• 위험물별 피복 유형

위험물	종류	피복
제1류	알칼리금속의 과산화물	방수성
	그 외	차광성
제2류	철분, 금속분, 마그네슘	방수성
제3류	자연발화성 물질	차광성
	금수성 물질	방수성
제4류	특수인화물	차광성
제5류	-	차광성
제6류		차광성

정답 (1) 차광성 있는 피복 (2) 방수성 있는 피복 (3) 차광성 있는 피복 (4) 차광성 있는 피복 (5) 방수성 있는 피복

02 빈출

다음과 같은 원통형 탱크의 내용적(m³)을 구하시오.

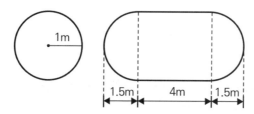

원통형 탱크의 내용적

$$V = \pi \gamma^2 (l + \frac{l_1 + l_2}{3})(1 - 공간용적)$$

$$= 원의\ 면적 \times (가운데\ 체적길이 + \frac{양끝\ 체적길이\ 합}{3}) \times (1 - 공간용적)$$

$$= \pi \times 1^2(4 + \frac{1.5 + 1.5}{3}) = 15.71m^3$$

정답 15.71m³

03

화학소방자동차의 수 및 자체소방대원의 수를 다음과 같이 구분할 때 빈칸을 모두 채우시오.

위험물의 최대수량의 합	소방차(대)	소방대원(인)
(①)배 이상 12만배 미만	1	5
12만배 이상 24만배 미만	(③)	10
(②)만배 이상 48만배 미만	3	15
48만배 이상	4	(④)

자체소방대에 두는 화학소방자동차 및 소방대원 기준		
제4류 위험물의 최대수량의 합	소방차(대)	소방대원(인)
지정수량의 3,000배 이상 12만배 미만	1	5
지정수량의 12만배 이상 24만배 미만	2	10
지정수량의 24만배 이상 48만배 미만	3	15
지정수량의 48만배 이상	4	20

정답 ① 3,000 ② 24 ③ 2 ④ 20

04

1기압 30℃에서 아세톤의 증기밀도를 구하시오.

(1) 계산과정
(2) 답

- 이상기체 방정식을 이용하여 아세톤의 증기밀도를 구하기 위해 $PV = \dfrac{wRT}{M}$의 식을 사용한다.

- 이때 밀도 $\rho = \dfrac{w}{V}$이므로 $\rho = \dfrac{PM}{RT}$가 되고 다음과 같은 식이 된다.

$$\rho = \dfrac{PM}{RT} = \dfrac{1 \times 58\,mol}{0.082 \times 303} = 2.334\,g/L$$

- P : 압력(1atm)
- V : 부피(L)
- M : 분자량(g) → 아세톤(CH_3COCH_3)의 분자량 = $12 + (1 \times 3) + 12 + 16 + 12 + (1 \times 3) = 58\,g/mol$
- R : 기체상수($0.082\,L \cdot atm/mol \cdot K$)
- T : 절대온도(K, 절대온도로 변환하기 위해 273을 더한다) → $30 + 273 = 303K$

정답 (1) [해설참조] (2) 2.33g/L

05 ✈빈출

아연분에 대하여 다음 각 물음에 답하시오.

(1) 공기 중 수분에 의한 화학반응식을 쓰시오.
(2) 염산과 반응할 경우 발생 기체는 무엇인지 쓰시오.

(1) 아연과 물의 반응식
  - $Zn + 2H_2O \rightarrow Zn(OH)_2 + H_2$
  - 아연은 물과 반응하여 수산화아연과 수소를 발생한다.
(2) 아연과 염소의 반응식
  - $Zn + 2HCl \rightarrow ZnCl_2 + H_2$
  - 아연은 염산과 반응하여 염화아연과 수소를 발생한다.

정답 (1) $Zn + 2H_2O \rightarrow Zn(OH)_2 + H_2$ (2) 수소(H_2)

06

나이트로글리세린이 폭발, 분해되면 이산화탄소, 질소, 산소, 수증기가 발생한다. 다음 물음에 답하시오.

(1) 분해반응식을 쓰시오.
(2) 표준상태에서 나이트로글리세린 1kmol 분해 시 발생하는 기체의 총 부피는 몇 m³인지 구하시오.

(1) 나이트로글리세린의 분해반응식
  • $4C_3H_5(ONO_2)_3 \rightarrow 12CO_2 + 6N_2 + O_2 + 10H_2O$
  • 나이트로글리세린은 분해하여 이산화탄소, 질소, 산소, 물을 생성한다.
(2) 발생 기체의 총 부피(m^3)
  • 반응식을 통해 알 수 있는 나이트로글리세린 4mol 분해 후 생성물의 몰수의 합 = 12 + 10 + 6 + 1 = 29mol
  • 1kmol의 나이트로글리세린이 분해 시 발생하는 기체의 몰수 = $1kmol \times \dfrac{29}{4}$ = 7.25kmol = 7,250mol
  • 표준상태에서 발생하는 기체의 부피 = 7.25kmol × 22.4L/mol = 7,250mol × 22.4L/mol = 162,400L = 162,400,000cm³ = 162.4m³

정답 (1) $4C_3H_5(ONO_2)_3 \rightarrow 12CO_2 + 6N_2 + O_2 + 10H_2O$
(2) 162.4m³

07 ✈빈출

제1류 위험물 중 과산화칼륨이 다음 물질과 반응할 때 화학반응식을 쓰시오.

(1) 물
(2) 이산화탄소

(1) 과산화칼륨과 물의 반응식
  • $2K_2O_2 + 2H_2O \rightarrow 4KOH + O_2$
  • 과산화칼륨은 물과 반응하여 수산화칼륨과 산소를 발생한다.
(2) 과산화칼륨과 이산화탄소의 반응식
  • $2K_2O_2 + 2CO_2 \rightarrow 2K_2CO_3 + O_2$
  • 과산화칼륨은 이산화탄소와 반응하여 탄산칼륨과 산소를 발생한다.

정답 (1) $2K_2O_2 + 2H_2O \rightarrow 4KOH + O_2$
(2) $2K_2O_2 + 2CO_2 \rightarrow 2K_2CO_3 + O_2$

08

위험물안전관리법령상 제4류 위험물 중 다음 품명의 인화점 범위를 1기압 기준으로 쓰시오.

(1) 제1석유류

(2) 제3석유류

(3) 제4석유류

제4류 위험물의 기준(위험물안전관리법 시행령 별표 1)
- "특수인화물"이라 함은 이황화탄소, 다이에틸에터 그 밖에 1기압에서 발화점이 섭씨 100도 이하인 것 또는 인화점이 섭씨 영하 20도 이하이고 비점이 섭씨 40도 이하인 것을 말한다.
- "제1석유류"라 함은 아세톤, 휘발유 그 밖에 1기압에서 인화점이 섭씨 21도 미만인 것을 말한다.
- "알코올류"라 함은 1분자를 구성하는 탄소원자의 수가 1개부터 3개까지인 포화1가 알코올(변성알코올을 포함한다)을 말한다.
- "제2석유류"라 함은 등유, 경유 그 밖에 1기압에서 인화점이 섭씨 21도 이상 70도 미만인 것을 말한다. 다만, 도료류 그 밖의 물품에 있어서 가연성 액체량이 40중량퍼센트 이하이면서 인화점이 섭씨 40도 이상인 동시에 연소점이 섭씨 60도 이상인 것은 제외한다.
- "제3석유류"란 중유, 크레오소트유, 그 밖에 1기압에서 인화점이 섭씨 70도 이상 섭씨 200도 미만인 것을 말한다. 다만, 도료류 그 밖의 물품은 가연성 액체량이 40중량퍼센트 이하인 것은 제외한다.
- "제4석유류"라 함은 기어유, 실린더유 그 밖에 1기압에서 인화점이 섭씨 200도 이상 섭씨 250도 미만의 것을 말한다. 다만 도료류 그 밖의 물품은 가연성 액체량이 40중량퍼센트 이하인 것은 제외한다.

정답 (1) 섭씨 21도 미만인 것
(2) 섭씨 70도 이상 섭씨 200도 미만인 것
(3) 섭씨 200도 이상 섭씨 250도 미만의 것

---

09 빈출

알루미늄분은 왜 주수소화를 할 수 없는지 그 이유를 설명하시오.

알루미늄분과 물의 반응식
- $2Al + 6H_2O \rightarrow 2Al(OH)_3 + 3H_2$
- 알루미늄분은 물과 반응하여 수산화알루미늄과 가연성의 수소를 발생하며 폭발의 위험이 있기 때문에 주수소화를 금지한다.

정답 알루미늄분은 물과 만나 가연성의 수소가스를 발생하며 폭발의 위험이 있기 때문에 주수소화를 금지한다.

10 빈출

다음 물질이 물과 반응 시 발생하는 인화성 가스의 명칭을 쓰시오. (단, 없으면 "없음"이라 쓰시오.)

(1) 수소화칼륨

(2) 리튬

(3) 인화알루미늄

(4) 탄화리튬

(5) 탄화알루미늄

(1) 수소화칼륨과 물의 반응식
- $KH + H_2O \rightarrow KOH + H_2$
- 수소화칼륨은 물과 반응하여 수산화칼륨과 수소를 발생한다.

(2) 리튬과 물의 반응식
- $2Li + 2H_2O \rightarrow 2LiOH + H_2$
- 리튬은 물과 반응하여 수산화리튬과 수소를 발생한다.

(3) 인화알루미늄과 물의 반응식
- $AlP + 3H_2O \rightarrow Al(OH)_3 + PH_3$
- 인화알루미늄은 물과 반응하여 수산화알루미늄과 포스핀을 발생한다.

(4) 탄화리튬과 물의 반응식
- $Li_2C_2 + 2H_2O \rightarrow 2LiOH + C_2H_2$
- 탄화리튬은 물과 반응하여 수산화리튬과 아세틸렌을 발생한다.

(5) 탄화알루미늄과 물의 반응식
- $Al_4C_3 + 12H_2O \rightarrow 4Al(OH)_3 + 3CH_4$
- 탄화알루미늄은 물과 반응하여 수산화알루미늄과 메탄을 발생한다.

정답 (1) 수소 (2) 수소 (3) 포스핀 (4) 아세틸렌 (5) 메탄

11

다음은 제1류 위험물에 대한 내용이다. 빈칸에 알맞은 내용을 쓰시오.

물질명	화학식	지정수량(kg)
과망가니즈산나트륨	(①)	1,000
과염소산나트륨	(②)	(③)
질산칼륨	(④)	(⑤)

제1류 위험물(산화성 고체)

물질명	품명	화학식	지정수량(kg)
과망가니즈산나트륨	과망가니즈산염류	$NaMnO_4$	1,000
과염소산나트륨	과염소산염류	$NaClO_4$	50
질산칼륨	질산염류	KNO_3	300

정답 ① $NaMnO_4$ ② $NaClO_4$ ③ 50 ④ KNO_3 ⑤ 300

12

아세트알데하이드가 산화되어 아세트산이 되는 과정과 환원되어 에탄올이 되는 과정을 화학반응식으로 나타내시오.

(1) 산화반응
(2) 환원반응

(1) 아세트알데하이드의 산화반응
 • $2CH_3CHO + O_2 \rightarrow 2CH_3COOH$
 • 아세트알데하이드는 산소에 의해 산화되어 아세트산이 발생된다.
(2) 아세트알데하이드의 환원반응
 • $CH_3CHO + H_2 \rightarrow C_2H_5OH$
 • 아세트알데하이드는 수소에 의해 환원되어 에탄올이 발생된다.

정답 (1) $2CH_3CHO + O_2 \rightarrow 2CH_3COOH$
(2) $CH_3CHO + H_2 \rightarrow C_2H_5OH$

13

판매취급소에 대하여 다음 물음에 답하시오.

(1) 제2종 판매취급소는 위험물을 지정수량의 몇 배 이하로 취급해야 하는지 쓰시오.
(2) 배합실의 바닥면적의 범위를 쓰시오.
(3) 배합실의 출입구 문턱의 높이는 몇 m 이상으로 해야 하는지 쓰시오.

판매취급소의 위치, 구조 및 설비의 기준(위험물안전관리법령 시행규칙 별표 14)
• 저장 또는 취급하는 위험물의 수량이 지정수량의 40배 이하인 판매취급소는 제2종 판매취급소라 한다.
• 배합실의 바닥면적은 $6m^2$ 이상 $15m^2$ 이하로 할 것
• 배합실의 출입구 문턱의 높이는 바닥면으로부터 0.1m 이상으로 할 것

정답 (1) 40배 이하
(2) $6m^2$ 이상 $15m^2$ 이하
(3) 0.1m 이상

14

비중 0.8인 메탄올 50L를 0℃, 1기압에서 연소시킬 때 다음 물음에 답하시오.

(1) 연소반응식
(2) 필요한 공기의 부피(m^3)

(1) 메탄올의 연소반응식
- $2CH_3OH + 3O_2 \rightarrow 2CO_2 + 4H_2O$
- 메탄올은 연소하여 이산화탄소와 물을 생성한다.

(2) 필요한 공기의 부피(m^3)
- 메탄올의 비중이 $0.8g/cm^3$이고, 주어진 부피가 50L이므로, 메탄올의 총 질량은 다음과 같다.
- 메탄올의 총 질량(g) = 비중(kg/L) × 부피(L) × 1,000 = 0.8 × 50 × 1,000 = 40,000g
- 메탄올(CH_3OH)의 분자량 = 12 + (1 × 4) + 16 = 32g/mol
- 메탄올의 총 몰수 = $\dfrac{질량(g)}{몰질량(g/mol)} = \dfrac{40,000}{32}$ = 1,250mol
- 메탄올의 연소반응식 (1)의 반응식을 통해 2mol의 메탄올이 3mol의 산소와 반응함을 알 수 있다.
- 메탄올 1,250mol을 연소하기 위해 필요한 이론 산소의 몰수는 다음과 같다.
- 산소의 몰수 = $\dfrac{3}{2}$ × 1,250 = 1,875mol
- 따라서 표준상태에서 필요한 공기의 부피 = 1,875mol × 22.4L/mol = 42,000L = 42.0m^3

정답 (1) $2CH_3OH + 3O_2 \rightarrow 2CO_2 + 4H_2O$
(2) 42.0m^3

15

위험물안전관리법상 지정과산화물 옥내저장소의 저장창고 기준에 대하여 다음 물음에 답하시오.

(1) 창은 바닥면으로부터 몇 m 이상 높이에 두어야 하는지 쓰시오.
(2) 하나의 창의 면적은 몇 m^2 이내로 하여야 하는지 쓰시오.
(3) 하나의 벽면에 설치하는 창의 면적의 합계는 그 벽의 면적의 얼마 이내가 되도록 하여야 하는지 쓰시오.

옥내저장소의 저장창고 기준(위험물안전관리법 시행규칙 별표 5)
저장창고의 창은 바닥면으로부터 2m 이상의 높이에 두되, 하나의 벽면에 두는 창의 면적의 합계를 당해 벽면의 면적의 80분의 1 이내로 하고, 하나의 창의 면적을 0.4m^2 이내로 할 것

정답 (1) 2m (2) 0.4m^2 (3) 80분의 1

16

다음 물질의 화학식을 쓰시오.

(1) 사이안화수소
(2) 피리딘
(3) 에틸렌글리콜
(4) 다이에틸에터
(5) 에탄올

제4류 위험물			
위험물	품명	분자식	특징
사이안화수소	제1석유류(수용성)	HCN	• 무색의 독성이 매우 강한 화합물 • 흡입 또는 섭취 시 치명적임
피리딘	제1석유류(수용성)	C_5H_5N	• 무색의 액체로, 특유의 불쾌한 냄새를 지님 • 주로 화학반응에서 용매로 사용되며, 약물 합성에 중요한 중간체로 사용됨
에틸렌글리콜	제3석유류(수용성)	$C_2H_4(OH)_2$	• 무색, 무취의 점성이 있는 액체 • 독성이 있음 • 주로 부동액 및 냉각제로 사용됨
다이에틸에터	특수인화물	$C_2H_5OC_2H_5$	• 무색의 휘발성 액체로, 특유의 냄새를 지님 • 주로 유기 용매로 사용됨
에탄올	알코올류	C_2H_5OH	• 무색의 휘발성 액체로, 알코올의 일종 • 물과 완전히 혼합되며, 소독제, 음료용 알코올, 용매 등으로 널리 사용됨

정답 (1) HCN (2) C_5H_5N (3) $C_2H_4(OH)_2$ (4) $C_2H_5OC_2H_5$ (5) C_2H_5OH

17

위험물안전관리법령상 제4류 위험물을 운송할 때 위험물안전카드를 휴대해야 하는 위험물 품명 2가지를 쓰시오.

위험물(제4류 위험물에 있어서는 특수인화물 및 제1석유류에 한한다)을 운송하게 하는 자는 위험물안전카드를 위험물운송자로 하여금 휴대하게 해야 한다.

정답 특수인화물, 제1석유류

18 ⭐빈출

경유 500L, 중유 1,000L, 에틸알코올 400L, 다이에틸에터 150L를 저장하고 있다. 각 물질의 지정수량 배수의 총합은 얼마인지 쓰시오.

(1) 계산과정
(2) 답

- 위험물별 지정수량

위험물	품명	지정수량
경유	제2석유류(비수용성)	1,000L
중유	제3석유류(비수용성)	2,000L
에틸알코올	알코올류	400L
다이에틸에터	특수인화물	50L

- 지정수량 배수 = $\dfrac{저장량}{지정수량}$

- 지정수량 배수의 총합 = $\dfrac{500L}{1,000L} + \dfrac{1,000L}{2,000L} + \dfrac{400L}{400L} + \dfrac{150L}{50L} = 5배$

정답 (1) [해설참조] (2) 5배

19

아세트산(초산)에 대하여 다음 물음에 답하시오.

(1) 화학식
(2) 증기비중

품명	화학식	지정수량	증기비중		
아세트산(초산) – 제4류 위험물(인화성 액체)					
제2석유류 (수용성)	CH_3COOH	2,000L	$\dfrac{아세트산 분자량}{공기의 평균 분자량} =$	$\dfrac{(12 \times 2) + (1 \times 4) + (16 \times 2)}{29}$	$= 2.068$

정답 (1) CH_3COOH (2) 2.07

20

내화구조가 아닌 옥내저장소 450m²의 소요단위를 구하시오.

(1) 계산과정

(2) 답

- 소요단위(연면적)

구분	외벽 내화구조	외벽 비내화구조
위험물제조소 취급소	100m²	50m²
위험물저장소	150m²	75m²

- 저장소 외벽이 비내화구조일 때 1소요단위는 75m²이므로 연면적 450m²의 소요단위는 다음과 같다.

$$\frac{450m^2}{75m^2} = 6소요단위$$

정답 (1) $\frac{450m^2}{75m^2} = 6$ (2) 6소요단위

제4회 실기[필답형] 기출복원문제

01 빈출

다음 유별에 대하여 운반 시 혼재 가능한 유별을 모두 쓰시오. (단, 지정수량의 1/10을 초과하여 운반하는 경우이다.)

(1) 제1류 위험물

(2) 제2류 위험물

(3) 제3류 위험물

유별을 달리하는 위험물 혼재기준(지정수량 1/10배 초과)				
1	6			혼재 가능
2	5	4		혼재 가능
3	4			혼재 가능

정답 (1) 제6류 위험물
(2) 제5류 위험물, 제4류 위험물
(3) 제4류 위험물

02

아닐린에 대하여 다음 물음에 답하시오.

(1) 품명

(2) 지정수량

(3) 분자량

아닐린 – 제4류 위험물
• 아닐린은 제4류 위험물 중 제3석유류(비수용성)로 분류되고, 지정수량은 2,000L이다.
• 아닐린($C_6H_5NH_2$)의 분자량은 $(12 \times 6) + (1 \times 5) + 14 + (1 \times 2) = 93g/mol$이다.

정답 (1) 제3석유류　(2) 2,000L　(3) 93g

03

위험물안전관리법령상 간이탱크저장소에 대하여 다음 각 물음에 답하시오.

(1) 1개의 간이탱크저장소에 설치하는 간이저장탱크는 몇 개 이하로 하여야 하는지 쓰시오.

(2) 간이저장탱크의 용량은 몇 L 이하이어야 하는지 쓰시오.

(3) 간이저장탱크는 두께를 몇 mm 이상의 강판으로 하여야 하는지 쓰시오.

> 간이탱크저장소의 설치기준(위험물안전관리법령 시행규칙 별표 9)
> • 하나의 간이탱크저장소에 설치하는 간이저장탱크는 그 수를 3 이하로 하고, 동일한 품질의 위험물의 간이저장탱크를 2 이상 설치하지 아니하여야 한다.
> • 간이저장탱크의 용량은 600L 이하이어야 한다.
> • 간이저장탱크는 두께 3.2mm 이상의 강판으로 흠이 없도록 제작하여야 하며, 70kPa의 압력으로 10분간의 수압시험을 실시하여 새거나 변형되지 아니하여야 한다.

정답 (1) 3개 (2) 600L (3) 3.2mm

04 빈출

탄화칼슘 1mol과 물 2mol이 반응할 때 생성되는 기체를 쓰고, 그 기체는 표준상태를 기준으로 몇 L가 생성되는지 쓰시오.

(1) 생성 기체

(2) 생성량(L)

> (1) 생성 기체
> • 탄화칼슘과 물의 반응식 : $CaC_2 + 2H_2O \rightarrow Ca(OH)_2 + C_2H_2$
> • 탄화칼슘은 물과 반응하여 수산화칼슘과 아세틸렌을 발생한다.
> (2) 생성량(L)
> • (1)의 반응식을 통해 탄화칼슘 1mol과 물 2mol이 반응하여 아세틸렌 1mol이 발생됨을 확인할 수 있다.
> • 표준상태에서 1mol의 기체는 22.4L의 부피를 차지하므로 생성되는 아세틸렌의 부피는 1mol × 22.4L/mol = 22.4L이다.

정답 (1) 아세틸렌 (2) 22.4L

05

트라이나이트로톨루엔이 분해하여 일산화탄소, 탄소, 질소, 수소를 생성하는 화학반응식을 쓰시오.

트라이나이트로톨루엔의 분해반응식
- $2C_6H_2(NO_2)_3CH_3 \rightarrow 2C + 3N_2 + 5H_2 + 12CO$
- 트라이나이트로톨루엔은 분해하여 탄소, 질소, 수소, 일산화탄소를 생성한다.

정답 $2C_6H_2(NO_2)_3CH_3 \rightarrow 2C + 3N_2 + 5H_2 + 12CO$

06

다음 위험물을 인화점이 낮은 것부터 높은 순으로 쓰시오.

나이트로벤젠, 아세트알데하이드, 에탄올, 아세트산

위험물	품명	인화점($℃$)
나이트로벤젠	제3석유류(비수용성)	88
아세트알데하이드	특수인화물	−38
에탄올	알코올류	13
아세트산	제2석유류(수용성)	40

정답 아세트알데하이드, 에탄올, 아세트산, 나이트로벤젠

07

다이에틸에터에 대하여 다음 물음에 답하시오.

(1) 화학식

(2) 증기비중

(3) 연소범위

다이에틸에터($C_2H_5OC_2H_5$) – 제4류 위험물

- 다이에틸에터의 증기비중 = $\dfrac{(12 \times 2)+(1 \times 5)+16+(12 \times 2)+(1 \times 5)}{29}$ = 약 2.55

- 다이에틸에터와 같은 에터류는 공기 중에서 산소와 반응하여 시간이 지나면서 과산화물을 형성할 수 있는데, 과산화물은 폭발성이 매우 높으므로 안전한 처리를 위해 주기적으로 과산화물의 존재 여부를 확인해야 한다.

- 다이에틸에터의 연소범위는 1.9~48%이다.

정답 (1) $C_2H_5OC_2H_5$ (2) 2.55 (3) 1.9~48%

08

위험물안전관리법령상 벽, 기둥, 바닥이 내화구조인 옥내저장소에 다음 물질을 저장할 경우 최소 보유공지를 쓰시오.

(1) 인화성 고체 12,000kg

(2) 질산 12,000kg

(3) 황 12,000kg

- 옥내저장소 보유공지

위험물 최대수량	공지의 너비	
	벽, 기둥 및 바닥 : 내화구조	그 밖의 건축물
지정수량의 5배 이하	–	0.5m 이상
지정수량의 5배 초과 10배 이하	1m 이상	1.5m 이상
지정수량의 10배 초과 20배 이하	2m 이상	3m 이상
지정수량의 20배 초과 50배 이하	3m 이상	5m 이상
지정수량의 50배 초과 200배 이하	5m 이상	10m 이상
지정수량의 200배 초과	10m 이상	15m 이상

- 위험물별 지정수량

유별	위험물	지정수량
제2류 위험물	인화성 고체	1,000kg
제6류 위험물	질산	300kg
제2류 위험물	황	100kg

(1) 인화성 고체 $= \dfrac{12,000\text{kg}}{1,000\text{kg}} = 12$배 → 2m 이상

(2) 질산 $= \dfrac{12,000\text{kg}}{300\text{kg}} = 40$배 → 3m 이상

(3) 황 $= \dfrac{12,000\text{kg}}{100\text{kg}} = 120$배 → 5m 이상

정답 (1) 2m (2) 3m (3) 5m

09 빈출

위험물안전관리법령상 위험물 운반용기 외부에 표시해야 하는 주의사항을 쓰시오.

(1) 알칼리금속의 과산화물
(2) 철분
(3) 자연발화성 물질
(4) 제4류 위험물
(5) 제6류 위험물

위험물 유별 운반용기 외부 주의사항 및 게시판

유별	종류	운반용기 외부 주의사항	게시판
제1류	알칼리금속의 과산화물	가연물접촉주의, 화기 · 충격주의, 물기엄금	물기엄금
	그 외	가연물접촉주의, 화기 · 충격주의	–
제2류	철분, 금속분, 마그네슘	화기주의, 물기엄금	화기주의
	인화성 고체	화기엄금	화기엄금
	그 외	화기주의	화기주의
제3류	자연발화성 물질	화기엄금, 공기접촉엄금	화기엄금
	금수성 물질	물기엄금	물기엄금
제4류	–	화기엄금	화기엄금
제5류		화기엄금, 충격주의	화기엄금
제6류		가연물접촉주의	–

정답 (1) 가연물접촉주의, 화기 · 충격주의, 물기엄금 (2) 화기주의, 물기엄금
(3) 화기엄금, 공기접촉엄금 (4) 화기엄금 (5) 가연물접촉주의

10

다음 위험물 중 위험물안전관리법령상 포 소화설비가 적응성이 없는 것을 모두 고르시오. (단, 모두 적응성이 있을 경우는 "해당 없음"이라 쓰시오.)

철분, 인화성 고체, 황린, 알킬알루미늄, TNT

위험물안전관리법령상 포 소화설비가 적응성이 없는 대상은 다음과 같다.
- 제1류 위험물 중 알칼리금속과산화물등
- 제2류 위험물 중 철분, 금속분, 마그네슘 등
- 제3류 위험물 중 금수성 물품
- 전기설비

정답 철분, 알킬알루미늄

11 ✈빈출

탄산수소나트륨에 대하여 다음 물음에 답하시오.

(1) 1차 분해반응식을 쓰시오.

(2) 표준상태에서 이산화탄소 200m³가 발생하였다면 탄산수소나트륨은 몇 kg가 분해한 것인지 구하시오.

(1) 1차 분해반응식
- $2NaHCO_3 \rightarrow Na_2CO_3 + H_2O + CO_2$
- 탄산수소나트륨은 열분해하여 탄산나트륨, 물, 이산화탄소를 발생한다.

(2) 분해한 탄산수소나트륨의 양(kg)
- 표준상태에서 1mol의 기체는 22.4L(= 0.0224m³)이므로 200m³의 이산화탄소의 몰수는 다음과 같다.

$$몰수 = \frac{부피}{1몰의\ 부피} = \frac{200m^3}{0.0224m^3/mol} = 8,928.57mol$$

- (1)의 반응식에서 1mol의 이산화탄소가 생성될 때 2mol의 탄산수소나트륨이 분해되는 것을 알 수 있다. 따라서 탄산수소나트륨의 몰수는 다음과 같다.

  탄산수소나트륨의 몰수 = 2 × 8,928.57mol = 17,857.14mol
- 탄산수소나트륨의 분자량은 23 + 1 + 12 + (16 × 3) = 84g/mol이다.
- 따라서 탄산수소나트륨의 질량은 다음과 같다.

  17,857.14mol × 84g/mol = 1,500,000g = 1,500kg

정답 (1) $2NaHCO_3 \rightarrow Na_2CO_3 + H_2O + CO_2$
(2) 1,500kg

12

인화점이 −11℃이고 겨울철에 응고할 수 있는 방향족 탄화수소이다. 이 위험물에 대하여 다음 물음에 답하시오.

(1) 명칭

(2) 분자량

(3) 완전연소반응식

> 벤젠 – 제4류 위험물
> - 벤젠은 대표적인 방향족 탄화수소로, 분자 구조에 6개의 탄소 원자가 고리 형태로 결합하고, 각 탄소에 수소가 하나씩 붙어 있다.
> - 벤젠은 인화점이 −11℃로 낮아 제4류 위험물로 분류되며, 겨울철에 응고될 가능성이 있다.
> - 벤젠(C_6H_6)의 분자량 = $(12 \times 6) + (1 \times 6) = 78g/mol$
> - 벤젠의 완전연소반응식 : $2C_6H_6 + 15O_2 \rightarrow 12CO_2 + 6H_2O$
> - 벤젠은 연소하여 이산화탄소와 물을 생성한다.

정답 (1) 벤젠 (2) 78g
(3) $2C_6H_6 + 15O_2 \rightarrow 12CO_2 + 6H_2O$

13

다음 괄호 안에 알맞은 말을 쓰시오.

> 지하저장탱크의 압력탱크 외의 탱크는 (①)kPa의 압력, 압력탱크는 최대사용용압력의 (②)배 압력으로 각각 (③)분간 수압시험을 실시한다. 이 경우 수압시험은 (④)과 비파괴시험을 동시에 실시하는 방법으로 대신할 수 있다.

> 지하탱크저장소의 기준(위험물안전관리법 시행규칙 별표 8)
> 지하저장탱크는 용량에 따라 다음 표에 정하는 기준에 적합하게 강철판 또는 동등 이상의 성능이 있는 금속재질로 완전용입용접 또는 양면겹침이음용접으로 틈이 없도록 만드는 동시에, 압력탱크(최대상용압력이 46.7kPa 이상인 탱크를 말한다) 외의 탱크에 있어서는 70kPa의 압력으로, 압력탱크에 있어서는 최대상용압력의 1.5배의 압력으로 각각 10분간 수압시험을 실시하여 새거나 변형되지 아니하여야 한다. 이 경우 수압시험은 소방청장이 정하여 고시하는 기밀시험과 비파괴시험을 동시에 실시하는 방법으로 대신할 수 있다.

정답 ① 70 ② 1.5 ③ 10 ④ 기밀시험

14 빈출

다음 위험물의 지정수량 배수의 합을 구하시오.

- 메틸에틸케톤 400L
- 아세톤 1,200L
- 등유 2,000L

(1) 계산과정
(2) 답

- 위험물별 지정수량

위험물	품명	지정수량
메틸에틸케톤	제1석유류(비수용성)	200L
아세톤	제1석유류(수용성)	400L
등유	제2석유류(비수용성)	1,000L

- 지정수량 배수 = $\dfrac{저장량}{지정수량}$

- 지정수량 배수의 합 = $\dfrac{400L}{200L} + \dfrac{1,200L}{400L} + \dfrac{2,000L}{1,000L} = 7$배

정답 (1) [해설참조] (2) 7배

15

제2류 위험물 중 지정수량이 500kg인 품명 3가지를 쓰시오.

제2류 위험물(가연성 고체)				
등급	품명	지정수량(kg)	위험물	분자식
II	황화인	100	삼황화인	P_4S_3
II	황화인	100	오황화인	P_2S_5
II	황화인	100	칠황화인	P_4S_7
II	적린	100	적린	P
II	황	100	황	S
III	금속분	500	알루미늄분	Al
III	금속분	500	아연분	Zn
III	금속분	500	안티몬	Sb
III	철분	500	철분	Fe
III	마그네슘	500	마그네슘	Mg
III	인화성 고체	1,000	고형알코올	–

정답 철분, 마그네슘, 금속분

16 ⭐빈출

다음 위험물의 구조식을 쓰시오.

(1) TNT

(2) 피크린산

구분	트라이나이트로톨루엔(TNT)	트라이나이트로페놀(피크린산)
구조식		
분자식	$C_6H_2(NO_2)_3CH_3$	$C_6H_2(NO_2)_3OH$

정답 (1) (2)

17

[보기]에서 설명하는 제2류 위험물에 대하여 다음 물음에 답하시오.

━━━━━━━━[보기]━━━━━━━━
- 제2족 원소이다.
- 은백색의 무른 경금속이다.
- 비중 1.74, 녹는점 650℃

(1) 연소반응식
(2) 물과의 반응식
(3) 포 소화설비에 대한 적응성

(1) 마그네슘의 연소반응식
- $2Mg + O_2 \rightarrow 2MgO$
- 마그네슘은 연소하여 산화마그네슘을 생성한다.
(2) 마그네슘과 물의 반응식
- $Mg + 2H_2O \rightarrow Mg(OH)_2 + H_2$
- 마그네슘은 물과 반응하여 수산화마그네슘과 수소를 발생한다.
(3) 마그네슘 화재에는 물이나 포 소화설비 대신 건조사, 마른 화학 분말 등의 소화방법을 사용한다.

정답 (1) $2Mg + O_2 \rightarrow 2MgO$
(2) $Mg + 2H_2O \rightarrow Mg(OH)_2 + H_2$
(3) 적응성 없음

18

다음 위험물을 옥외저장탱크 중 압력탱크 외의 탱크에 저장할 때의 온도를 쓰시오.

(1) 다이에틸에터
(2) 아세트알데하이드
(3) 산화프로필렌

위험물의 저장온도

위험물 종류		옥외저장탱크, 옥내저장탱크, 지하저장탱크		이동저장탱크	
		압력탱크 외의 탱크	압력탱크	보냉장치 ×	보냉장치 ○
아세트알데하이드등	아세트알데하이드	15℃ 이하	40℃ 이하		비점 이하
	산화프로필렌	30℃ 이하			
다이에틸에터등		30℃ 이하			

정답 (1) 30℃ (2) 15℃ (3) 30℃

19

분자량이 158인 제1류 위험물로서 흑자색을 띠며 분해 시 산소를 발생하는 물질에 대하여 다음 물음에 답하시오.

(1) 품명

(2) 화학식

(3) 분해반응식

> 과망가니즈산칼륨 – 제1류 위험물
> - 과망가니즈산칼륨($KMnO_4$)은 제1류 위험물로 분류되는 강력한 산화제로 품명은 과망가니즈산염류이다. 이 물질은 특유의 흑자색(보라색)을 띠며, 고체 상태에서 분해하면 산소를 발생시킨다.
> - 과망가니즈산칼륨은 살균, 산화, 탈취 목적으로 주로 사용되며, 특히 수처리, 화학 합성 등에 사용된다.
> - 과망가니즈산칼륨의 분해반응식 : $2KMnO_4 \rightarrow K_2MnO_4 + MnO_2 + O_2$
> - 과망가니즈산칼륨은 분해하여 망가니즈산칼륨, 이산화망가니즈, 산소를 발생한다.

정답 (1) 과망가니즈산염류
(2) $KMnO_4$
(3) $2KMnO_4 \rightarrow K_2MnO_4 + MnO_2 + O_2$

20 빈출

황 1kg이 연소할 때 필요한 공기의 부피(L)를 구하시오. (단, 공기 중 질소 79%, 산소 21%이다.)

> - 황의 연소반응식 : $S + O_2 \rightarrow SO_2$
> - 황은 연소하여 이산화황을 생성한다.
> - 이상기체 방정식으로 산소의 부피를 구하기 위해 $PV = \dfrac{wRT}{M}$의 식을 사용한다.
> - 위의 반응식에서 황과 산소는 1:1의 비율로 반응하고, 이론산소량은 21%이기 때문에 다음과 같은 식이 된다.
>
> $$V = \frac{wRT}{MP} = \frac{1,000g \times 0.082 \times 273K}{32 \times 1} \times \frac{1}{1} \times \frac{1}{0.21} = 3,331.25L$$
>
> - P : 압력(1atm)
> - w : 질량(g) → 황(S)의 질량 = 1,000g
> - M : 분자량 → 황(S)의 분자량 = 32g/mol
> - V : 부피(L)
> - n : 몰수(mol)
> - R : 기체상수(0.082L · atm/mol · K)
> - T : 절대온도(K, 절대온도로 변환하기 위해 273을 더한다) → 0 + 273 = 273K

정답 3,331.25L

01

다음 알코올류의 정의를 완성하여 쓰시오.

1분자를 구성하는 탄소원자의 수가 (①)개부터 (②)개까지인 포화1가 알코올(변성알코올 포함)을 말한다. 다만, 다음 중 어느 하나에 해당하는 것은 제외한다.
- 1분자를 구성하는 탄소원자의 수가 1개 내지 3개의 포화1가 알코올의 함유량이 (③)중량% 미만인 수용액
- 가연성 액체량이 (④)중량% 미만이고 인화점 및 연소점이 에틸알코올 (⑤)중량% 수용액의 인화점 및 연소점을 초과하는 것

알코올류의 정의(위험물안전관리법 시행령 별표 1)
알코올류라 함은 1분자를 구성하는 탄소원자의 수가 1개부터 3개까지인 포화1가 알코올(변성알코올을 포함한다)을 말한다. 다만, 다음의 1에 해당하는 것은 제외한다.
- 1분자를 구성하는 탄소원자의 수가 1개 내지 3개의 포화1가 알코올의 함유량이 60중량퍼센트 미만인 수용액
- 가연성 액체량이 60중량퍼센트 미만이고 인화점 및 연소점(태그개방식인화점측정기에 의한 연소점을 말한다. 이하 같다)이 에틸알코올 60중량퍼센트 수용액의 인화점 및 연소점을 초과하는 것

정답 ① 1 ② 3 ③ 60 ④ 60 ⑤ 60

02 빈출

다음 그림을 보고 탱크의 내용적을 구하시오. (단, 공간용적은 탱크 내용적의 100분의 5로 한다.)

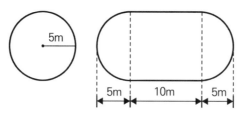

탱크의 내용적

$V = \pi \gamma^2 (l + \dfrac{l_1 + l_2}{3})(1 - 공간용적)$

$= 원의\ 면적 \times (가운데\ 체적길이 + \dfrac{양끝\ 체적길이\ 합}{3}) \times (1 - 공간용적)$

$= \pi \times 5^2 \times (10 + \dfrac{5 + 5}{3}) \times (1 - 0.05) = 994.84m^3$

정답 994.84m³

03 ⭐빈출

1몰의 탄화알루미늄이 물과 반응하는 반응식을 쓰시오.

탄화알루미늄과 물의 반응식
- $Al_4C_3 + 12H_2O \rightarrow 4Al(OH)_3 + 3CH_4$
- 탄화알루미늄은 물과 반응하여 수산화알루미늄과 메탄을 발생한다.

정답 $Al_4C_3 + 12H_2O \rightarrow 4Al(OH)_3 + 3CH_4$

04

BTX에 대하여 다음 물음에 답하시오.

(1) BTX가 무엇의 약자인지 해당 물질의 명칭을 쓰시오.
(2) BTX 중 T에 해당하는 물질의 구조식을 쓰시오.

(1) BTX는 벤젠(B, C_6H_6), 톨루엔(T, $C_6H_5CH_3$), 자일렌(X, C_8H_{10})의 앞 글자를 딴 것이다.
(2) 톨루엔($C_6H_5CH_3$)의 구조식은 다음과 같다.

정답 (1) B : 벤젠, T : 톨루엔, X : 자일렌
(2)

05 ✈빈출

다음 분말 소화약제의 주성분의 화학식을 쓰시오.

(1) 제1종 분말 소화약제
(2) 제2종 분말 소화약제
(3) 제3종 분말 소화약제

분말 소화약제의 종류

약제명	주성분	분해식	색상	적응화재
제1종	탄산수소나트륨	$2NaHCO_3 \rightarrow Na_2CO_3 + CO_2 + H_2O$	백색	BC
제2종	탄산수소칼륨	$2KHCO_3 \rightarrow K_2CO_3 + CO_2 + H_2O$	보라색 (담회색)	BC
제3종	인산암모늄	$NH_4H_2PO_4 \rightarrow NH_3 + H_3PO_4$(1차) $NH_4H_2PO_4 \rightarrow NH_3 + HPO_3 + H_2O$(2차)	담홍색	ABC
제4종	탄산수소칼륨 + 요소	–	회색	BC

정답 (1) $NaHCO_3$ (2) $KHCO_3$ (3) $NH_4H_2PO_4$

06

비중 0.8인 메탄올 50L를 0℃, 1기압에서 연소시킬 때 다음 물음에 답하시오.

(1) 연소반응식
(2) 필요한 공기의 부피(m^3)

(1) 메탄올의 연소반응식
  • $2CH_3OH + 3O_2 \rightarrow 2CO_2 + 4H_2O$
  • 메탄올은 연소하여 이산화탄소와 물을 생성한다.
(2) 필요한 공기의 부피(m^3)
  • 메탄올의 비중이 $0.8g/cm^3$이고, 주어진 부피가 50L이므로, 메탄올의 총 질량은 다음과 같다.
  • 메탄올의 총 질량(g) = 비중(kg/L) × 부피(L) × 1,000 = 0.8 × 50 × 1,000 = 40,000g
  • 메탄올(CH_3OH)의 분자량 = 12 + (1 × 4) + 16 = 32g/mol
  • 메탄올의 총 몰수 = $\dfrac{질량(g)}{몰질량(g/mol)} = \dfrac{40,000}{32} = 1,250mol$
  • 메탄올의 연소반응식 (1)의 반응식을 통해 2mol의 메탄올이 3mol의 산소와 반응함을 알 수 있다.

- 메탄올 1,250mol을 연소하기 위해 필요한 이론 산소의 몰수는 다음과 같다.

- 산소의 몰수 $= \dfrac{3}{2} \times 1,250 = 1,875mol$

- 따라서 표준상태에서 필요한 공기의 부피 $= 1,875mol \times 22.4L/mol = 42,000L = 42.0m^3$

정답   (1) $2CH_3OH + 3O_2 \rightarrow 2CO_2 + 4H_2O$
       (2) $42.0m^3$

07

다음 위험물의 위험등급을 구분하여 쓰시오. (단, 없으면 "해당 없음"이라 쓰시오.)

아염소산염류, 염소산염류, 과염소산염류, 질산에스터류, 황화인, 황, 적린

(1) 위험등급 Ⅰ
(2) 위험등급 Ⅱ
(3) 위험등급 Ⅲ

제1류 위험물(산화성 고체)

등급	품명	지정수량(kg)	위험물	분자식	기타
Ⅰ	아염소산염류	50	아염소산나트륨	$NaClO_2$	–
	염소산염류		염소산칼륨	$KClO_3$	
			염소산나트륨	$NaClO_3$	
	과염소산염류		과염소산칼륨	$KClO_4$	
			과염소산나트륨	$NaClO_4$	
	무기과산화물		과산화칼륨	K_2O_2	• 과산화칼륨
			과산화나트륨	Na_2O_2	• 과산화마그네슘
Ⅱ	브로민산염류	300	브로민산암모늄	NH_4BrO_3	–
	질산염류		질산칼륨	KNO_3	
			질산나트륨	$NaNO_3$	
	아이오딘산염류		아이오딘산칼륨	KIO_3	
Ⅲ	과망가니즈산염류	1,000	과망가니즈산칼륨	$KMnO_4$	
	다이크로뮴산염류		다이크로뮴산칼륨	$K_2Cr_2O_7$	

제2류 위험물(가연성 고체)

등급	품명	지정수량(kg)	위험물	분자식
II	황화인	100	삼황화인	P_4S_3
			오황화인	P_2S_5
			칠황화인	P_4S_7
	적린		적린	P
	황		황	S
III	금속분	500	알루미늄분	Al
			아연분	Zn
			안티몬	Sb
	철분		철분	Fe
	마그네슘		마그네슘	Mg
	인화성 고체	1,000	고형알코올	–

제5류 위험물(자기반응성 물질)

등급	품명	지정수량(kg)	위험물	분자식	기타
I	질산에스터류	10	질산메틸	CH_3ONO_2	–
			질산에틸	$C_2H_5ONO_2$	
			나이트로글리세린	$C_3H_5(ONO_2)_3$	
			나이트로글리콜		
			나이트로셀룰로오스	–	
			셀룰로이드		
	유기과산화물		과산화벤조일	$(C_6H_5CO)_2O_2$	• 과산화메틸에틸케톤
			아세틸퍼옥사이드	–	
II	하이드록실아민	100		NH_2OH	–
	하이드록실아민염류			–	
	나이트로화합물		트라이나이트로톨루엔	$C_6H_2(NO_2)_3CH_3$	• 다이나이트로벤젠
			트라이나이트로페놀	$C_6H_2(NO_2)_3OH$	• 다이나이트로톨루엔
			테트릴		
	나이트로소화합물				–
	아조화합물				
	다이아조화합물		–	–	
	하이드라진유도체				
	질산구아니딘				

정답 (1) 아염소산염류, 염소산염류, 과염소산염류, 질산에스터류 (2) 황화인, 황, 적린 (3) 해당 없음

08 ⭐빈출

다음 위험물을 수납한 운반용기의 외부에 표시해야 하는 주의사항을 모두 쓰시오. (단, 원칙적인 경우에 한한다.)

(1) 제4류 위험물
(2) 제5류 위험물
(3) 제6류 위험물

위험물 유별 운반용기 외부 주의사항과 게시판

유별	종류	운반용기 외부 주의사항	게시판
제1류	알칼리금속의 과산화물	가연물접촉주의, 화기·충격주의, 물기엄금	물기엄금
	그 외	가연물접촉주의, 화기·충격주의	–
제2류	철분, 금속분, 마그네슘	화기주의, 물기엄금	화기주의
	인화성 고체	화기엄금	화기엄금
	그 외	화기주의	화기주의
제3류	자연발화성 물질	화기엄금, 공기접촉엄금	화기엄금
	금수성 물질	물기엄금	물기엄금
제4류	–	화기엄금	화기엄금
제5류	–	화기엄금, 충격주의	화기엄금
제6류		가연물접촉주의	–

정답 (1) 화기엄금 (2) 화기엄금 및 충격주의 (3) 가연물접촉주의

09

위험물안전관리법령상 제4류 위험물을 운송할 때 위험물안전카드를 휴대해야 하는 위험물 품명 2가지를 쓰시오.

위험물(제4류 위험물에 있어서는 특수인화물 및 제1석유류에 한한다)을 운송하게 하는 자는 위험물안전카드를 위험물운송자로 하여금 휴대하게 해야 한다.

정답 특수인화물, 제1석유류

10 ✈빈출

산화프로필렌 200L, 벤즈알데하이드 1,000L, 아크릴산 4,000L를 저장하고 있을 경우 각각의 지정수량 배수의 합계는 얼마인지 구하시오.

(1) 계산과정
(2) 답

- 위험물별 지정수량

위험물	품명	지정수량
산화프로필렌	특수인화물	50L
벤즈알데하이드	제2석유류(비수용성)	1,000L
아크릴산	제2석유류(수용성)	2,000L

- 지정수량 배수 = $\dfrac{\text{저장량}}{\text{지정수량}}$

- 지정수량 배수의 합계 = $\dfrac{200L}{50L} + \dfrac{1,000L}{1,000L} + \dfrac{4,000L}{2,000L} = 7$배

정답 (1) [해설참조] (2) 7배

11

다음 [보기]의 제4류 위험물을 발화점이 낮은 것부터 높은 순서대로 쓰시오.

───────[보기]───────
이황화탄소, 휘발유, 아세톤, 아세트알데하이드

위험물	품명	발화점(℃)
이황화탄소	특수인화물	90
휘발유	제1석유류(비수용성)	280 ~ 456
아세톤	제1석유류(수용성)	465
아세트알데하이드	특수인화물	약 175

정답 이황화탄소, 아세트알데하이드, 휘발유, 아세톤

12 ✈빈출

다음 위험물과 혼재할 수 없는 위험물의 유별을 모두 쓰시오. (단, 지정수량의 10배 이상이다.)

(1) 제1류 위험물
(2) 제2류 위험물
(3) 제3류 위험물

유별을 달리하는 위험물 혼재기준(지정수량 1/10배 초과)

1	6		혼재 가능
2	5	4	혼재 가능
3	4		혼재 가능

정답 (1) 제2류 위험물, 제3류 위험물, 제4류 위험물, 제5류 위험물
(2) 제1류 위험물, 제3류 위험물, 제6류 위험물
(3) 제1류 위험물, 제2류 위험물, 제5류 위험물, 제6류 위험물

13 ✈빈출

아연분에 대하여 다음 각 물음에 답하시오.

(1) 공기 중 수분에 의한 화학반응식을 쓰시오.
(2) 염산과 반응할 경우 발생 기체는 무엇인지 쓰시오.

(1) 아연과 물의 반응식
 • $Zn + 2H_2O \rightarrow Zn(OH)_2 + H_2$
 • 아연은 물과 반응하여 수산화아연과 수소를 발생한다.
(2) 아연과 염산의 반응식
 • $Zn + 2HCl \rightarrow ZnCl_2 + H_2$
 • 아연은 염산과 반응하여 염화아연과 수소를 발생한다.

정답 (1) $Zn + 2H_2O \rightarrow Zn(OH)_2 + H_2$ (2) 수소(H_2)

14 ✈빈출

다음 위험물의 연소반응식을 쓰시오.

(1) 삼황화인

(2) 오황화인

---

(1) 삼황화인의 연소반응식
  - $P_4S_3 + 8O_2 \rightarrow 2P_2O_5 + 3SO_2$
  - 삼황화인은 연소하여 오산화인과 이산화황을 생성한다.
(2) 오황화인의 연소반응식
  - $2P_2S_5 + 15O_2 \rightarrow 2P_2O_5 + 10SO_2$
  - 오황화인은 연소하여 오산화인과 이산화황을 생성한다.

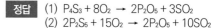 정답 (1) $P_4S_3 + 8O_2 \rightarrow 2P_2O_5 + 3SO_2$
(2) $2P_2S_5 + 15O_2 \rightarrow 2P_2O_5 + 10SO_2$

15

다음 위험물에서 산의 세기가 작은 것부터 큰 순서대로 번호를 쓰시오.

① $HClO$	② $HClO_2$	③ $HClO_3$	④ $HClO_4$

산의 세기는 해당 산의 분자의 산소 원자 수와 관련이 있다. 일반적으로 같은 계열의 산에서 산소 원자가 많을수록 산의 세기가 더 강해진다.

정답 ① < ② < ③ < ④

16

휘발유를 저장하는 옥외탱크저장소에 대하여 다음 물음에 답하시오.

(1) 하나의 방유제 내에 설치할 수 있는 탱크의 개수를 쓰시오.

(2) 방유제의 높이를 쓰시오.

(3) 하나의 방유제 내의 면적은 몇 m^2 이하로 하는지 쓰시오.

방유제의 설치기준(위험물안전관리법 시행규칙 별표 6)

제3류, 제4류 및 제5류 위험물 중 인화성이 있는 액체(이황화탄소를 제외한다)의 옥외탱크저장소의 탱크 주위에는 다음의 기준에 의하여 방유제를 설치하여야 한다.

• 방유제는 높이 0.5m 이상 3m 이하, 두께 0.2m 이상, 지하매설깊이 1m 이상으로 할 것
• 방유제 내의 면적은 8만m² 이하로 할 것
• 방유제 내의 설치하는 옥외저장탱크의 수는 10(방유제 내에 설치하는 모든 옥외저장탱크의 용량이 20만L 이하이고, 당해 옥외저장탱크에 저장 또는 취급하는 위험물의 인화점이 70℃ 이상 200℃ 미만인 경우에는 20) 이하로 할 것

정답 (1) 10개
(2) 0.5m 이상 3m 이하
(3) 8만m² 이하

17 ★빈출

불연성 물질 10wt%와 탄소 90wt%가 함유된 물질 1kg이 연소할 때 필요한 산소의 부피를 구하시오.

• 탄소의 연소반응식 : $C + O_2 \rightarrow CO_2$
• 탄소와 산소가 반응하면 이산화탄소가 생성된다.

• 이상기체 방정식으로 산소의 부피를 구하기 위해 $PV = \dfrac{wRT}{M}$의 식을 사용한다.
• 위의 반응식에서 탄소와 산소는 1 : 1의 비율로 반응하므로 다음과 같은 식이 된다.

$$V = \frac{wRT}{MP} = \frac{900g \times 0.082 \times 273K}{12g/mol \times 1} \times \frac{1}{1} = 1{,}678.95L$$

 – P : 압력(1atm)
 – w : 질량(g) → 1 × 0.9 = 0.9kg = 900g
 – M : 분자량 → 탄소(C)의 분자량 = 12g/mol
 – V : 부피(L)
 – n : 몰수(mol)
 – R : 기체상수(0.082L · atm/mol · K)
 – T : 온도(K, 절대온도로 변환하기 위해 273을 더한다) → 0 + 273 = 273K

정답 1,678.95L

18

아세트알데하이드에 대하여 다음 물음에 답하시오.

(1) 지정수량

(2) 품명

(3) 다음 설명 중 옳은 것을 모두 고르시오.

    ① 에탄올의 산화과정에서 생성된다.

    ② 무색투명한 액체로 자극적인 냄새가 난다.

    ③ 구리, 은, 마그네슘 용기에 저장한다.

    ④ 물, 에테르, 에탄올에 잘 녹고 고무를 녹인다.

(4) 보냉장치가 없는 이동저장탱크에 저장하는 경우 (　)℃ 이하로 유지할 것

아세트알데하이드 – 제4류 위험물

- 아세트알데하이드는 제4류 위험물 중 특수인화물로 지정수량은 50L이다.
- 아세트알데하이드는 에탄올의 산화과정에서 중간 산화 생성물로 생성된다. 즉, 에탄올이 산화되면 아세트알데하이드가 생성되고, 추가 산화하면 아세트산이 생성된다.
- 아세트알데하이드는 무색의 투명한 액체로 강한 자극적인 냄새가 특징이다.
- 아세트알데하이드는 구리, 은, 수은, 마그네슘 등으로 만든 용기에 저장하지 않는다.
- 아세트알데하이드는 물, 에테르, 에탄올에 잘 녹으며, 고무와 반응하여 고무를 녹일 수 있다.
- 아세트알데하이드등의 저장기준

보냉장치가 있는 경우	보냉장치가 없는 경우
이동저장탱크에 저장하는 아세트알데하이드등의 온도는 당해 위험물의 비점 이하로 유지할 것	이동저장탱크에 저장하는 아세트알데하이드등의 온도는 40℃ 이하로 유지할 것

정답 (1) 50L　(2) 특수인화물　(3) ①, ②, ④　(4) 40

19

다음 [보기]를 보고 물음에 해당하는 위험물의 화학식을 쓰시오.

─────────────[보기]─────────────
질산암모늄, 질산칼륨, 과산화나트륨, 삼산화크로뮴, 염소산칼륨

(1) 물 또는 이산화탄소와 반응하는 위험물

(2) 흡습성이 있고 분해 시 흡열반응을 하는 위험물

(3) 비중 2.32로 이산화망가니즈를 촉매로 하여 가열하면 산소를 발생하는 위험물

(1) 과산화나트륨(Na$_2$O$_2$)은 물과 반응하여 수산화나트륨과 산소를 생성하며, 이산화탄소와 반응하여 산소를 방출한다.
(2) 질산암모늄(NH$_4$NO$_3$)은 흡습성이 강하고, 가열 시 분해되며 흡열 반응을 일으킨다. 또한, 온도에 민감하며, 폭발성이 있다.
(3) 염소산칼륨(KClO$_3$)은 비중이 약 2.32이며, 이산화망가니즈(MnO$_2$) 촉매하에서 가열하면 산소를 방출한다.

정답 (1) Na$_2$O$_2$ (2) NH$_4$NO$_3$ (3) KClO$_3$

20

다음 위험물의 지정수량을 쓰시오.

(1) C$_2$H$_5$OC$_2$H$_5$

(2) (CH$_3$)$_2$CHNH$_2$

(3) 동식물유류

(1) 다이에틸에터(C$_2$H$_5$OC$_2$H$_5$)의 지정수량 : 50L
(2) 이소프로필아민((CH$_3$)$_2$CHNH$_2$)의 지정수량 : 50L
(3) 동식물유류의 지정수량 : 10,000L

정답 (1) 50L (2) 50L (3) 10,000L

01

위험물안전관리법령상 이동저장탱크의 구조에 대하여 빈칸에 들어갈 알맞은 말을 쓰시오.

> • 이동저장탱크는 그 내부에 (1)L 이하마다 (2)mm 이상의 강철판 또는 이와 동등 이상의 강도·내열성 및 내식성
> 이 있는 금속성의 것으로 칸막이를 설치하여야 한다. 다만, 고체인 위험물을 저장하거나 고체인 위험물을 가열하
> 여 액체 상태로 저장하는 경우에는 그러하지 아니하다.
> • 제2호의 규정에 의한 칸막이로 구획된 각 부분마다 맨홀과 다음 각 목의 기준에 의한 안전장치 및 방파판을 설치
> 하여야 한다. 다만, 칸막이로 구획된 부분의 용량이 (3)L 미만인 부분에는 방파판을 설치하지 아니할 수 있다.
> - 안전장치
>   상용압력이 20kPa 이하인 탱크에 있어서는 20kPa 이상 (4)kPa 이하의 압력에서, 상용압력이 20kPa를 초과
>   하는 탱크에 있어서는 상용압력의 (5)배 이하의 압력에서 작동하는 것으로 할 것

이동저장탱크의 구조(위험물안전관리법 시행규칙 별표 10)
• 이동저장탱크는 그 내부에 4,000L 이하마다 3.2mm 이상의 강철판 또는 이와 동등 이상의 강도·내열성 및 내식성이 있는 금속성의 것으로
 칸막이를 설치하여야 한다. 다만, 고체인 위험물을 저장하거나 고체인 위험물을 가열하여 액체 상태로 저장하는 경우에는 그러하지 아니하다.
• 제2호의 규정에 의한 칸막이로 구획된 각 부분마다 맨홀과 다음 각 목의 기준에 의한 안전장치 및 방파판을 설치하여야 한다. 다만, 칸막이
 로 구획된 부분의 용량이 2,000L 미만인 부분에는 방파판을 설치하지 아니할 수 있다.
 - 안전장치
   상용압력이 20kPa 이하인 탱크에 있어서는 20kPa 이상 24kPa 이하의 압력에서, 상용압력이 20kPa를 초과하는 탱크에 있어서는 상용
   압력의 1.1배 이하의 압력에서 작동하는 것으로 할 것

정답 (1) 4,000 (2) 3.2 (3) 2,000 (4) 24 (5) 1.1

02

위험물안전관리법령상 위험물의 운반에 관한 기준에 따르면 적재하는 위험물의 성질에 따라 일광의 직사 또는 빗물의 침투를
방지하기 위해 유효하게 피복하는 등 기준에 따른 조치를 하여야 한다. 다음 위험물에는 어떠한 조치를 하여야 하는지 물음에
답하시오.

(1) 제5류 위험물은 어떤 피복으로 가려야 하는지 쓰시오.
(2) 제6류 위험물은 어떤 피복으로 가려야 하는지 쓰시오.
(3) 제2류 위험물 중 철분은 어떤 피복으로 덮어야 하는지 쓰시오.

위험물별 피복 유형

위험물	종류	피복
제1류	알칼리금속의 과산화물	방수성
	그 외	차광성
제2류	철분, 금속분, 마그네슘	방수성
제3류	자연발화성 물질	차광성
	금수성 물질	방수성
제4류	특수인화물	차광성
제5류	-	차광성
제6류		차광성

정답 (1) 차광성 있는 피복 (2) 차광성 있는 피복 (3) 방수성 있는 피복

03 ⭐빈출

제2종 분말 소화약제인 탄산수소칼륨($KHCO_3$) 200kg이 약 190℃에서 열분해되었을 때 분해반응식을 쓰고, 탄산수소칼륨이 분해할 때 발생하는 탄산가스(CO_2)의 부피를 구하시오. (단, 1기압, 200℃ 기준이며, 칼륨의 원자량은 39이다.)

(1) 열분해반응식
(2) 탄산가스 부피(m^3)

(1) 탄산수소칼륨의 열분해반응식
- $2KHCO_3 \rightarrow H_2O + CO_2 + K_2CO_3$
- 탄산수소칼륨은 열분해되어 물, 탄산가스, 탄산칼륨을 발생한다.

(2) 탄산가스(CO_2)의 부피
- 이상기체 방정식($PV = \dfrac{wRT}{M}$)을 이용하여 탄산가스의 부피를 구한다.

$$V = \frac{wRT}{M \times P} = \frac{200,000 \times 0.082 \times 473}{100 \times 1} \times \frac{1}{2} = 38,760L = 38,760,000cm^3 = 38.79m^3$$

- P : 압력(1atm)
- w : 질량(kg) : 200kg = 200 × 1,000 = 200,000g
- M : 분자량 → 탄산수소칼륨($KHCO_3$)의 분자량 = 39 + 1 + 12 + (16 × 3) = 100g/mol
- n : 몰수(mol)
- R : 기체상수(0.082L·atm/mol·K)
- T : 절대온도(K, 절대온도로 변환하기 위해 273을 더한다) → 200 + 273 = 473K

정답 (1) $2KHCO_3 \rightarrow H_2O + CO_2 + K_2CO_3$
(2) $38.79m^3$

04 ✈빈출

톨루엔 9.2g을 완전연소시키는 데 필요한 공기는 몇 L인지 구하시오. (단, 0℃, 1기압을 기준으로 하며 공기 중 산소는 21vol%이다.)

(1) 계산과정

(2) 답

- 톨루엔의 연소반응식 : $C_6H_5CH_3 + 9O_2 \rightarrow 7CO_2 + 4H_2O$
- 톨루엔은 연소하여 이산화탄소와 물을 생성한다.
- 톨루엔($C_6H_5CH_3$)의 분자량 = $(12 \times 6) + (1 \times 5) + 12 + (1 \times 3) = 92g/mol$
- 톨루엔 9.2g에 해당하는 몰수는 $\dfrac{질량}{몰질량} = \dfrac{9.2}{92} = 0.1mol$이다.
- 톨루엔과 산소는 1 : 9의 반응비로 반응하기 때문에 이를 다음과 같이 나타낼 수 있다.
  톨루엔 0.1mol : 산소 반응비 = 0.1 : 0.9
- 0℃, 1기압에서 1mol의 기체는 22.4L의 부피를 차지하므로 산소부피는 0.9 × 22.4L = 20.16L이다.
- 공기 중 산소는 21%이므로 필요한 공기의 부피는 다음과 같다.

  $\dfrac{20.16L}{0.21} = 96L$

정답 (1) [해설참조]   (2) 96L

05 ✈빈출

다음 중 불건성유를 모두 선택하여 쓰시오. (단, 해당하는 물질이 없으면 "없음"이라 쓰시오.)

야자유, 아마인유, 해바라기유, 피마자유, 올리브유

동식물유류 구분

구분	아이오딘 값	종류
건성유	130 이상	대구유, 정어리유, 상어유, 해바라기유, 동유, 아마인유, 들기름
반건성유	100 초과 130 미만	면실유, 청어유, 쌀겨유, 옥수수유, 채종유, 참기름, 콩기름
불건성유	100 이하	소기름, 돼지기름, 고래기름, 올리브유, 팜유, 땅콩기름, 피마자유, 야자유

정답 야자유, 피마자유, 올리브유

06

다음 괄호 안에 알맞은 말을 쓰시오.

> 지하저장탱크의 압력탱크 외의 탱크는 (①)kPa의 압력, 압력탱크는 최대사용용압력의 (②)배 압력으로 각각
> (③)분간 수압시험을 실시한다. 이 경우 수압시험은 (④)과 비파괴시험을 동시에 실시하는 방법으로 대신할 수
> 있다.

지하탱크저장소의 기준(위험물안전관리법 시행규칙 별표 8)
지하저장탱크는 용량에 따라 기준에 적합하게 강철판 또는 동등 이상의 성능이 있는 금속재질로 완전용입용접 또는 양면겹침이음용접으로 틈
이 없도록 만드는 동시에, 압력탱크(최대상용압력이 46.7kPa 이상인 탱크를 말한다) 외의 탱크에 있어서는 70kPa의 압력으로, 압력탱크에
있어서는 최대상용압력의 1.5배의 압력으로 각각 10분간 수압시험을 실시하여 새거나 변형되지 아니하여야 한다. 이 경우 수압시험은 소방청
장이 정하여 고시하는 기밀시험과 비파괴시험을 동시에 실시하는 방법으로 대신할 수 있다.

정답 ① 70 ② 1.5 ③ 10 ④ 기밀시험

07 ⭐빈출

탄화칼슘 1mol과 물 2mol이 반응할 때 생성되는 기체를 쓰고, 그 기체는 표준상태를 기준으로 몇 L가 생성되는지 쓰시오.

(1) 생성 기체
(2) 생성량(L)

(1) 생성 기체
  • 탄화칼슘과 물의 반응식 : $CaC_2 + 2H_2O \rightarrow Ca(OH)_2 + C_2H_2$
  • 탄화칼슘은 물과 반응하여 수산화칼슘과 아세틸렌을 생성한다.
(2) 생성량(L)
  • (1)의 반응식을 통해 탄화칼슘 1mol과 물 2mol이 반응하여 아세틸렌 1mol이 생성됨을 확인할 수 있다.
  • 표준상태에서 1mol의 기체는 22.4L의 부피를 차지하므로 생성되는 아세틸렌의 부피는 1mol × 22.4L/mol = 22.4L이다.

정답 (1) 아세틸렌 (2) 22.4L

08

비중 1.45인 질산 80wt% 1L에 대하여 다음 물음에 답하시오.

(1) 질산의 질량(g)을 구하시오.
(2) 10wt% 질산 수용액을 만들 때 추가하여야 하는 물의 양(g)을 구하시오.

(1) 질산의 질량(g)
  • 1,000mL(1L = 1,000mL)의 질산 수용액의 질량 = 1.45g/mL × 1,000mL = 1,450g
  • 질산의 질량(80wt%) = 1,450g × 0.80 = 1,160g
(2) 추가하여야 하는 물의 양(g)
  • 10wt%라는 것은 용액에서 질산이 전체 질량의 10%를 차지해야 한다.
  • $10\% = \dfrac{질산의\ 질량}{전체\ 용액의\ 질량} = \dfrac{1,160g}{x}$ 이므로, 전체 용액의 질량은 11,600g이 된다.
  • 따라서 추가해야 할 물의 질량은 다음과 같다.
    11,600g − 1,450g = 10,150g

정답 (1) 1,160g (2) 10,150g

09

다음 물질의 시성식을 쓰시오.

(1) 질산메틸
(2) 트라이나이트로톨로엔(TNT)
(3) 나이트로글리세린

(1) 질산메틸은 제5류 위험물로 분자식은 CH_3ONO_2이다.
(2) 트라이나이트로톨루엔(TNT)은 제5류 위험물로 분자식은 $C_6H_2(NO_2)_3CH_3$이다.
(3) 나이트로글리세린은 제5류 위험물로 분자식은 $C_3H_5(ONO_2)_3$이다.

 정답 (1) CH_3ONO_2
(2) $C_6H_2(NO_2)_3CH_3$
(3) $C_3H_5(ONO_2)_3$

10

다음 표의 위험물에 대하여 빈칸을 채우시오.

물질명	시성식	품명
에탄올	①	②
에틸렌글리콜	③	④
글리세린	⑤	⑥

물질명	시성식	품명
에탄올(에틸알코올)	C_2H_5OH	알코올류
에틸렌글리콜	$C_2H_4(OH)_2$	제3석유류(수용성)
글리세린	$C_3H_5(OH)_3$	제3석유류(수용성)

정답 ① C_2H_5OH ② 알코올류 ③ $C_2H_4(OH)_2$ ④ 제3석유류 ⑤ $C_3H_5(OH)_3$ ⑥ 제3석유류

11

옥내저장소에 황린을 저장할 때 다음 빈칸에 알맞은 말을 쓰시오.

(1) 바닥면적은 (①)m² 이하로 하여야 한다.

(2) 1m 간격을 두고 함께 저장할 수 있는 위험물은 제(②)류 위험물이다.

(3) 위험등급은 (③)이다.

(1) 옥내저장소의 저장 시 바닥면적 기준(위험물안전관리법 시행규칙 별표 5)

하나의 저장창고의 바닥면적(2 이상의 구획된 실이 있는 경우에는 각 실의 바닥면적의 합계)은 다음의 구분에 의한 면적 이하로 하여야 한다. 이 경우 ①의 위험물과 ②의 위험물을 같은 저장창고에 저장하는 때에는 ①의 위험물을 저장하는 것으로 보아 그에 따른 바닥면적을 적용한다.

① 다음의 위험물을 저장하는 창고 : 1,000m²
- 제1류 위험물 중 아염소산염류, 염소산염류, 과염소산염류, 무기과산화물 그 밖에 지정수량이 50kg인 위험물
- 제3류 위험물 중 칼륨, 나트륨, 알킬알루미늄, 알킬리튬 그 밖에 지정수량이 10kg인 위험물 및 황린
- 제4류 위험물 중 특수인화물, 제1석유류 및 알코올류
- 제5류 위험물 중 유기과산화물, 질산에스터류 그 밖에 지정수량이 10kg인 위험물
- 제6류 위험물

② ①의 위험물 외의 위험물을 저장하는 창고 : 2,000m²

③ ①의 위험물과 ②의 위험물을 내화구조의 격벽으로 완전히 구획된 실에 각각 저장하는 창고 : 1,500㎡(①의 위험물을 저장하는 실의 면적은 500m²를 초과할 수 없다)

(2) 1m 이상 간격일 때 저장 가능한 경우
 • 제1류 위험물(알칼리금속의 과산화물 또는 이를 함유한 것 제외)과 제5류 위험물
 • 제1류 위험물과 제6류 위험물
 • 제1류 위험물과 제3류 위험물 중 자연발화성 물질(황린 또는 이를 함유한 것)
 • 제2류 위험물 중 인화성 고체와 제4류 위험물
 • 제3류 위험물 중 알킬알루미늄등과 제4류 위험물(알킬알루미늄 또는 알킬리튬을 함유한 것)
 • 제4류 위험물 중 유기과산화물 또는 이를 함유한 것과 제5류 위험물 중 유기과산화물 또는 이를 함유한 것
(3) 황린의 위험등급은 I 이다.

정답 ① 1,000 ② 1 ③ I

12

다음 제1류 위험물의 지정수량을 각각 쓰시오.

(1) $K_2Cr_2O_7$

(2) K_2O_2

(3) $KMnO_4$

(4) $KClO_3$

(5) KNO_3

제1류 위험물(산화성 고체)			
위험물	분자식	품명	지정수량
다이크로뮴산칼륨	$K_2Cr_2O_7$	다이크로뮴산염류	1,000kg
과산화칼륨	K_2O_2	무기과산화물	50kg
과망가니즈산칼륨	$KMnO_4$	과망가니즈산염류	1,000kg
염소산칼륨	$KClO_3$	염소산염류	50kg
질산칼륨	KNO_3	질산염류	300kg

정답 (1) 1,000kg (2) 50kg (3) 1,000kg (4) 50kg (5) 300kg

13

다음 설명하는 제4류 위험물에 대하여 명칭, 화학식, 지정수량, 품명, 위험등급을 쓰시오.

> - 분자량 76, 발화점 90℃, 증기비중 약 2.62이다.
> - 물에 용해되지 않고 비중 1.26으로 물보다 무거워 콘크리트 수조에 넣어 보관한다.

(1) 명칭

(2) 화학식

(3) 지정수량

(4) 품명

(5) 위험등급

이황화탄소 – 제4류 위험물
이황화탄소(CS_2)는 발화점이 90℃로 낮아 특수인화물로 분류되고, 지정수량은 50L이며, 위험등급은 Ⅰ이다.

정답 (1) 이황화탄소 (2) CS_2 (3) 50L (4) 특수인화물 (5) Ⅰ

14

다음 위험물을 인화점이 낮은 것부터 높은 순서대로 쓰시오.

아세트산, 아세톤, 에탄올, 나이트로벤젠

위험물	품명	인화점(℃)
아세트산	제2석유류(수용성)	40
아세톤	제1석유류(수용성)	−18
에탄올	알코올류	13
나이트로벤젠	제3석유류(비수용성)	88

정답 아세톤, 에탄올, 아세트산, 나이트로벤젠

15 ✈빈출

제2류 위험물과 운반 시 혼재할 수 없는 유별을 모두 쓰시오. (단, 지정수량의 1/10을 초과하여 운반하는 경우이다.)

유별을 달리하는 위험물 혼재기준(지정수량 1/10배 초과)

1	6		혼재 가능
2	5	4	혼재 가능
3	4		혼재 가능

정답 제1류 위험물, 제3류 위험물, 제6류 위험물

16

다음 설명하는 위험물에 대하여 물음에 답하시오.

- 제4류 위험물 중 지정수량이 2,000L이다.
- 분자량 60, 비중 1.06, 녹는점 16.2℃
- 알칼리금속의 과산화물, 산화제와의 접촉을 피하여야 한다.

(1) 연소 시 생성되는 물질 2가지의 화학식
(2) Zn과 반응 시 화학반응식
(3) 수용성 여부

아세트산 – 제4류 위험물(제2석유류)
(1) 아세트산의 연소반응식
- $CH_3COOH + 2O_2 \rightarrow 2CO_2 + 2H_2O$
- 아세트산은 연소하여 이산화탄소와 물을 생성한다.
(2) 아세트산과 아연의 반응식
- $2CH_3COOH + Zn \rightarrow (CH_3COO)_2Zn + H_2$
- 아세트산은 아연과 반응하여 아세트산아연과 수소를 발생한다.
(3) 아세트산은 물에 잘 녹는 성질을 가지고 있어 수용성이다.

 정답
(1) CO_2, H_2O
(2) $2CH_3COOH + Zn \rightarrow (CH_3COO)_2Zn + H_2$
(3) 수용성

17

아세트알데하이드의 완전연소반응식을 쓰시오.

아세트알데하이드의 완전연소반응식
- $2CH_3CHO + 5O_2 \rightarrow 4CO_2 + 4H_2O$
- 아세트알데하이드는 완전연소하여 이산화탄소와 물을 생성한다.

정답 $2CH_3CHO + 5O_2 \rightarrow 4CO_2 + 4H_2O$

18

아연분에 대하여 다음 각 물음에 답하시오.

(1) 공기 중 수분에 의한 화학반응식을 쓰시오.

(2) 염산과 반응할 경우 발생 기체는 무엇인지 쓰시오.

(1) 아연과 물의 반응식
  - $Zn + 2H_2O \rightarrow Zn(OH)_2 + H_2$
  - 아연은 물과 반응하여 수산화아연과 수소를 발생한다.
(2) 아연과 염산의 반응식
  - $Zn + 2HCl \rightarrow ZnCl_2 + H_2$
  - 아연은 염산과 반응하여 염화아연과 수소를 발생한다.

정답 (1) $Zn + 2H_2O \rightarrow Zn(OH)_2 + H_2$ (2) 수소(H_2)

19 🔖빈출

다음과 같은 원통형 탱크의 내용적(m^3)을 구하시오.

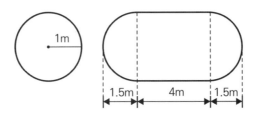

원통형 탱크의 내용적

- $V = \pi r^2 (l + \dfrac{l_1 + l_2}{3})(1 - 공간용적)$

  $= 원의 면적 \times (가운데\ 체적길이 + \dfrac{양끝\ 체적길이\ 합}{3}) \times (1 - 공간용적)$

  $= \pi \times 1^2 (4 + \dfrac{1.5 + 1.5}{3}) = 15.71m^3$

정답 15.71m³

20 🔖빈출

위험물안전관리법령상 "위험물제조소"라는 표시를 한 표지를 설치할 때의 기준에 대하여 다음 물음에 답하시오.

(1) 표지 크기 기준에 대하여 쓰시오.
(2) 표지의 바탕과 문자의 색상을 쓰시오.

표지의 설치기준(위험물안전관리법 시행규칙 별표 4)
제조소에는 보기 쉬운 곳에 다음의 기준에 따라 "위험물 제조소"라는 표시를 한 표지를 설치하여야 한다.
- 표지는 한 변의 길이가 0.3m 이상, 다른 한 변의 길이가 0.6m 이상인 직사각형으로 할 것
- 표지의 바탕은 백색으로, 문자는 흑색으로 할 것

정답 (1) 한 변의 길이가 0.3m 이상이고, 다른 한 변의 길이는 0.6m 이상인 직사각형
(2) 백색바탕, 흑색문자

01

이동탱크저장소의 구조에 대하여 다음 물음에 답하시오.

(1) 중심점과 측면틀의 최외측을 연결하는 직선과 그 중심점을 지나는 직선 중 최외측선과 직각을 이루는 직선과의 내각의 각도를 쓰시오.

(2) 측면틀의 최외측선의 수평면에 대한 내각의 각도를 쓰시오.

> **이동탱크저장소 측면틀의 설치기준(위험물안전관리법 시행규칙 별표 10)**
> 탱크 뒷부분의 입면도에 있어서 측면틀의 최외측과 탱크의 최외측을 연결하는 직선의 수평면에 대한 내각이 75도 이상이 되도록 하고, 최대수량의 위험물을 저장한 상태에 있을 때의 당해 탱크중량의 중심점과 측면틀의 최외측을 연결하는 직선과 그 중심점을 지나는 직선 중 최외측선과 직각을 이루는 직선과의 내각이 35도 이상이 되도록 할 것

정답 (1) 35도 (2) 75도

02

옥외저장소에 저장 가능한 제4류 위험물의 품명 중 4가지를 쓰시오.

> **옥외저장소에 저장할 수 있는 위험물 유별**
> • 제2류 위험물 중 황, 인화성 고체(인화점이 0도 이상인 것에 한함)
> • 제4류 위험물 중 제1석유류(인화점이 0도 이상인 것에 한함), 알코올류, 제2석유류, 제3석유류, 제4석유류, 동식물유류
> • 제6류 위험물
> • 제2류 위험물 및 제4류 위험물 중 특별시·광역시·특별자치시·도 또는 특별자치도의 조례로 정하는 위험물(「관세법」 제154조에 따른 보세구역 안에 저장하는 경우로 한정함)
> • 「국제해사기구에 관한 협약」에 의하여 설치된 국제해사기구가 채택한 「국제해상위험물규칙」(IMDG Code)에 적합한 용기에 수납된 위험물

정답 제4류 위험물 중 제1석유류(인화점이 0도 이상인 것에 한함), 알코올류, 제2석유류, 제3석유류, 제4석유류, 동식물유류 중 4가지

03 ⭐빈출

다음 위험물의 연소반응식을 쓰시오. (단, 없으면 "해당 없음"을 쓰시오.)

(1) 황린

(2) 삼황화인

(3) 나트륨

(4) 과산화마그네슘

(5) 질산

(1) 황린의 연소반응식
- $P_4 + 5O_2 \rightarrow 2P_2O_5$
- 황린은 연소하여 오산화인을 발생한다.
(2) 삼황화인의 연소반응식
- $P_4S_3 + 8O_2 \rightarrow 2P_2O_5 + 3SO_2$
- 삼황화인은 연소하여 오산화인과 이산화황을 생성한다.
(3) 나트륨의 연소반응식
- $4Na + O_2 \rightarrow 2Na_2O$
- 나트륨은 연소하여 산화나트륨을 생성한다.

정답 (1) $P_4 + 5O_2 \rightarrow 2P_2O_5$ (2) $P_4S_3 + 8O_2 \rightarrow 2P_2O_5 + 3SO_2$
(3) $4Na + O_2 \rightarrow 2Na_2O$ (4) 해당 없음 (5) 해당 없음

04

위험물안전관리법령상 위험물제조소의 환기설비에 대하여 다음 물음에 답하시오.

(1) 환기방식을 쓰시오.

(2) 바닥면적이 150m² 미만인 경우 급기구의 크기를 쓰시오.

① 바닥면적 60m² 미만일 때

② 바닥면적 60m² 이상 90m² 미만일 때

③ 바닥면적 120m² 이상 150m² 미만일 때

(3) 환기구의 높이를 쓰시오.

제조소의 환기설비 설치기준(위험물안전관리법 시행규칙 별표 4)
- 환기는 자연배기방식으로 할 것
- 급기구는 당해 급기구가 설치된 실의 바닥면적 150m²마다 1개 이상으로 하되, 급기구의 크기는 800cm² 이상으로 할 것. 다만 바닥면적이 150m² 미만인 경우에는 다음의 크기로 하여야 한다.

바닥면적	급기구 면적
60m² 미만	150cm² 이상
60m² 이상 90m² 미만	300cm² 이상
90m² 이상 120m² 미만	450cm² 이상
120m² 이상 150m² 미만	600cm² 이상

- 환기구는 지붕위 또는 지상 2m 이상의 높이에 회전식 고정벤티레이터 또는 루프팬 방식(roof fan : 지붕에 설치하는 배기장치)으로 설치할 것

정답 (1) 자연배기방식
(2) ① 150cm² 이상 ② 300cm² 이상 ③ 600cm² 이상
(3) 2m 이상

05

다음 위험물의 지정수량을 쓰시오.

(1) 황화인
(2) 마그네슘
(3) 적린
(4) 황
(5) 철분

제2류 위험물(가연성 고체)

등급	품명	지정수량(kg)	위험물	분자식
II	황화인	100	삼황화인	P_4S_3
			오황화인	P_2S_5
			칠황화인	P_4S_7
	적린		적린	P
	황		황	S
III	금속분	500	알루미늄분	Al
			아연분	Zn
			안티몬	Sb
	철분		철분	Fe
	마그네슘		마그네슘	Mg
	인화성 고체	1,000	고형알코올	–

정답 (1) 100kg (2) 500kg (3) 100kg (4) 100kg (5) 500kg

06 ✈빈출

주유취급소에 게시하는 게시판에 대하여 다음 물음에 답하시오.

(1) 화기엄금 게시판의 바탕색과 문자색을 쓰시오.
(2) 주유 중 엔진정지 게시판의 바탕색과 문자색을 쓰시오.

게시판의 종류별 바탕색 및 문자색

종류	바탕색	문자색
위험물제조소등	백색	흑색
위험물	흑색	황색
주유 중 엔진정지	황색	흑색
화기엄금	적색	백색
물기엄금	청색	백색

정답 (1) 적색바탕, 백색문자   (2) 황색바탕, 흑색문자

07

[보기]의 설명 중 과염소산에 대한 내용으로 옳은 것을 모두 선택하여 그 번호를 쓰시오.

——————[보기]——————

(1) 분자량은 약 78이다.
(2) 분자량은 약 63이다.
(3) 무색의 액체이다.
(4) 짙은 푸른색을 나타내는 액체이다.
(5) 농도가 36wt% 미만인 것은 위험물에 해당하지 않는다.
(6) 가열분해 시 유독한 HCl 가스를 발생한다.

과염소산 - 제6류 위험물

• 과염소산($HClO_4$)의 분자량은 100.50이다.
• 과염소산은 무색의 액체로 존재하며, 고농도 과염소산은 강력한 산화제이자 부식성 액체이다.
• 과염소산은 농도와 관계없이 위험물로 취급된다. 과산화수소의 경우 농도가 36wt% 이상이면 위험물에 해당한다.
• 과염소산의 가열분해반응식 : $HClO_4 \rightarrow HCl + 2O_2$
• 과염소산은 가열되면 분해하여 유독한 염화수소(HCl) 가스와 산소를 발생한다.

정답 (3), (6)

08

비중이 0.79인 에틸알코올 200ml와 비중이 1.0인 물 150ml을 혼합하였다. 다음 물음에 알맞은 답을 쓰시오.

(1) 에틸알코올 농도는 몇 wt%인지 구하시오.

(2) (1)의 에틸알코올은 위험물안전관리법령상 제4류 위험물의 알코올류에 속하는지 판단하고, 그에 따른 이유를 설명하시오.

(1) 에틸알코올 농도(wt%)
- 에틸알코올의 비중 : 0.79
- 에틸알코올 200ml의 질량 : 200ml × 0.79g/ml = 158g
- 물의 비중 : 1.0
- 물 150ml의 질량 : 150ml × 1.0g/ml = 150g
- 혼합물의 총 질량은 에틸알코올 + 물의 질량 = 158g + 150g = 308g
- 중량퍼센트(wt%) = $\frac{158g}{308g}$ × 100 = 51.30wt%

(2) 위험물안전관리법령상 알코올류의 기준은 알코올류 1분자를 구성하는 탄소원자의 수가 1개 내지 3개의 포화1가 알코올의 함유량이 60wt% 이상일 때이다.

정답 (1) 51.30wt%
(2) 위험물에 속하지 않는다. 농도가 60wt% 미만이므로 알코올류에 속하지 않는다.

09

나이트로글리세린에 대하여 다음 물음에 답하시오.

(1) 다음 화학반응식을 완성하시오.

$$4C_3H_5(ONO_2)_3 \rightarrow (\quad)H_2O + (\quad)N_2 + (\quad)CO_2 + O_2$$

(2) 2mol이 분해할 경우 생성되는 이산화탄소의 질량(g)을 구하시오.

(3) 90.8g이 분해할 경우 생성되는 산소의 질량(g)을 구하시오.

(1) 나이트로글리세린의 분해반응식
  - $4C_3H_5(ONO_2)_3 \rightarrow 10H_2O + 6N_2 + 12CO_2 + O_2$
  - 나이트로글리세린은 분해되어 물, 질소, 이산화탄소, 산소를 생성한다.
(2) 이산화탄소의 질량(g)
  - (1)의 반응식을 통해 4mol의 나이트로글리세린이 분해하면 12mol의 이산화탄소가 생성됨을 알 수 있다. 따라서 나이트로글리세린 2mol이 분해하면 이산화탄소는 6mol이 생성된다. 이때 이산화탄소(CO_2)의 분자량은 $12 + (16 \times 2) = 44g/mol$이다.
  - 따라서, 6mol의 이산화탄소의 질량은 다음과 같다.
    $6mol \times 44g/mol = 264g$
(3) 산소의 질량(g)
  - 나이트로글리세린[$C_3H_5(ONO_2)_3$]의 분자량은 $(12 \times 3) + (1 \times 5) + [14 + (16 \times 3)] \times 3 = 227g/mol$이다.
  - 나이트로글리세린 90.8g의 몰수는 몰수 $= \dfrac{질량}{분자량} = \dfrac{90.8g}{227g/mol} = 0.4mol$이다.
  - (1)의 반응식을 통해 4mol의 나이트로글리세린이 분해될 때 1mol의 산소가 생성되므로 나이트로글리세린 0.4mol이 분해되면 산소는 0.1mol 생성된다.
  - 이때 산소(O_2)의 분자량은 32g/mol이므로 산소의 질량은 다음과 같다.
    $0.1mol \times 32g/mol = 3.2g$

정답 (1) $4C_3H_5(ONO_2)_3 \rightarrow 10H_2O + 6N_2 + 12CO_2 + O_2$
(2) 264g
(3) 3.2g

10

36wt% 과산화수소 100g에 대하여 다음 물음에 답하시오.

(1) 분해반응식
(2) 생성되는 산소의 질량(g)

(1) 과산화수소의 분해반응식
- $2H_2O_2 \rightarrow 2H_2O + O_2$
- 과산화수소는 분해하여 물과 산소를 생성한다.

(2) 생성되는 산소의 질량(g)
- 과산화수소 36wt% 용액이므로, 100g의 용액에 포함된 순수 과산화수소(H_2O_2)의 질량은 100g × 0.36 = 36g이다.
- 과산화수소(H_2O_2)의 분자량은 (1 × 2) + (16 × 2) = 34g/mol이다.
- 순수 과산화수소 36g의 몰수는 몰수 = $\dfrac{질량}{분자량} = \dfrac{36g}{34g/mol}$ = 1.0588mol이다.
- (1)의 반응식을 통해 2mol의 과산화수소가 분해되면 1mol의 산소가 생성됨을 알 수 있다. 따라서 1.0588mol의 과산화수소가 분해되면 산소는 1.0588 × $\dfrac{1}{2}$ = 0.5294mol이 생성된다.
- 이때 산소(O_2)의 분자량은 32g/mol이므로 생성되는 산소의 질량은 다음과 같다.
  0.5294mol × 32g/mol = 16.94g

정답 (1) $2H_2O_2 \rightarrow 2H_2O + O_2$
(2) 16.94g

11 ✈빈출

다음과 같이 종으로 설치한 원통형 탱크의 내용적(m^3)을 구하시오. (단, $r = 10m$, $l = 25m$)

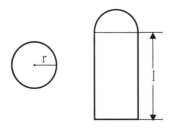

종으로 설치한 원형 탱크의 내용적 공식

$V = \pi r^2 l$

$\quad = \pi \times 10^2 \times 25 = 7,850 m^3$

정답 $7,850 m^3$

12 ✈빈출

다음 위험물의 구조식을 쓰시오.

(1) TNT
(2) 피크린산

구분	트라이나이트로톨루엔(TNT)	트라이나이트로페놀(피크린산)
구조식	CH_3 구조 O_2N NO_2 NO_2	OH 구조 O_2N NO_2 NO_2
분자식	$C_6H_2(NO_2)_3CH_3$	$C_6H_2(NO_2)_3OH$

정답 (1) CH_3 O_2N NO_2 NO_2 (2) OH O_2N NO_2 NO_2

13

다음 [보기]를 보고 물음에 해당하는 위험물의 화학식을 쓰시오.

─────────────────── [보기] ───────────────────
질산암모늄, 질산칼륨, 과산화나트륨, 삼산화크로뮴, 염소산칼륨

(1) 물 또는 이산화탄소와 반응하는 위험물
(2) 흡습성이 있고 분해 시 흡열반응을 하는 위험물
(3) 비중 2.32로 이산화망가니즈를 촉매로 하여 가열하면 산소를 발생하는 위험물

(1) 과산화나트륨(Na_2O_2)은 물과 반응하여 수산화나트륨과 산소를 발생하고, 이산화탄소와 반응하여 산소를 발생한다.
　• 과산화나트륨과 물의 반응식 : $2Na_2O_2 + 2H_2O \rightarrow 4NaOH + O_2$
　• 과산화나트륨과 이산화탄소의 반응식 : $2Na_2O_2 + 2CO_2 \rightarrow 2Na_2CO_3 + O_2$
(2) 질산암모늄(NH_4NO_3)은 흡습성이 강하고, 가열 시 분해되며 흡열반응을 일으킨다. 또한, 온도에 민감하며, 폭발성이 있다.
(3) 염소산칼륨($KClO_3$)은 비중이 약 2.32이며, 이산화망가니즈(MnO_2) 촉매하에서 가열하면 산소를 방출한다.

정답 (1) Na_2O_2　(2) NH_4NO_3　(3) $KClO_3$

14 빈출

동식물유류는 아이오딘값을 기준으로 하여 건성유, 반건성유, 불건성유로 나눈다. 다음 동식물유류를 구분하는 아이오딘값의 일반적인 범위를 쓰시오.

(1) 건성유
(2) 반건성유
(3) 불건성유

동식물유류 구분

구분	아이오딘 값	종류
건성유	130 이상	대구유, 정어리유, 상어유, 해바라기유, 동유, 아마인유, 들기름
반건성유	100 초과 130 미만	면실유, 청어유, 쌀겨유, 옥수수유, 채종유, 참기름, 콩기름
불건성유	100 이하	소기름, 돼지기름, 고래기름, 올리브유, 팜유, 땅콩기름, 피마자유, 야자유

정답 (1) 130 이상　(2) 100 초과 130 미만　(3) 100 이하

15 ✈빈출

다음 [보기]의 위험물에 대하여 다음 물음에 답하시오.

─────────────[보기]─────────────
염소산암모늄, 질산암모늄, 과산화나트륨, 칼륨, 과망가니즈산칼륨, 아세톤

(1) 위 위험물 중 이산화탄소와 반응하는 물질을 모두 쓰시오. (단, 없으면 "해당 없음"이라 쓰시오.)

(2) (1)의 위험물이 이산화탄소와 반응하는 반응식을 각각 쓰시오.

> (1) 이산화탄소와 반응하는 위험물은 과산화나트륨, 칼륨이다.
> (2) 이산화탄소와의 반응식
>   • 과산화나트륨과 이산화탄소의 반응식 : $2Na_2O_2 + 2CO_2 \rightarrow 2Na_2CO_3 + O_2$
>   • 과산화나트륨은 이산화탄소와 반응하여 탄산나트륨과 산소를 발생한다.
>   • 칼륨과 이산화탄소의 반응식 : $4K + 3CO_2 \rightarrow 2K_2CO_3 + C$
>   • 칼륨은 이산화탄소와 반응하여 탄산칼륨과 탄소를 발생한다.

정답 (1) 과산화나트륨, 칼륨
(2) $2Na_2O_2 + 2CO_2 \rightarrow 2Na_2CO_3 + O_2$, $4K + 3CO_2 \rightarrow 2K_2CO_3 + C$

16

아세트알데하이드에 대하여 다음 물음에 답하시오.

(1) 지정수량

(2) 품명

(3) 다음 설명 중 옳은 것을 모두 고르시오.

    ① 에탄올의 산화과정에서 생성된다.

    ② 무색투명한 액체로 자극적인 냄새가 난다.

    ③ 구리, 은, 마그네슘 용기에 저장한다.

    ④ 물, 에테르, 에탄올에 잘 녹고 고무를 녹인다.

(4) 보냉장치가 없는 이동저장탱크에 저장하는 경우 (　)℃ 이하로 유지할 것

아세트알데하이드 – 제4류 위험물

- 아세트알데하이드는 제4류 위험물 중 특수인화물로 지정수량은 50L이다.
- 아세트알데하이드는 에탄올의 산화과정에서 중간 산화 생성물로 생성된다. 즉, 에탄올이 산화되면 아세트알데하이드가 생성되고, 추가 산화하면 아세트산이 생성된다.
- 아세트알데하이드는 무색의 투명한 액체로 강한 자극적인 냄새가 특징이다.
- 아세트알데하이드는 구리, 은, 수은, 마그네슘 등으로 만든 용기에 저장하지 않는다.
- 아세트알데하이드는 물, 에테르, 에탄올에 잘 녹으며, 고무와 반응하여 고무를 녹일 수 있다.
- 아세트알데하이드등의 저장기준

보냉장치가 있는 경우	보냉장치가 없는 경우
이동저장탱크에 저장하는 아세트알데하이드등의 온도는 당해 위험물의 비점 이하로 유지할 것	이동저장탱크에 저장하는 아세트알데하이드등의 온도는 40℃ 이하로 유지할 것

정답 (1) 50L (2) 특수인화물 (3) ①, ②, ④ (4) 40

17

제1류 위험물 중 과산화마그네슘에 대하여 다음 물질과의 화학반응식을 쓰시오.

(1) 염산
(2) 물
(3) 열분해

(1) 과산화마그네슘과 염산의 반응식
- $MgO_2 + 2HCl \rightarrow MgCl_2 + H_2O_2$
- 과산화마그네슘은 염산과 반응하여 염화마그네슘과 과산화수소를 발생한다.
(2) 과산화마그네슘과 물의 반응식
- $2MgO_2 + 2H_2O \rightarrow 2Mg(OH)_2 + O_2$
- 과산화마그네슘은 물과 반응하여 수산화마그네슘과 산소를 발생한다.
(3) 과산화마그네슘의 열분해반응식
- $2MgO_2 \rightarrow 2MgO + O_2$
- 과산화마그네슘은 열분해하여 산화마그네슘과 산소를 생성한다.

정답 (1) $MgO_2 + 2HCl \rightarrow MgCl_2 + H_2O_2$
(2) $2MgO_2 + 2H_2O \rightarrow 2Mg(OH)_2 + O_2$
(3) $2MgO_2 \rightarrow 2MgO + O_2$

18

다음은 위험물안전관리법령에서 정한 제2석유류의 정의이다. 빈칸에 들어갈 알맞은 숫자를 쓰시오.

> 등유, 경유 그 밖에 1기압에서 인화점이 섭씨 (1)도 이상 (2)도 미만인 것을 말한다. 다만, 도료류 그 밖의 물품에 있어서 가연성 액체량이 (3)중량퍼센트 이하이면서 인화점이 섭씨 (4)도 이상인 동시에 연소점이 섭씨 (5)도 이상인 것은 제외한다.

제2석유류의 정의(위험물안전관리법 시행령 별표 1)
제2석유류라 함은 등유, 경유 그 밖에 1기압에서 인화점이 섭씨 21도 이상 70도 미만인 것을 말한다. 다만, 도료류 그 밖의 물품에 있어서 가연성 액체량이 40중량퍼센트 이하이면서 인화점이 섭씨 40도 이상인 동시에 연소점이 섭씨 60도 이상인 것은 제외한다.

정답 (1) 21   (2) 70   (3) 40   (4) 40   (5) 60

19

다음 중 각 물음에 해당하는 위험물을 선택하여 그 번호를 쓰시오.

> ① 벤젠   ② 이황화탄소   ③ 아세톤   ④ 아세트알데하이드   ⑤ 아세트산

(1) 비수용성 물질을 모두 쓰시오.
(2) 인화점이 가장 낮은 물질을 쓰시오.
(3) 비점이 가장 높은 물질을 쓰시오.

위험물	품명	수용성 여부	인화점(℃)	비점(℃)
벤젠	제1석유류	×	-11	80
이황화탄소	특수인화물	×	-30	46
아세톤	제1석유류	○	-18	56
아세트알데하이드	특수인화물	○	-38	21
아세트산	제2석유류	○	40	118.3

정답 (1) ①, ②   (2) ④   (3) ⑤

20

메탄올의 연소반응식을 쓰고, 메탄올 200kg가 연소할 때 필요한 이론산소량(kg)을 구하시오. (단, 공기 중 질소는 79%, 산소는 21%이다.)

(1) 연소반응식

(2) 이론산소량(kg)

(1) 메탄올의 연소반응식
- $2CH_3OH + 3O_2 \rightarrow 2CO_2 + 4H_2O$
- 메탄올은 연소하여 이산화탄소와 물을 생성한다.

(2) 이론산소량(kg)
- 메탄올(CH_3OH)의 분자량은 $12 + (1 \times 4) + 16 = 32g/mol$이다.
- 200kg를 g으로 단위를 맞춰 200,000g일 때 메탄올의 몰수를 구하면 $\dfrac{200,000}{32} = 6,250mol$이다.
- (1)의 반응식을 통해 메탄올과 산소의 반응비는 2 : 3이므로 필요한 산소의 몰수는 $6,250 \times \dfrac{3}{2} = 9,375mol$이다.
- 이때 산소(O_2)의 분자량은 $32g/mol$이므로 총 산소의 질량은 다음과 같다.
  $9,375 \times 32 = 300,000g = 300kg$

정답 (1) $2CH_3OH + 3O_2 \rightarrow 2CO_2 + 4H_2O$
(2) 300kg

CHAPTER 09

2022 | 제4회 실기[필답형] 기출복원문제

01

다음 위험물의 분해반응식을 쓰시오.

(1) 무수크로뮴산

(2) 질산칼륨

> (1) 무수크로뮴산의 분해반응식
>   • $4CrO_3 \rightarrow 2Cr_2O_3 + 3O_2$
>   • 무수크로뮴산은 분해하여 산화크로뮴과 산소를 생성한다.
> (2) 질산칼륨의 분해반응식
>   • $2KNO_3 \rightarrow 2KNO_2 + O_2$
>   • 질산칼륨은 분해하여 아질산칼륨과 산소를 생성한다.

정답 (1) $4CrO_3 \rightarrow 2Cr_2O_3 + 3O_2$
      (2) $2KNO_3 \rightarrow 2KNO_2 + O_2$

02 ⭐빈출

탄산수소나트륨이 열에 의하여 분해되었을 경우 다음 물음에 답하시오.

(1) 1차 열분해반응식

(2) 100kg의 탄산수소나트륨 분말 소화약제가 1기압, 100℃에서 분해할 때 발생하는 이산화탄소의 부피(m^3)

> (1) 탄산수소나트륨의 1차 열분해반응식
> $2NaHCO_3 \rightarrow Na_2CO_3 + CO_2 + H_2O$
> (2) 이산화탄소의 부피(m^3)
>   • 이상기체 방정식을 이용하여 이산화탄소의 부피를 구하기 위해 $PV = \dfrac{wRT}{M}$의 식을 사용한다.
>   • (1)의 반응식에서 탄산수소나트륨과 이산화탄소와의 반응비는 2 : 1이므로 다음과 같은 식이 된다.
> $V = \dfrac{wRT}{MP} = \dfrac{100kg \times 0.082 \times 373K}{84kg/kmol \times 1} \times \dfrac{1}{2} = 18.21m^3$
>   - P : 압력(1atm)
>   - w : 질량 → 100kg
>   - M : 분자량 → 탄산수소나트륨($NaHCO_3$)의 분자량 : $23 + 1 + 12 + (16 \times 3) = 84kg/kmol$
>   - V : 부피(L)

- n : 몰수(mol)
- R : 기체상수(0.082m³ · atm/kmol · K)
- T : 절대온도(K, 절대온도로 변환하기 위해 273을 더한다) → 100 + 273 = 373K

정답 (1) $2NaHCO_3 \rightarrow Na_2CO_3 + CO_2 + H_2O$
(2) $18.21m^3$

03 빈출

다음 중 연소 시 오산화인이 발생하는 위험물의 기호를 모두 쓰시오.

(1) 삼황화인

(2) 오황화인

(3) 칠황화인

(4) 적린

(5) 황

(1) 삼황화인의 연소방응식
- $P_4S_3 + 8O_2 \rightarrow 2P_2O_5 + 3SO_2$
- 삼황화인은 연소하여 오산화인과 이산화황을 생성한다.
(2) 오황화인의 연소반응식
- $2P_2S_5 + 15O_2 \rightarrow 2P_2O_5 + 10SO_2$
- 오황화인은 연소하여 오산화인과 이산화황을 생성한다.
(3) 칠황화인의 연소반응식
- $P_4S_7 + 16O_2 \rightarrow 2P_2O_5 + 7SO_2$
- 칠황화인은 연소하여 오산화인과 이산화황을 생성한다.
(4) 적린의 연소반응식
- $4P + 5O_2 \rightarrow 2P_2O_5$
- 적린은 연소하여 오산화인을 생성한다.
(5) 황의 연소반응식
- $S + O_2 \rightarrow SO_2$
- 황은 연소하여 이산화황을 생성한다.

정답 (1), (2), (3), (4)

04

메탄올과 벤젠을 비교하여 크면 '크다', 작으면 '작다'를 빈칸에 쓰시오.

(1) 메탄올의 분자량은 벤젠의 분자량보다 ( )
(2) 메탄올의 증기비중은 벤젠의 증기비중보다 ( )
(3) 메탄올의 인화점은 벤젠의 인화점보다 ( )
(4) 메탄올의 연소범위가 벤젠의 연소범위보다 ( )
(5) 메탄올 1mol이 완전연소 시 발생하는 이산화탄소의 양은 벤젠 1mol이 완전연소 시 발생하는 이산화탄소의 양보다 ( )

위험물	분자량	증기비중	인화점	연소범위
메탄올(CH_3OH)	$12 + (1 \times 3) + 16 + 1 = 32g$	$\dfrac{32}{29} = $ 약 1.10	11	6 ~ 36%
벤젠(C_6H_6)	$(12 \times 6) + (1 \times 6) = 78g$	$\dfrac{78}{29} = $ 약 2.69	−11	1.4 ~ 7.1%

- 메탄올의 연소반응식 : $2CH_3OH + 3O_2 \rightarrow 2CO_2 + 4H_2O$
- 메탄올은 1mol이 연소하여 1mol의 이산화탄소를 발생한다.
- 벤젠의 연소반응식 : $2C_6H_6 + 15O_2 \rightarrow 12CO_2 + 6H_2O$
- 벤젠은 1mol이 연소하여 6mol의 이산화탄소를 발생한다.

정답 (1) 작다 (2) 작다 (3) 크다 (4) 크다 (5) 작다

05 ✈빈출

다음 할로겐(할로젠)화합물 소화약제의 할론번호를 쓰시오.

(1) CF_2ClBr
(2) CH_2ClBr
(3) CH_3Br

- 할론명명법 : C, F, Cl, Br 순으로 원소의 개수를 나열할 것
  - CF_2ClBr = Halon 1211
  - CH_2ClBr = Halon 1011
  - CH_3Br = Halon 1001
- 탄소(C)는 네 개의 결합을 가지므로, 할론 구조식에서 탄소에 결합된 할로겐(할로젠) 원자의 개수가 부족할 경우 나머지 결합은 수소(H)로 채워진다.

정답 (1) 1211 (2) 1011 (3) 1001

06

다음 [보기]에서 금속나트륨과 금속칼륨의 공통적 성질에 해당하는 것을 모두 선택하여 번호를 쓰시오.

─────────────[보기]─────────────
(1) 무른 경금속이다.
(2) 알코올과 반응하여 수소를 발생한다.
(3) 물과 반응할 때 불연성 기체를 발생한다.
(4) 흑색의 고체이다.
(5) 보호액 속에 보관한다.

---

(1) 나트륨(Na)과 칼륨(K)은 주기율표의 1족(알칼리금속)에 속하는 원소이다. 이 원소들은 금속이지만 매우 부드럽고 쉽게 자를 수 있는 특성을 지닌 무른 경금속이다.

(2) 알코올과의 반응식
   • 나트륨과 알코올의 반응식 : $2Na + 2C_2H_5OH \rightarrow 2C_2H_5ONa + H_2$
   • 칼륨과 알코올의 반응식 : $2K + 2C_2H_5OH \rightarrow 2C_2H_5OK + H_2$
   → 알코올과 반응하여 공통적으로 수소를 발생한다.

(3) 물과의 반응식
   • 나트륨과 물의 반응식 : $2Na + 2H_2O \rightarrow 2NaOH + H_2$
   • 칼륨과 물의 반응식 : $2K + 2H_2O \rightarrow 2KOH + H_2$
   → 물과 반응하여 공통적으로 가연성의 수소를 발생한다.

(4) 나트륨과 칼륨은 은백색의 고체이다.

(5) 나트륨과 칼륨은 공기 중의 산소와 수분에 매우 민감하다. 이 금속들은 수분과 접촉하면 격렬히 반응하여 산화되거나, 수소 기체를 발생시키며 발열 반응을 일으켜 위험할 수 있다. 따라서 금속 표면이 산소나 수분과 직접 접촉하는 것을 방지하기 위해, 무기질유(광유)나 경유 같은 보호액 속에 보관한다.

정답 (1), (2), (5)

07

인화칼슘과 다음 물질의 화학반응식을 쓰시오.

(1) 염산

(2) 물

(1) 인화칼슘과 염산의 반응식
- $Ca_3P_2 + 6HCl \rightarrow 3CaCl_2 + 2PH_3$
- 인화칼슘은 염산과 반응하여 염화칼슘과 포스핀가스를 발생한다.
(2) 인화칼슘과 물의 반응식
- $Ca_3P_2 + 6H_2O \rightarrow 3Ca(OH)_2 + 2PH_3$
- 인화칼슘은 물과 반응하여 수산화칼슘과 포스핀가스를 발생한다.

정답 (1) $Ca_3P_2 + 6HCl \rightarrow 3CaCl_2 + 2PH_3$
(2) $Ca_3P_2 + 6H_2O \rightarrow 3Ca(OH)_2 + 2PH_3$

08

다음 제2류 위험물에 대하여 위험물 제외 조건을 쓰시오.

(1) 철분

(2) 마그네슘

(3) 금속분

제2류 위험물 기준(위험물안전관리법 시행령 별표 1)
- 철분이라 함은 철의 분말로서 53마이크로미터의 표준체를 통과하는 것이 50중량퍼센트 미만인 것은 제외한다.
- 금속분이라 함은 알칼리금속 · 알칼리토류금속 · 철 및 마그네슘외의 금속의 분말을 말하고, 구리분 · 니켈분 및 150마이크로미터의 체를 통과하는 것이 50중량퍼센트 미만인 것은 제외한다.
- 마그네슘 및 마그네슘을 함유한 것에 있어서는 다음 1에 해당하는 것은 제외한다.
  – 2밀리미터의 체를 통과하지 아니하는 덩어리 상태의 것
  – 지름 2밀리미터 이상의 막대모양의 것

정답 (1) 53마이크로미터 표준체를 통과하는 것이 50중량퍼센트 미만인 것
(2) 2mm 체를 통과하지 아니하는 덩어리 상태의 것, 직경 2mm 이상의 막대모양의 것
(3) 150마이크로미터의 표준체를 통과하는 것이 50중량퍼센트 미만인 것

09

다음 표에 들어갈 알맞은 말을 쓰시오.

(1)		
제조소	저장소	취급소
-	옥외 · 내저장소 옥외 · 내탱크저장소 (2) (3) 지하탱크저장소 암반탱크저장소	일반취급소 주유취급소 (4) (5)

위험물제조소등의 분류

위험물제조소등		
제조소	저장소	취급소
-	옥외 · 내저장소 옥외 · 내탱크저장소 이동탱크저장소 간이탱크저장소 지하탱크저장소 암반탱크저장소	일반취급소 주유취급소 판매취급소 이송취급소

정답 (1) 위험물제조소등　(2) 이동탱크저장소　(3) 간이탱크저장소
(4) 판매취급소　(5) 이송취급소

10

옥내탱크저장소에 탱크 2기가 설치되어 있다. 다음 물음에 답하시오.

(1) 탱크와 벽 사이의 거리는 몇 m 이상으로 하여야 하는지 쓰시오.

(2) 탱크 상호 간의 거리는 몇 m 이상으로 하여야 하는지 쓰시오.

> 옥내탱크저장소의 위치, 구조 및 설비의 기준(위험물안전관리법 시행규칙 별표 7)
> 옥내저장탱크와 탱크전용실의 벽과의 사이 및 옥내저장탱크의 상호 간에는 0.5m 이상의 간격을 유지할 것

정답 (1) 0.5m 이상　(2) 0.5m 이상

11

다음 위험물과 혼재할 수 없는 위험물의 유별을 모두 쓰시오. (단, 지정수량의 10배 이상이다.)

(1) 제1류 위험물
(2) 제2류 위험물
(3) 제3류 위험물

유별을 달리하는 위험물 혼재기준(지정수량 1/10배 초과)

1	6		혼재 가능
2	5	4	혼재 가능
3	4		혼재 가능

정답 (1) 제2류 위험물, 제3류 위험물, 제4류 위험물, 제5류 위험물
(2) 제1류 위험물, 제3류 위험물, 제6류 위험물
(3) 제1류 위험물, 제2류 위험물, 제5류 위험물, 제6류 위험물

12

다음 [보기]의 물질 중 가연물인 동시에 산소를 함유하고 있는 물질을 모두 고르시오.

─────[보기]─────
과산화수소, 과산화나트륨, 과산화벤조일, 나이트로글리세린, 다이에틸아연

- 가연물인 동시에 산소를 함유하는 위험물은 제5류 위험물이다.
- 과산화벤조일(제5류 – 유기과산화물)은 분자 내에 산소-산소 결합(O-O)을 포함하고 있는 과산화물이다. 가연성이며, 분자 구조 내에 산소를 함유하고 있어 자체적으로 산소 공급이 가능하여 연소에 도움이 된다.
- 나이트로글리세린(제5류 – 질산에스터류)은 산소를 포함하고 있는 폭발성 물질로, 질소 – 산소 결합을 포함한 분자 구조를 가지고 있다. 또한, 산소를 내장하고 있어 연소가 가능하다.
- 과산화수소(제6류)와 과산화나트륨(제1류 – 무기과산화물)은 산소를 포함하지만 가연성보다는 산화제로 주로 사용된다.
- 다이에틸아연(제3류 – 유기금속화합물)은 가연성이 있지만 산소를 포함하고 있지 않다.

정답 과산화벤조일, 나이트로글리세린

13

에틸렌글리콜에 대하여 다음 물음에 답하시오.

(1) 구조식
(2) 위험등급
(3) 증기비중

에틸렌글리콜 − 제4류 위험물
- 에틸렌글리콜은 제4류 위험물 중 제3석유류(수용성)로, 위험등급 Ⅲ등급이다.
- 에틸렌글리콜[$C_2H_4(OH)_2$]의 분자량 = $(12 \times 2) + (1 \times 4) + (16 \times 2) + (1 \times 2) = 62g/mol$
- 증기비중 = $\dfrac{\text{에틸렌글리콜 분자량}}{\text{공기의 평균 분자량}} = \dfrac{62}{29} =$ 약 2.14

정답 (1)

$$
\begin{array}{ccc}
 & H & H \\
 & | & | \\
H- & C- & C-H \\
 & | & | \\
 & OH & OH
\end{array}
$$

(2) 위험등급 Ⅲ등급   (3) 2.14

14 빈출

제5류 위험물 중 나이트로화합물인 담황색 결정, 분자량이 227인 위험물에 대하여 다음 물음에 답하시오.

(1) 명칭
(2) 시성식
(3) 지정과산화물 포함 여부(단, 해당 없으면 "해당 없음"이라 쓰시오.)
(4) 운반용기 외부에 표시하여야 하는 주의사항(단, 해당 없으면 "해당 없음"이라 쓰시오.)

트라이나이트로톨루엔 − 제5류 위험물
- 트라이나이트로톨루엔(TNT)은 질산과 톨루엔이 반응하여 만들어진 나이트로화합물로, 담황색 결정 형태이며, 폭발성이 강한 물질로 잘 알려져 있다.
- 트라이나이트로톨루엔[$C_6H_2(NO_2)_3CH_3$]의 분자량은 $(12 \times 6) + (1 \times 2) + (14 \times 3) + (16 \times 6) + 12 + (1 \times 3) = 227g/mol$이다.
- 트라이나이트로톨루엔은 벤젠 고리(C_6H_6)에 세 개의 나이트로기(NO_2)가 결합하고, 메틸기(CH_3)가 추가된 구조로 되어 있다.
- 지정과산화물은 제5류 위험물 중 유기과산화물로, 트라이나이트로톨루엔은 나이트로화합물에 해당되므로 지정과산화물에 포함되지 않는다.

- 위험물 유별 운반용기 외부 주의사항과 게시판

유별	종류	운반용기 외부 주의사항	게시판
제1류	알칼리금속의 과산화물	가연물접촉주의, 화기·충격주의, 물기엄금	물기엄금
	그 외	가연물접촉주의, 화기·충격주의	–
제2류	철분, 금속분, 마그네슘	화기주의, 물기엄금	화기주의
	인화성 고체	화기엄금	화기엄금
	그 외	화기주의	화기주의
제3류	자연발화성 물질	화기엄금, 공기접촉엄금	화기엄금
	금수성 물질	물기엄금	물기엄금
제4류	–	화기엄금	화기엄금
제5류		화기엄금, 충격주의	화기엄금
제6류		가연물접촉주의	–

정답 (1) 트라이나이트로톨루엔 (2) $C_6H_2(NO_2)_3CH_3$
(3) 해당 없음 (4) 화기엄금, 충격주의

15

위험물안전관리법령에 따라 탱크시험자가 갖추어야 하는 장비는 필수장비와 필요한 경우에 두는 장비로 구분할 수 있다. 각각에 해당하는 장비 2가지를 쓰시오.

(1) 필수장비
(2) 필요한 경우에 두는 장비

탱크시험자가 갖추어야 하는 장비(위험물안전관리법 시행령 별표 7)
(1) 필수장비 : 자기탐상시험기, 초음파두께측정기 및 다음 중 어느 하나
  • 영상초음파시험기
  • 방사선투과시험기 및 초음파시험기
(2) 필요한 경우에 두는 장비
  • 충·수압시험, 진공시험, 기밀시험 또는 내압시험의 경우
    – 진공능력 53KPa 이상의 진공누설시험기
    – 기밀시험장치(안전장치가 부착된 것으로서 가압능력 200KPa 이상, 감압의 경우에는 감압능력 10KPa 이상·감도 10Pa 이하의 것으로서 각각의 압력 변화를 스스로 기록할 수 있는 것
  • 수직·수평도 시험의 경우 : 수직·수평도 측정기
※ 비고 : 둘 이상의 기능을 함께 가지고 있는 장비를 갖춘 경우에는 각각의 장비를 갖춘 것으로 본다.

정답 (1) 자기탐상시험기, 초음파두께측정기, 영상초음파시험기, 방사선투과시험기, 초음파시험기 중 2가지
(2) 진공능력 53kPa 이상의 진공누설시험기, 기밀시험장치, 수직·수평도 측정기 중 2가지

16

다음 [보기] 위험물의 지정수량 배수의 합을 구하시오.

―――――――――――[보기]―――――――――――
아세트알데하이드 300L, 등유 2,000L, 크레오소트유 2,000L

• 위험물별 지정수량

위험물	품명	지정수량
아세트알데하이드	특수인화물	50L
등유	제2석유류(비수용성)	1,000L
크레오소트유	제3석유류(비수용성)	2,000L

• 지정수량 배수 = $\dfrac{\text{저장량}}{\text{지정수량}}$

• 지정수량 배수의 합 = $\dfrac{300L}{50L} + \dfrac{2,000L}{1,000L} + \dfrac{2,000L}{2,000L} = 9$배

정답 9배

17 ★빈출

다음과 같은 원통형 탱크의 내용적(m^3)을 구하시오.

 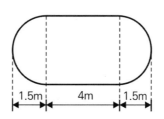

원통형 탱크의 내용적

$V = \pi r^2 (l + \dfrac{l_1 + l_2}{3})(1 - 공간용적)$

= 원의 면적 × (가운데 체적길이 + $\dfrac{\text{양끝 체적길이 합}}{3}$) × (1 − 공간용적)

= $\pi \times 1^2 \times (4 + \dfrac{1.5 + 1.5}{3}) = 15.71m^3$

정답 15.71m^3

18

제6류 위험물 중 과산화수소의 위험물 기준을 쓰시오.

과산화수소는 제6류 위험물로 농도가 36wt% 이상일 때 위험물로 간주된다.

정답 36wt% 이상

19 ★빈출

주유취급소에 게시하는 게시판에 대하여 다음 물음에 답하시오.

(1) 화기엄금 게시판의 바탕색과 문자색을 쓰시오.

(2) 주유 중 엔진정지 게시판의 바탕색과 문자색을 쓰시오.

(3) 게시판의 크기를 쓰시오.

- 게시판 크기의 기준 : 한 변의 길이가 0.3m 이상, 다른 한 변의 길이는 0.6m 이상인 직사각형
- 게시판의 종류별 바탕색 및 문자색

종류	바탕색	문자색
위험물제조소등	백색	흑색
위험물	흑색	황색
주유 중 엔진정지	황색	흑색
화기엄금	적색	백색
물기엄금	청색	백색

정답
(1) 적색바탕, 백색문자
(2) 황색바탕, 흑색문자
(3) 한 변의 길이가 0.3m 이상이고 다른 한 변의 길이는 0.6m 이상인 직사각형

20

위험물안전관리법령상 벽, 기둥, 바닥이 내화구조인 옥내저장소에 다음 물질을 저장할 경우 최소 보유공지를 쓰시오.

(1) 인화성 고체 12,000kg

(2) 질산 12,000kg

(3) 황 12,000kg

• 옥내저장소 보유공지

위험물 최대수량	공지의 너비	
	벽, 기둥 및 바닥 : 내화 구조	그 밖의 건축물
지정수량의 5배 이하	–	0.5m 이상
지정수량의 5배 초과 10배 이하	1m 이상	1.5m 이상
지정수량의 10배 초과 20배 이하	2m 이상	3m 이상
지정수량의 20배 초과 50배 이하	3m 이상	5m 이상
지정수량의 50배 초과 200배 이하	5m 이상	10m 이상
지정수량의 200배 초과	10m 이상	15m 이상

• 위험물별 지정수량

유별	위험물	지정수량
제2류 위험물	인화성 고체	1,000kg
제6류 위험물	질산	300kg
제2류 위험물	황	100kg

(1) 인화성 고체 $= \dfrac{12,000\text{kg}}{1,000\text{kg}} = 12$배 → 2m 이상

(2) 질산 $= \dfrac{12,000\text{kg}}{300\text{kg}} = 40$배 → 3m 이상

(3) 황 $= \dfrac{12,000\text{kg}}{100\text{kg}} = 120$배 → 5m 이상

정답 (1) 2m (2) 3m (3) 5m

제3회 실기[필답형] 기출복원문제

01

다음 위험물의 지정수량을 쓰시오.

(1) 황화인

(2) 적린

(3) 금속분

제2류 위험물(가연성 고체)

등급	품명	지정수량(kg)	위험물	분자식
II	황화인	100	삼황화인	P_4S_3
			오황화인	P_2S_5
			칠황화인	P_4S_7
	적린		적린	P
	황		황	S
III	금속분	500	알루미늄분	Al
			아연분	Zn
			안티몬	Sb
	철분		철분	Fe
	마그네슘		마그네슘	Mg
	인화성 고체	1,000	고형알코올	–

정답 (1) 100kg (2) 100kg (3) 500kg

02

다음 위험물의 화학식을 쓰시오.

(1) 다이크로뮴산칼륨

(2) 과망가니즈산칼륨

(3) 염소산칼륨

제1류 위험물(산화성 고체)

등급	품명	지정수량(kg)	위험물	분자식	기타
I	아염소산염류	50	아염소산나트륨	$NaClO_2$	–
	염소산염류		염소산칼륨	$KClO_3$	
			염소산나트륨	$NaClO_3$	
	과염소산염류		과염소산칼륨	$KClO_4$	
			과염소산나트륨	$NaClO_4$	
	무기과산화물		과산화칼륨	K_2O_2	• 과산화칼륨 • 과산화마그네슘
			과산화나트륨	Na_2O_2	
II	브로민산염류	300	브로민산암모늄	NH_4BrO_3	–
	질산염류		질산칼륨	KNO_3	
			질산나트륨	$NaNO_3$	
	아이오딘산염류		아이오딘산칼륨	KIO_3	
III	과망가니즈산염류	1,000	과망가니즈산칼륨	$KMnO_4$	
	다이크로뮴산염류		다이크로뮴산칼륨	$K_2Cr_2O_7$	
			다이크로뮴산나트륨	$Na_2Cr_2O_7$	

정답 (1) $K_2Cr_2O_7$ (2) $KMnO_4$ (3) $KClO_3$

03 ✈빈출

이산화탄소 6kg이 섭씨 26도 1atm에서 부피가 몇 L인지 구하시오.

이상기체 방정식을 이용하여 이산화탄소의 부피를 구하기 위해 $PV = \dfrac{wRT}{M}$ 의 식을 사용한다.

$V = \dfrac{wRT}{MP} = \dfrac{6,000g \times 0.082 \times 299K}{44g/mol \times 1} = 3,343.36L$

- P : 압력(1atm)
- M : 분자량 → 이산화탄소(CO_2)의 분자량 = 12 + (16 × 2) = 44g/mol
- w : 질량 → 6kg = 6,000g
- V : 부피(L)
- n : 몰수(mol)
- R : 기체상수(0.082L · atm/mol · K)
- T : 절대온도(K, 절대온도로 변환하기 위해 273을 더한다) → 26 + 273 = 299K

정답 3,343.36L

04

내화구조가 아닌 옥내저장소 450m²의 소요단위를 구하시오.

(1) 계산과정

(2) 답

- 소요단위(연면적)

구분	외벽 내화구조	외벽 비내화구조
위험물제조소 취급소	100m²	50m²
위험물저장소	150m²	75m²

- 저장소 외벽이 비내화구조일 때 1소요단위는 75m²이므로 연면적 450m²의 소요단위는 다음과 같다.

$$\frac{450m^2}{75m^2} = 6소요단위$$

정답 (1) $\frac{450}{75} = 6$ (2) 6소요단위

05

금속칼륨이 다음 물질과 반응할 때 화학반응식을 쓰시오.

(1) 물

(2) 에탄올

(1) 칼륨과 물의 반응식
  - $2K + 2H_2O \rightarrow 2KOH + H_2$
  - 칼륨은 물과 반응하여 수산화칼륨과 수소를 발생한다.
(2) 칼륨과 에탄올의 반응식
  - $2K + 2C_2H_5OH \rightarrow 2C_2H_5OK + H_2$
  - 칼륨은 에탄올과 반응하여 칼륨에틸레이트와 수소를 발생한다.

정답 (1) $2K + 2H_2O \rightarrow 2KOH + H_2$
(2) $2K + 2C_2H_5OH \rightarrow 2C_2H_5OK + H_2$

06

위험물안전관리법령상 제4류 위험물 중 다음 품명의 인화점 범위를 1기압 기준으로 쓰시오.

(1) 제1석유류

(2) 제3석유류

(3) 제4석유류

제4류 위험물의 기준(위험물안전관리법 시행령 별표 1)
- "특수인화물"이라 함은 이황화탄소, 다이에틸에터 그 밖에 1기압에서 발화점이 섭씨 100도 이하인 것 또는 인화점이 섭씨 영하 20도 이하이고 비점이 섭씨 40도 이하인 것을 말한다.
- "제1석유류"라 함은 아세톤, 휘발유 그 밖에 1기압에서 인화점이 섭씨 21도 미만인 것을 말한다.
- "알코올류"라 함은 1분자를 구성하는 탄소원자의 수가 1개부터 3개까지인 포화1가 알코올(변성알코올을 포함한다)을 말한다.
- "제2석유류"라 함은 등유, 경유 그 밖에 1기압에서 인화점이 섭씨 21도 이상 70도 미만인 것을 말한다. 다만, 도료류 그 밖의 물품에 있어서 가연성 액체량이 40중량퍼센트 이하이면서 인화점이 섭씨 40도 이상인 동시에 연소점이 섭씨 60도 이상인 것은 제외한다.
- "제3석유류"란 중유, 크레오소트유, 그 밖에 1기압에서 인화점이 섭씨 70도 이상 섭씨 200도 미만인 것을 말한다. 다만, 도료류 그 밖의 물품은 가연성 액체량이 40중량퍼센트 이하인 것은 제외한다.
- "제4석유류"라 함은 기어유, 실린더유 그 밖에 1기압에서 인화점이 섭씨 200도 이상 섭씨 250도 미만의 것을 말한다. 다만 도료류 그 밖의 물품은 가연성 액체량이 40중량퍼센트 이하인 것은 제외한다.

정답 (1) 섭씨 21도 미만인 것
(2) 섭씨 70도 이상 섭씨 200도 미만인 것
(3) 섭씨 200도 이상 섭씨 250도 미만의 것

07 ✈빈출

다음과 같이 종으로 설치한 원통형 탱크의 내용적(m³)을 구하시오. (단, r = 10m, l = 25m)

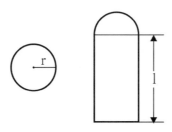

종으로 설치한 원형 탱크의 내용적

$V = \pi r^2 l$

$= \pi \times 10^2 \times 25 = 7,850m^3$

정답 7,850m³

08

다음 위험물의 구조식을 나타내시오.

(1) 트라이나이트로페놀

(2) 트라이나이트로톨루엔

(1) 트라이나이트로페놀 : $C_6H_2(NO_2)_3OH$
(2) 트라이나이트로톨루엔 : $C_6H_2(NO_2)_3CH_3$

정답 (1) (2)

09

위험물안전관리법상 경보설비의 종류를 3가지 쓰시오.

경보설비의 종류(위험물안전관리법 시행규칙 제42조 제2항)
- 자동화재탐지설비
- 자동화재속보설비
- 비상경보설비(비상벨장치 또는 경종 포함)
- 확성장치(휴대용소화기 포함)
- 비상방송설비

정답 자동화재탐지설비, 자동화재속보설비, 비상경보설비, 확성장치, 비상방송설비 중 3가지

10

제3류 위험물인 칼륨에 대하여 다음 물음에 답하시오.

(1) 연소반응식

(2) 물과의 반응식

(3) 이산화탄소와의 반응식

(1) 칼륨의 연소반응식
- $4K + O_2 \rightarrow 2K_2O$
- 칼륨은 연소하여 산화칼륨을 생성한다.

(2) 칼륨과 물의 반응식
- $2K + 2H_2O \rightarrow 2KOH + H_2$
- 칼륨은 물과 반응하여 수산화칼륨과 수소를 발생한다.

(3) 칼륨과 이산화탄소의 반응식
- $4K + 3CO_2 \rightarrow 2K_2CO_3 + C$
- 칼륨은 이산화탄소와 반응하여 탄산칼륨과 탄소를 발생한다.

정답
(1) $4K + O_2 \rightarrow 2K_2O$
(2) $2K + 2H_2O \rightarrow 2KOH + H_2$
(3) $4K + 3CO_2 \rightarrow 2K_2CO_3 + C$

11 빈출

산화프로필렌 200L, 클로로벤젠 1,000L, 아세트산 4,000L를 저장하고 있을 경우 각각의 지정수량 배수의 합계는 얼마인지 구하시오.

(1) 계산과정
(2) 답

- 위험물별 지정수량

위험물	품명	지정수량
산화프로필렌	특수인화물	50L
클로로벤젠	제2석유류(비수용성)	1,000L
아세트산	제2석유류(수용성)	2,000L

- 지정수량 배수 $= \dfrac{\text{저장량}}{\text{지정수량}}$

- 지정수량 배수의 합계 $= \dfrac{200L}{50L} + \dfrac{1,000L}{1,000L} + \dfrac{4,000L}{2,000L} = 7$배

정답
(1) [해설참조]
(2) 7배

12 ✈빈출

다음 위험물을 저장하는 제조소등에 게시하여야 하는 주의사항 게시판의 종류를 쓰시오. (단, 해당하지 않으면 "없음" 이라 쓰시오.)

(1) 질산칼륨

(2) 나이트로글리세린

(3) 질산

위험물 유별 운반용기 외부 주의사항과 게시판

유별	종류	운반용기 외부 주의사항	게시판
제1류	알칼리금속의 과산화물	가연물접촉주의, 화기 · 충격주의, 물기엄금	물기엄금
	그 외	가연물접촉주의, 화기 · 충격주의	-
제2류	철분, 금속분, 마그네슘	화기주의, 물기엄금	화기주의
	인화성 고체	화기엄금	화기엄금
	그 외	화기주의	화기주의
제3류	자연발화성 물질	화기엄금, 공기접촉엄금	화기엄금
	금수성 물질	물기엄금	물기엄금
제4류	-	화기엄금	화기엄금
제5류		화기엄금, 충격주의	화기엄금
제6류		가연물접촉주의	-

- 질산칼륨 : 제1류 위험물 중 알칼리금속의 과산화물 그 외의 위험물이므로 게시판 기입사항이 없다.
- 나이트로글리세린 : 제5류 위험물로 화기엄금을 기입한다.
- 질산 : 제6류 위험물로 게시판 기입사항이 없다.

정답 (1) 없음　(2) 화기엄금　(3) 없음

13

황이 다음 물질과 반응하였을 때 화학반응식을 쓰시오.

(1) 산소

(2) 수소(고온에서 반응)

(1) 황의 연소반응식
- $S + O_2 \rightarrow SO_2$
- 황은 산소와 반응하여 이산화황을 발생한다.

(2) 황과 수소의 반응식(고온에서 반응)
- $S + H_2 \rightarrow H_2S$
- 황은 수소와 반응하여 황화수소를 발생한다.

정답 (1) $S + O_2 \rightarrow SO_2$
(2) $S + H_2 \rightarrow H_2S$

14

제4류 위험물 중 위험등급 Ⅲ등급에 해당하는 위험물의 품명을 모두 쓰시오.

제4류 위험물(인화성 액체)

등급	품명		지정수량(L)
Ⅰ	특수인화물	비수용성	50
		수용성	
Ⅱ	제1석유류	비수용성	200
		수용성	400
	알코올류		
Ⅲ	제2석유류	비수용성	1,000
		수용성	2,000
	제3석유류	비수용성	
		수용성	4,000
	제4석유류		6,000
	동식물유류		10,000

정답 제2석유류, 제3석유류, 제4석유류, 동식물유류

15

다음 [보기]의 위험물 중 에테르에 녹고 비수용성인 물질을 모두 고르시오. (단, 없으면 "없음"이라 쓰시오.)

───── [보기] ─────
이황화탄소, 아세트알데하이드, 아세톤, 스타이렌, 클로로벤젠

위험물	품명	수용성 여부
이황화탄소	특수인화물	비수용성
아세트알데하이드	특수인화물	수용성
아세톤	제1석유류	수용성
스타이렌	제2석유류	비수용성
클로로벤젠	제2석유류	비수용성

정답 이황화탄소, 스타이렌, 클로로벤젠

16

에탄올에 대하여 다음 물음에 답하시오.

(1) 한 번 산화되어 생성되는 특수인화물의 명칭
(2) 두 번 산화되어 생성되는 제2석유류의 명칭
(3) (2)의 완전연소반응식

에탄올의 산화

- 에탄올이 한 번 산화되면 산화제로 인해 한 개의 수소 원자가 제거되어 아세트알데하이드(CH_3CHO)라는 특수인화물이 생성된다.
- $C_2H_5OH + [O] \rightarrow CH_3CHO + H_2O$
- 아세트알데하이드가 한 번 더 산화되면 더 많은 산소가 반응에 참여해 아세트산(CH_3COOH)이 생성된다. 아세트산은 제2석유류로 분류된다.
- $CH_3CHO + [O] \rightarrow CH_3COOH$
- 아세트산의 완전연소반응식 : $CH_3COOH + 2O_2 \rightarrow 2CO_2 + 2H_2O$
- 아세트산은 완전연소하여 이산화탄소와 물을 생성한다.

정답 (1) 아세트알데하이드
(2) 아세트산
(3) $CH_3COOH + 2O_2 \rightarrow 2CO_2 + 2H_2O$

17 빈출

제2종 분말 소화약제의 분해반응식을 쓰시오.

분말 소화약제의 종류

약제명	주성분	분해식	색상	적응화재
제1종	탄산수소나트륨	$2NaHCO_3 \rightarrow Na_2CO_3 + CO_2 + H_2O$	백색	BC
제2종	탄산수소칼륨	$2KHCO_3 \rightarrow K_2CO_3 + CO_2 + H_2O$	보라색 (담회색)	BC
제3종	인산암모늄	$NH_4H_2PO_4 \rightarrow NH_3 + H_3PO_4$(1차) $NH_4H_2PO_4 \rightarrow NH_3 + HPO_3 + H_2O$(2차)	담홍색	ABC
제4종	탄산수소칼륨 + 요소	–	회색	BC

정답 $2KHCO_3 \rightarrow K_2CO_3 + CO_2 + H_2O$

18 ★빈출

다음 위험물이 물과 반응하여 생성되는 기체의 명칭을 쓰시오. (단, 해당하지 않으면 "없음"으로 쓰시오.)

(1) 수소화칼슘
(2) 황린
(3) 트라이에틸알루미늄
(4) 트라이메틸알루미늄
(5) 리튬

PART 02

(1) 수소화칼슘과 물의 반응식
 • $CaH_2 + 2H_2O \rightarrow Ca(OH)_2 + 2H_2$
 • 수소화칼슘은 물과 반응하여 수산화칼슘과 수소를 발생한다.
(2) 황린은 물과 반응하지 않는다.
(3) 트라이에틸알루미늄과 물의 반응식
 • $(C_2H_5)_3Al + 3H_2O \rightarrow Al(OH)_3 + 3C_2H_6$
 • 트라이에틸알루미늄은 물과 반응하여 수산화알루미늄과 에탄을 발생한다.
(4) 트라이메틸알루미늄과 물의 반응식
 • $(CH_3)_3Al + 3H_2O \rightarrow Al(OH)_3 + 3CH_4$
 • 트라이메틸알루미늄은 물과 반응하여 수산화알루미늄과 메탄을 발생한다.
(5) 리튬과 물의 반응식
 • $2Li + 2H_2O \rightarrow 2LiOH + H_2$
 • 리튬은 물과 반응하여 수산화리튬과 수소를 발생한다.

정답 (1) 수소 (2) 없음 (3) 에탄 (4) 메탄 (5) 수소

19

제6류 위험물 중 질산에 대하여 다음 물음에 답하시오.

(1) 분해반응식
(2) 분해 시 발생하는 유독기체의 명칭

질산의 분해반응식
 • $4HNO_3 \rightarrow 2H_2O + 4NO_2 + O_2$
 • 질산은 완전분해하여 산소, 물, 이산화질소를 생성하며, 이때 이산화질소는 유독성의 기체이다.

정답 (1) $4HNO_3 \rightarrow 2H_2O + 4NO_2 + O_2$
(2) 이산화질소

20

제4류 위험물 중 아세톤에 대하여 다음 물음에 답하시오.

(1) 화학식

(2) 품명

(3) 증기비중

아세톤 제4류 – 위험물

• 품명 : 제1석유류(수용성)

• 지정수량 : 400L

• 화학식 : CH_3COCH_3

• 분자량 : 약 58.08g/mol

• 물리적 상태 : 상온에서 무색의 휘발성 액체

• 증기비중 : $\dfrac{\text{아세톤의 분자량}}{\text{공기의 평균 분자량}} = \dfrac{58}{29} = 2$

 정답 (1) CH_3COCH_3
(2) 제1석유류(수용성)
(3) 2

01

다음은 위험물안전관리법령에서 정한 탱크 용적 산정기준에 관한 내용이다. 빈칸에 알맞은 수치를 쓰시오.

- 위험물을 저장 또는 취급하는 탱크의 용량은 당해 탱크 내용적에서 공간용적을 뺀 용적으로 한다.
- 탱크의 공간용적은 탱크의 내용적의 100분의 (1) 이상 100분의 (2) 이하의 용적으로 한다. 다만, 소화설비(소화약제 방출구를 탱크 안의 윗부분에 설치하는 것에 한한다)를 설치하는 탱크의 공간용적은 해당 소화설비의 소화약제 방출구 아래의 (3)미터 이상 (4)미터 미만 사이의 면으로부터 윗부분의 용적으로 한다.

탱크 용적의 산정기준
- 위험물을 저장 또는 취급하는 탱크의 용량은 당해 탱크 내용적에서 공간용적을 뺀 용적으로 한다.
- 탱크의 공간용적은 탱크의 내용적의 100분의 5 이상 100분의 10 이하의 용적으로 한다. 다만, 소화설비(소화약제 방출구를 탱크 안의 윗부분에 설치하는 것에 한한다)를 설치하는 탱크의 공간용적은 당해 소화설비의 소화약제 방출구 아래의 0.3미터 이상 1미터 미만 사이의 면으로부터 윗부분의 용적으로 한다.

정답 (1) 5 (2) 10 (3) 0.3 (4) 1

02

제4류 위험물 중 위험등급이 Ⅱ등급에 해당하는 위험물의 품명 2가지를 쓰시오.

제4류 위험물(인화성 액체)

등급	품명		지정수량(L)	위험물
Ⅱ	제1석유류	비수용성	200	휘발유
				메틸에틸케톤
				톨루엔
				벤젠
		수용성	400	사이안화수소
				아세톤
				피리딘
	알코올류			메틸알코올
				에틸알코올

정답 제1석유류, 알코올류

03

이동탱크저장소의 구조에 대하여 빈칸에 들어갈 말을 쓰시오.

- 탱크(맨홀 및 주입관의 뚜껑을 포함한다)는 두께 (1)mm 이상의 강철판 또는 이와 동등 이상의 강도 · 내식성 및 내열성이 있다고 인정하여 소방청장이 정하여 고시하는 재료 및 구조로 위험물이 새지 아니하게 제작할 것
- 압력탱크(최대상용압력이 46.7kPa 이상인 탱크를 말한다) 외의 탱크는 (2)kPa의 압력으로, 압력탱크는 최대 상용압력의 (3)배의 압력으로 각각 10분간의 수압시험을 실시하여 새거나 변형되지 아니할 것. 이 경우 수압시험은 용접부에 비파괴시험과 기밀시험으로 대신할 수 있다.
- 이동저장탱크는 그 내부에 (4)L 이하마다 (5)mm 이상의 강철판 또는 이와 동등 이상의 강도 · 내열성 및 내식성이 있는 금속성의 것으로 칸막이를 설치하여야 한다.

이동저장탱크의 구조(위험물안전관리법 시행규칙 별표 10)
- 탱크(맨홀 및 주입관의 뚜껑을 포함한다)는 두께 3.2mm 이상의 강철판 또는 이와 동등 이상의 강도 · 내식성 및 내열성이 있다고 인정하여 소방청장이 정하여 고시하는 재료 및 구조로 위험물이 새지 아니하게 제작할 것
- 압력탱크(최대상용압력이 46.7kPa 이상인 탱크를 말한다) 외의 탱크는 70kPa의 압력으로, 압력탱크는 최대상용압력의 1.5배의 압력으로 각각 10분간의 수압시험을 실시하여 새거나 변형되지 아니할 것. 이 경우 수압시험은 용접부에 대한 비파괴시험과 기밀시험으로 대신할 수 있다.
- 이동저장탱크는 그 내부에 4,000L 이하마다 3.2mm 이상의 강철판 또는 이와 동등 이상의 강도 · 내열성 및 내식성이 있는 금속성의 것으로 칸막이를 설치하여야 한다.

정답 (1) 3.2 (2) 70 (3) 1.5 (4) 4,000 (5) 3.2

04 빈출

다음 할론 소화약제에 대하여 알맞은 할론번호를 쓰시오.

(1) CF_3Br
(2) CF_2ClBr
(3) $C_2F_4Br_2$

할론명명법 : C, F, Cl, Br 순으로 원소의 개수를 나열할 것
- CF_3Br = Halon 1301
- CF_2ClBr = Halon 1211
- $C_2F_4Br_2$ = Halon 2402

정답 (1) 1301 (2) 1211 (3) 2402

05 빈출

다음 [보기]의 위험물을 건성유, 반건성유, 불건성유로 구분하여 쓰시오.

─────────[보기]─────────
아마인유, 들기름, 참기름, 야자유, 동유

동식물유류 – 제4류 위험물

구분	아이오딘 값	종류
건성유	130 이상	대구유, 정어리유, 상어유, 해바라기유, 동유, 아마인유, 들기름
반건성유	100 초과 130 미만	면실유, 청어유, 쌀겨유, 옥수수유, 채종유, 참기름, 콩기름
불건성유	100 이하	소기름, 돼지기름, 고래기름, 올리브유, 팜유, 땅콩기름, 피마자유, 야자유

정답 건성유 : 아마인유, 들기름, 동유
반건성유 : 참기름
불건성유 : 야자유

06 빈출

탄산가스 1kg을 표준상태에서 소화기로 방출할 경우 차지하는 체적은 몇 L인지 구하시오.

(1) 계산과정

(2) 답

이상기체 방정식을 이용하여 탄산가스의 부피를 구하기 위해 $PV = \dfrac{wRT}{M}$의 식을 사용한다.

$V = \dfrac{wRT}{MP} = \dfrac{1{,}000g \times 0.082 \times 273K}{44g/mol \times 1} = 508.77L$

- P : 압력(1atm)
- w : 질량(g) → 1,000g
- V : 부피(L)
- M : 분자량(g/mol) → CO_2의 분자량 = 12 + (16 × 2) = 44g/mol
- n : 몰수(mol)
- R : 기체상수(0.082L · atm/mol · K)
- T : 절대온도(K, 절대온도로 변환하기 위해 273을 더한다) → 0 + 273 = 273K

정답 (1) [해설참조] (2) 508.77L

07

다음은 알코올류에 관한 정의 중에서 알코올류에서 제외되는 기준이다. 빈칸에 알맞은 말을 쓰시오.

- 1분자를 구성하는 탄소원자의 수가 (1)개 내지 (2)개의 포화(3)가 알코올의 함유량이 (4)중량퍼센트 미만인 수용액
- 가연성 액체량이 (5)중량퍼센트 미만이고 인화점 및 연소점(태그개방식인화점측정기에 의한 연소점을 말한다. 이하 같다)이 에틸알코올 (5)중량퍼센트 수용액의 인화점 및 연소점을 초과하는 것

알코올류의 정의(위험물안전관리법 시행령 별표 1)

"알코올류"라 함은 1분자를 구성하는 탄소원자의 수가 1개부터 3개까지인 포화1가 알코올(변성알코올을 포함한다)을 말한다. 다만, 다음의 1에 해당하는 것은 제외한다.
- 1분자를 구성하는 탄소원자의 수가 1개 내지 3개의 포화1가 알코올의 함유량이 60중량퍼센트 미만인 수용액
- 가연성 액체량이 60중량퍼센트 미만이고 인화점 및 연소점(태그개방식인화점측정기에 의한 연소점을 말한다. 이하 같다)이 에틸알코올 60 중량퍼센트 수용액의 인화점 및 연소점을 초과하는 것

정답 (1) 1 (2) 3 (3) 1 (4) 60 (5) 60

08

크실렌의 이성질체 3가지에 대한 명칭을 쓰고 구조식으로 나타내시오.

크실렌[$C_6H_4(CH_3)_2$] – 제4류 위험물
- 품명 : 제2석유류(비수용성)
- 크실렌의 이성질체

명칭	o-크실렌	m-크실렌	p-크실렌
구조식			

정답

O-크실렌	m-크실렌	p-크실렌

09 ✈빈출

[보기]에서 설명하는 제2류 위험물에 대하여 다음 물음에 답하시오.

────────── [보기] ──────────
- 제2족 원소이다.
- 은백색의 무른 경금속이다.
- 비중 1.74, 녹는점 650℃

(1) 연소반응식
(2) 물과의 반응식

(1) 마그네슘의 연소반응식
- $2Mg + O_2 \rightarrow 2MgO$
- 마그네슘은 연소하여 산화마그네슘을 생성한다.
(2) 마그네슘과 물의 반응식
- $Mg + 2H_2O \rightarrow Mg(OH)_2 + H_2$
- 마그네슘은 물과 반응하여 수산화마그네슘과 수소를 발생한다.

정답 (1) $2Mg + O_2 \rightarrow 2MgO$
(2) $Mg + 2H_2O \rightarrow Mg(OH)_2 + H_2$

10 ✈빈출

표준상태에서 아세톤 1kg이 완전연소하기 위해 필요한 공기의 부피는 몇 m³인지 구하시오.

(1) 계산과정
(2) 답

- 이상기체 방정식을 이용하여 산소의 부피를 구하기 위해 $PV = \dfrac{wRT}{M}$의 식을 사용한다.

- 아세톤의 연소반응식은 $CH_3COCH_3 + 4O_2 \rightarrow 3CO_2 + 3H_2O$로 아세톤과 산소는 1:4의 비율로 반응하며 산소의 부피는 21%이므로 다음과 같은 식이 된다.

$$V = \frac{wRT}{MP} = \frac{1 \times 0.082 \times 273}{58 \times 1} \times \frac{4}{1} \times \frac{1}{0.21} = 7.35m^3$$

- P : 압력(1atm)
- w : 질량 → 1kg
- V : 부피(L)

- M : 분자량(kg/Kmol) → 아세톤(CH_3COCH_3)의 분자량 = 12 + (1 × 3) + 12 + 16 + 12 + (1 × 3) = 58kg/kmol
- n : 몰수(mol)
- R : 기체상수(0.082m^3 · atm/kmol · K)
- T : 절대온도(K, 절대온도로 변환하기 위해 273을 더한다) → 0 + 273 = 273K

정답 (1) [해설참조] (2) 7.35m^3

11 빈출

다음과 같은 위험물을 저장 및 취급할 경우 지정수량 배수의 총합을 구하시오.

- 다이에틸에터 : 100L
- 이황화탄소 : 150L
- 아세톤 : 200L
- 휘발유 : 400L

- 위험물별 지정수량

위험물	품명	지정수량
다이에틸에터	특수인화물	50L
이황화탄소	특수인화물	50L
아세톤	제1석유류(수용성)	400L
휘발유	제1석유류(비수용성)	200L

- 지정수량 배수 = $\dfrac{저장량}{지정수량}$

- 지정수량 배수의 총합 = $\dfrac{100L}{50L} + \dfrac{150L}{50L} + \dfrac{200L}{400L} + \dfrac{400L}{200L}$ = 7.5배

정답 7.5배

12 빈출

위험물안전관리법령상 위험물제조소에 설치하는 주의사항 게시판의 바탕색과 글자색을 쓰시오.

(1) 인화성 고체
- 바탕색
- 글자색

(2) 금수성 물질
- 바탕색
- 글자색

위험물 유별 운반용기 외부 주의사항 및 게시판

유별	종류	운반용기 외부 주의사항	게시판
제1류	알칼리금속의 과산화물	가연물접촉주의, 화기·충격주의, 물기엄금	물기엄금
	그 외	가연물접촉주의, 화기·충격주의	−
제2류	철분, 금속분, 마그네슘	화기주의, 물기엄금	화기주의
	인화성 고체	화기엄금	화기엄금
	그 외	화기주의	화기주의
제3류	자연발화성 물질	화기엄금, 공기접촉엄금	화기엄금
	금수성 물질	물기엄금	물기엄금
제4류	−	화기엄금	화기엄금
제5류		화기엄금, 충격주의	화기엄금
제6류		가연물접촉주의	−

게시판 종류 및 바탕색과 문자색

종류	바탕색	문자색
위험물제조소등	백색	흑색
위험물	흑색	황색
주유 중 엔진정지	황색	흑색
화기엄금	적색	백색
물기엄금	청색	백색

정답 (1) 적색바탕, 백색문자 (2) 청색바탕, 백색문자

13

다음 위험물의 시성식과 지정수량을 쓰시오.

(1) 클로로벤젠
  - 시성식
  - 지정수량
(2) 톨루엔
  - 시성식
  - 지정수량
(3) 메틸알코올
  - 시성식
  - 지정수량

품명		위험물	시성식	지정수량(L)
제2석유류	비수용성	클로로벤젠	C_6H_5Cl	1,000
제1석유류	비수용성	톨루엔	$C_6H_5CH_3$	200
알코올류		메틸알코올	CH_3OH	400

정답 (1) C_6H_5Cl / 1,000L (2) $C_6H_5CH_3$ / 200L (3) CH_3OH / 400L

14

위험물안전관리법에 대하여 다음 물음에 알맞은 답을 쓰시오.

(1) 제조소등의 관계인은 정기점검을 연간 몇 회 이상 실시해야 하는지 쓰시오.

(2) 제조소등 설치자의 지위승계를 하여야 하는 경우를 모두 고르시오.
  ① 제조소등의 설치자가 사망한 경우
  ② 제조소등을 양도한 때
  ③ 법인인 제조소등의 설치자의 합병이 있을 때

(3) 제조소등의 폐지에 대하여 틀린 내용을 모두 고르시오.
  ① 폐지는 장래에 대하여 위험물 시설로서의 기능을 완전히 상실시키는 것을 말한다.
  ② 용도폐지는 제조소등의 관계인이 한다.
  ③ 시 · 도지사 신고 후 14일 이내 폐지한다.
  ④ 제조소등의 폐지에 필요한 서류는 용도폐지신청서, 완공검사합격확인증이다.

(1) 정기점검의 횟수(위험물안전관리법 시행규칙 제64조)

제조소등의 관계인은 당해 제조소등에 대하여 연 1회 이상 정기점검을 실시하여야 한다.

(2) 제소소등 설치자의 지위승계(위험물안전관리법 제10조)

• 제조소등의 설치자가 사망하거나 그 제조소등을 양도·인도한 때 또는 법인인 제조소등의 설치자의 합병이 있는 때에는 그 상속인, 제조소등을 양수·인수한 자 또는 합병 후 존속하는 법인이나 합병에 의하여 설립되는 법인은 그 설치자의 지위를 승계한다.

• 민사집행법에 의한 경매, 「채무자 회생 및 파산에 관한 법률」에 의한 환가, 국세징수법·관세법 또는 「지방세징수법」에 따른 압류재산의 매각과 그 밖에 이에 준하는 절차에 따라 제조소등의 시설의 전부를 인수한 자는 그 설치자의 지위를 승계한다.

(3) 제조소등의 폐지(위험물안전관리법 제11조, 시행규칙 제23조)

• 제조소등의 관계인(소유자·점유자 또는 관리자를 말한다. 이하 같다)은 당해 제조소등의 용도를 폐지(장래에 대하여 위험물시설로서의 기능을 완전히 상실시키는 것을 말한다)한 때에는 행정안전부령이 정하는 바에 따라 제조소등의 용도를 폐지한 날부터 14일 이내에 시·도지사에게 신고하여야 한다.

• 제조소등의 용도폐지신고를 하려는 자는 신고서(전자문서로 된 신고서를 포함한다)에 제조소등의 완공검사합격확인증을 첨부하여 시·도지사 또는 소방서장에게 제출해야 한다.

정답 (1) 연 1회 이상 (2) ①, ②, ③ (3) ③

15

다음 [보기] 중 수용성 물질을 골라 번호로 나타내시오.

─────[보기]─────

(1) 이소프로필알코올

(2) 이황화탄소

(3) 사이클로헥산

(4) 벤젠

(5) 아세톤

(6) 아세트산

위험물	품명	수용성 여부
이소프로필알코올	알코올류	수용성
이황화탄소	특수인화물	비수용성
사이클로헥산	제1석유류	비수용성
벤젠	제1석유류	비수용성
아세톤	제1석유류	수용성
아세트산	제2석유류	수용성

정답 (1), (5), (6)

16

제6류 위험물의 공통적인 특성에 대하여 다음 [보기] 중 틀린 것을 찾아 고치시오.

─────────[보기]─────────

(1) 산화성 액체이다.

(2) 유기화합물이다.

(3) 물에 잘 녹는다.

(4) 물보다 가볍다.

(5) 불연성이다.

제6류 위험물(산화성 액체)

• 대부분의 제6류 위험물은 무기화합물이다. 무기화합물이란 탄소 - 수소 결합을 기본으로 하지 않는 물질로, 제6류에 속하는 질산, 과산화수소 등은 모두 무기물질이다.

• 제6류 위험물에 속하는 무기산류와 산화성 액체들은 대부분 물보다 비중이 크다.

정답 (2) 유기화합물이다. → 무기화합물이다.
(4) 물보다 가볍다. → 물보다 무겁다.

17 *빈출*

다음 분말 소화약제의 분해반응식을 쓰시오.

(1) 탄산수소나트륨

(2) 인산암모늄

분말 소화약제의 종류

약제명	주성분	분해식	색상	적응화재
제1종	탄산수소나트륨	$2NaHCO_3 \rightarrow Na_2CO_3 + CO_2 + H_2O$	백색	BC
제2종	탄산수소칼륨	$2KHCO_3 \rightarrow K_2CO_3 + CO_2 + H_2O$	보라색 (담회색)	BC
제3종	인산암모늄	$NH_4H_2PO_4 \rightarrow NH_3 + H_3PO_4$(1차) $NH_4H_2PO_4 \rightarrow NH_3 + HPO_3 + H_2O$(2차)	담홍색	ABC
제4종	탄산수소칼륨 + 요소	–	회색	BC

정답 (1) $2NaHCO_3 \rightarrow Na_2CO_3 + CO_2 + H_2O$
(2) $NH_4H_2PO_4 \rightarrow NH_3 + HPO_3 + H_2O$

18

다음 위험물의 시성식을 쓰시오.

(1) 과산화벤조일
(2) 나이트로글리콜
(3) 질산메틸

> (1) 과산화벤조일 : $(C_6H_5CO)_2O_2$
> 과산화벤조일은 두 개의 벤조일기(C_6H_5CO)가 과산화 결합($-O-O-$)으로 연결된 구조이다.
> (2) 나이트로글리콜 : $C_2H_4(NO_3)_2$
> 나이트로글리콜은 에틸렌글리콜($C_2H_4(OH)_2$)의 두 개의 하이드록시기(OH)가 질산기(NO_3)로 치환된 구조이다.
> (3) 질산메틸 : CH_3NO_3
> 질산메틸은 메틸기(CH_3)와 질산기(NO_3)가 결합된 구조이다.

정답 (1) $(C_6H_5CO)_2O_2$ (2) $C_2H_4(NO_3)_2$ (3) CH_3NO_3

19 ⭐빈출

다음 위험물의 완전연소반응식을 쓰시오.

(1) 삼황화인
(2) 오황화인

> (1) 삼황화인의 완전연소반응식
> • $P_4S_3 + 8O_2 \rightarrow 2P_2O_5 + 3SO_2$
> • 삼황화인은 연소하여 오산화인과 이산화황을 생성한다.
> (2) 오황화인의 완전연소반응식
> • $2P_2S_5 + 15O_2 \rightarrow 2P_2O_5 + 10SO_2$
> • 오황화인은 연소하여 오산화인과 이산화황을 생성한다.

정답 (1) $P_4S_3 + 8O_2 \rightarrow 2P_2O_5 + 3SO_2$
(2) $2P_2S_5 + 15O_2 \rightarrow 2P_2O_5 + 10SO_2$

20

다음 [보기]의 제4류 위험물을 발화점이 낮은 것부터 높은 순서대로 쓰시오.

───── [보기] ─────

이황화탄소, 휘발유, 아세톤, 아세트알데하이드

위험물	품명	발화점(℃)
이황화탄소	특수인화물	90
휘발유	제1석유류(비수용성)	280 ~ 456
아세톤	제1석유류(수용성)	465
아세트알데하이드	특수인화물	약 175

정답   이황화탄소, 아세트알데하이드, 휘발유, 아세톤

제1회 실기[필답형] 기출복원문제

01

포름알데하이드의 원료로 사용되며 흡입 시 시신경을 마비시킬 수 있다. 인화점 11℃, 발화점 464℃인 제4류 위험물에 대하여 다음 물음에 답하시오.

(1) 위험물의 명칭

(2) 구조식

> 메틸알코올(CH_3OH) – 제4류 위험물
> - 메틸알코올은 흡입하거나 섭취할 경우 체내에서 알코올 탈수소효소에 의해 포름알데하이드로 변환된다. 포름알데하이드는 독성이 매우 강하며, 최종적으로 포름산이 되어 신경을 손상시키거나 시력을 잃게 할 수 있다.
> - 메틸알코올은 제4류 위험물 중 알코올류로 인화점이 11℃로 매우 낮아 쉽게 불이 붙고 발화점은 464℃이다.
> - 무색투명한 휘발성의 액체로 구조식은 $CH_3 - OH$이다.

정답 (1) 메틸알코올 (2)

$$H - \overset{\displaystyle H}{\underset{\displaystyle H}{C}} - O - H$$

02

아닐린에 대하여 다음 물음에 답하시오.

(1) 품명

(2) 지정수량

(3) 분자량

> 아닐린 – 제4류 위험물
> - 아닐린은 제4류 위험물 중 제3석유류(비수용성)로 분류되고 지정수량은 2,000L이다.
> - 아닐린($C_6H_5NH_2$)의 분자량은 (12 × 6) + (1 × 5) + 14 + (1 × 2) = 93g/mol이다.

정답 (1) 제3석유류(비수용성)
(2) 2,000L (3) 93g/mol

03

연소범위가 2 ~ 13%인 아세톤의 위험도를 구하시오.

(1) 계산과정

(2) 답

- 아세톤의 연소범위 : 2 ~ 13%

- 위험도를 구하기 위한 식 : 위험도 $= \dfrac{\text{연소상한} - \text{연소하한}}{\text{연소하한}}$

- 위험도 $= \dfrac{13 - 2}{2} = 5.5$

정답 (1) [해설참조] (2) 5.5

04

다이에틸에터에 대하여 다음 물음에 답하시오.

(1) 화학식

(2) 증기비중

(3) 연소범위

다이에틸에터($C_2H_5OC_2H_5$) – 제4류 위험물

- 다이에틸에터의 증기비중 $= \dfrac{(12 \times 2) + (1 \times 5) + 16 + (12 \times 2) + (1 \times 5)}{29} = 약\ 2.55$

- 다이에틸에터와 같은 에터류는 공기 중에서 산소와 반응하여 시간이 지나면서 과산화물을 형성할 수 있는데, 과산화물은 폭발성이 매우 높으므로 안전한 처리를 위해 주기적으로 과산화물의 존재 여부를 확인해야 한다.

- 다이에틸에터의 연소범위는 1.9 ~ 48%이다.

정답 (1) $C_2H_5OC_2H_5$ (2) 2.55 (3) 1.9 ~ 48%

05 ✈빈출

다음 할론 소화약제의 할론번호를 쓰시오.

(1) CF_3Br

(2) CH_2ClBr

(3) $C_2F_4Br_2$

(4) CF_2ClBr

(5) CCl_4

- 할론넘버는 C, F, Cl, Br 순으로 매긴다.

할론번호	분자식
1301	CF_3Br
1011	CH_2ClBr
2402	$C_2F_4Br_2$
1211	CF_2ClBr
104	CCl_4

- 탄소(C)는 네 개의 결합을 가지므로, 할론 구조식에서 탄소에 결합된 할로겐(할로젠) 원자의 개수가 부족할 경우 나머지 결합은 수소(H)로 채워진다.

정답 (1) 1301 (2) 1011 (3) 2402 (4) 1211 (5) 104

06

이동탱크저장소에 의한 위험물 운송 시 준수해야 하는 사항을 알맞게 쓰시오.

위험물운송자는 장거리(고속국도에 있어서는 (1)km 이상, 그 밖의 도로에 있어서는 (2)km 이상을 말한다)에 걸치는 운송을 하는 때에는 2명 이상의 운전자로 할 것. 다만, 다음의 1에 해당하는 경우에는 그러하지 아니하다.
- (3)를 동승시키는 경우
- 운송하는 위험물이 (4) 위험물·제3류 위험물(칼슘 또는 알루미늄의 탄화물과 이것만을 함유한 것에 한한다) 또는 제4류 위험물(특수인화물을 제외한다)인 경우
- 운송도중에 (5) 이상씩 휴식하는 경우

이동탱크저장소에 의한 위험물의 운송 시 준수하여야 하는 기준(위험물안전관리법 시행규칙 별표 21)

위험물운송자는 장거리(고속국도에 있어서는 340km 이상, 그 밖의 도로에 있어서는 200km 이상을 말한다)에 걸치는 운송을 하는 때에는 2명 이상의 운전자로 할 것. 다만, 다음의 1에 해당하는 경우에는 그러하지 아니하다.

- 운송책임자를 동승시킨 경우
- 운송하는 위험물이 제2류 위험물·제3류 위험물(칼슘 또는 알루미늄의 탄화물과 이것만을 함유한 것에 한한다) 또는 제4류 위험물(특수인화물을 제외한다)인 경우
- 운송도중에 2시간 이내마다 20분 이상씩 휴식하는 경우

정답 (1) 340 (2) 200 (3) 운송책임자
(4) 제2류 (5) 2시간 이내마다 20분

07 ★빈출

제1류 위험물 중 과산화칼륨이 다음 물질과 반응할 때 화학반응식을 쓰시오.

(1) 물
(2) 이산화탄소

(1) 과산화칼륨과 물의 반응식
  - $2K_2O_2 + 2H_2O \rightarrow 4KOH + O_2$
  - 과산화칼륨은 물과 반응하여 수산화칼륨과 산소를 발생한다.
(2) 과산화칼륨과 이산화탄소의 반응식
  - $2K_2O_2 + 2CO_2 \rightarrow 2K_2CO_3 + O_2$
  - 과산화칼륨은 이산화탄소와 반응하여 탄산칼륨과 산소를 발생한다.

정답 (1) $2K_2O_2 + 2H_2O \rightarrow 4KOH + O_2$
(2) $2K_2O_2 + 2CO_2 \rightarrow 2K_2CO_3 + O_2$

08 ★빈출

마그네슘에 대하여 다음 물음에 답하시오.

(1) 완전연소반응식
(2) 마그네슘 1mol이 반응할 때, 필요한 산소의 부피(L)를 구하시오.

(1) 마그네슘의 완전연소반응식
- $2Mg + O_2 \rightarrow 2MgO$
- 마그네슘은 연소하여 산화마그네슘을 생성한다.
(2) 필요한 산소의 부피(L)
- 이상기체 방정식을 이용하여 산소의 부피를 구하기 위해 $PV = nRT$의 식을 사용한다.
- (1)의 반응식에서 마그네슘과 산소는 2 : 1의 비율로 반응하므로 다음과 같은 식이 된다.

$$V = \frac{nRT}{P} = \frac{1mol \times 0.082 \times 273K}{1} \times \frac{1}{2} = 11.19L$$

- P : 압력(1atm)
- V : 부피(L)
- n : 몰수(mol)
- R : 기체상수($0.082L \cdot atm/mol \cdot K$)
- T : 절대온도(K, 절대온도로 변환하기 위해 273을 더한다) $\rightarrow$ 0 + 273 = 273K

정답 (1) $2Mg + O_2 \rightarrow 2MgO$
(2) 11.19L

09 ★빈출

다음 그림과 같은 원통형 위험물 저장탱크의 내용적은 몇 m³인지 구하시오.

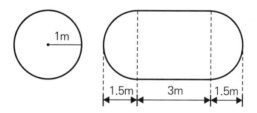

(1) 계산과정
(2) 답

원통형 탱크의 내용적

$$V = \pi \gamma^2 (l + \frac{l_1 + l_2}{3})(1 - 공간용적)$$

$$= 원의\ 면적 \times (가운데\ 체적길이 + \frac{양끝\ 체적길이\ 합}{3}) \times (1 - 공간용적)$$

$$= \pi \times 1^2 \times (3 + \frac{1.5 + 1.5}{3}) = 12.57m^3$$

정답 (1) [해설참조] (2) 12.57m³

10

제6류 위험물에 적응성이 있는 소화설비를 다음에서 모두 골라 번호를 쓰시오.

① 옥내소화전설비
② 불활성 가스 소화설비
③ 할로겐(할로젠)화합물 소화설비
④ 탄산수소염류 등의 분말 소화설비
⑤ 포 소화설비

제6류 위험물은 물과 반응성이 없으므로 주로 주수소화한다.

정답 ①, ⑤

11 ⭐빈출

120℃, 1기압에서 나트륨 1kg이 물과 반응할 때 다음 물음에 답하시오.

(1) 화학반응식
(2) 발생하는 기체의 부피(m^3)

(1) 나트륨과 물의 반응식
- $2Na + 2H_2O \rightarrow 2NaOH + H_2$
- 나트륨은 물과 반응하여 수산화나트륨과 수소를 발생한다.

(2) 발생하는 기체의 부피
- 이상기체 방정식을 이용하여 수소의 부피를 구하기 위해 $PV = \dfrac{wRT}{M}$의 식을 사용한다.
- (1)의 반응식에서 나트륨과 수소는 2 : 1의 비율로 반응하므로 다음과 같은 식이 된다.

$$V = \frac{wRT}{MP} = \frac{1kg \times 0.082 \times 393K}{1 \times 23g/mol} \times \frac{1}{2} = 0.7m^3$$

- P : 압력(1atm)
- w : 질량 → 1kg
- M : 분자량 → 나트륨(Na)의 분자량 = 23kg/kmol
- V : 부피(L)
- n : 몰수(mol)
- R : 기체상수(0.082$m^3 \cdot atm/kmol \cdot K$)
- T : 절대온도(K, 절대온도로 변환하기 위해 273을 더한다) → 120 + 273 = 393K

정답 (1) $2Na + 2H_2O \rightarrow 2NaOH + H_2$
(2) $0.7m^3$

12

햇빛에 의해 4mol의 질산이 완전분해하여 산소 1mol을 발생하였다. 다음 물음에 답하시오.

(1) 화학반응식
(2) 발생하는 유독성 기체의 명칭

> 질산의 분해반응식
> • $4HNO_3 \rightarrow 2H_2O + 4NO_2 + O_2$
> • 질산은 완전분해하여 물, 이산화질소, 산소를 발생하며, 이때 이산화질소는 유독성의 기체이다.

정답 (1) $4HNO_3 \rightarrow 2H_2O + 4NO_2 + O_2$
(2) 이산화질소

13

적린에 대하여 다음 물음에 답하시오.

(1) 완전연소반응식
(2) 발생 기체의 명칭

> 적린의 완전연소반응식
> • $4P + 5O_2 \rightarrow 2P_2O_5$
> • 적린은 산소와 반응하여 오산화인을 발생한다.

정답 (1) $4P + 5O_2 \rightarrow 2P_2O_5$
(2) 오산화인

14

에탄올에 대하여 다음 물음에 답하시오.

(1) 한 번 산화되어 생성되는 특수인화물의 명칭
(2) 두 번 산화되어 생성되는 제2석유류의 명칭
(3) (2)의 완전연소반응식

에탄올의 산화

- 에탄올이 한 번 산화되면 산화제로 인해 한 개의 수소 원자가 제거되어 아세트알데하이드(CH_3CHO)라는 특수인화물이 생성된다.
- $C_2H_5OH + [O] \rightarrow CH_3CHO + H_2O$
- 아세트알데하이드가 한 번 더 산화되면 더 많은 산소가 반응에 참여해 아세트산(CH_3COOH)이 생성된다. 아세트산은 제2석유류로 분류된다.
- $CH_3CHO + [O] \rightarrow CH_3COOH$
- 아세트산의 완전연소반응식 : $CH_3COOH + 2O_2 \rightarrow 2CO_2 + 2H_2O$
- 아세트산은 완전연소하여 이산화탄소와 물을 생성한다.

정답　(1) 아세트알데하이드
(2) 아세트산
(3) $CH_3COOH + 2O_2 \rightarrow 2CO_2 + 2H_2O$

15

[보기]에서 물보다 무겁고 비수용성인 물질을 모두 선택하여 쓰시오. (단, 해당하는 물질이 없으면 "없음"이라 쓰시오.)

―――――[보기]―――――
아세트산, 나이트로벤젠, 글리세린, 에틸렌글리콜, 이황화탄소, 클로로벤젠

위험물	품명	수용성 여부	비중
아세트산	제2석유류	수용성	1.05
나이트로벤젠	제3석유류	비수용성	1.218
글리세린	제3석유류	수용성	1.26
에틸렌글리콜	제3석유류	수용성	1.113
이황화탄소	특수인화물	비수용성	1.26
클로로벤젠	제2석유류	비수용성	1.1

정답　나이트로벤젠, 이황화탄소, 클로로벤젠

16

다음 위험물의 지정수량 배수의 총합을 구하시오.

- 등유 : 40,000L
- 경유 : 4,000L
- 중유 : 4,000L
- 톨루엔 : 2,000L

- 위험물별 지정수량

위험물	품명	지정수량
등유	제2석유류(비수용성)	1,000L
경유	제2석유류(비수용성)	1,000L
중유	제3석유류(비수용성)	2,000L
톨루엔	제1석유류(비수용성)	200L

- 지정수량 배수 $= \dfrac{\text{저장량}}{\text{지정수량}}$

- 지정수량 배수의 총합 $= \dfrac{40,000L}{1,000L} + \dfrac{4,000L}{1,000L} + \dfrac{4,000L}{2,000L} + \dfrac{2,000L}{200L} = 56$배

정답 56배

17 🛫빈출

탄화알루미늄에 대하여 다음 물음에 답하시오.

(1) 물과의 화학반응식
(2) 발생 기체의 명칭

탄화알루미늄과 물의 반응식
- $Al_4C_3 + 12H_2O \rightarrow 4Al(OH)_3 + 3CH_4$
- 탄화알루미늄은 물과 반응하여 수산화알루미늄과 메탄을 발생한다.

정답 (1) $Al_4C_3 + 12H_2O \rightarrow 4Al(OH)_3 + 3CH_4$
(2) 메탄

18

위험물안전관리법령상 이동저장탱크의 구조에 대하여 빈칸에 들어갈 알맞은 말을 쓰시오.

> - 이동저장탱크는 그 내부에 (1)L 이하마다 (2)mm 이상의 강철판 또는 이와 동등 이상의 강도·내열성 및 내식성이 있는 금속성의 것으로 칸막이를 설치하여야 한다. 다만, 고체인 위험물을 저장하거나 고체인 위험물을 가열하여 액체 상태로 저장하는 경우에는 그러하지 아니하다.
> - 제2호의 규정에 의한 칸막이로 구획된 각 부분마다 맨홀과 다음 각 목의 기준에 의한 안전장치 및 방파판을 설치하여야 한다. 다만, 칸막이로 구획된 부분의 용량이 (3)L 미만인 부분에는 방파판을 설치하지 아니할 수 있다.
>   - 안전장치
>   상용압력이 20kPa 이하인 탱크에 있어서는 20kPa 이상 (4)kPa 이하의 압력에서, 상용압력이 20kPa를 초과하는 탱크에 있어서는 상용압력의 (5)배 이하의 압력에서 작동하는 것으로 할 것

이동저장탱크의 구조(위험물안전관리법 시행규칙 별표 10)
- 이동저장탱크는 그 내부에 4,000L 이하마다 3.2mm 이상의 강철판 또는 이와 동등 이상의 강도·내열성 및 내식성이 있는 금속성의 것으로 칸막이를 설치하여야 한다. 다만, 고체인 위험물을 저장하거나 고체인 위험물을 가열하여 액체 상태로 저장하는 경우에는 그러하지 아니하다.
- 제2호의 규정에 의한 칸막이로 구획된 각 부분마다 맨홀과 다음 각 목의 기준에 의한 안전장치 및 방파판을 설치하여야 한다. 다만, 칸막이로 구획된 부분의 용량이 2,000L 미만인 부분에는 방파판을 설치하지 아니할 수 있다.
  - 안전장치
    상용압력이 20kPa 이하인 탱크에 있어서는 20kPa 이상 24kPa 이하의 압력에서, 상용압력이 20kPa를 초과하는 탱크에 있어서는 상용압력의 1.1배 이하의 압력에서 작동하는 것으로 할 것

정답 (1) 4,000 (2) 3.2 (3) 2,000 (4) 24 (5) 1.1

19

위험물제조소에 다음 수량의 위험물을 저장할 때 필요한 최소 보유공지를 쓰시오.

(1) 지정수량의 1배
(2) 지정수량의 5배
(3) 지정수량의 10배
(4) 지정수량의 50배
(5) 지정수량의 200배

위험물제조소의 보유공지

위험물의 최대수량	공지의 너비
지정수량의 10배 이하	3m 이상
지정수량의 10배 초과	5m 이상

정답 (1) 3m (2) 3m (3) 3m (4) 5m (5) 5m

20 빈출

위험물안전관리법령상 위험물 운반용기 외부에 표시해야 하는 주의사항을 쓰시오.

(1) 알칼리금속의 과산화물

(2) 철분

(3) 자연발화성 물질

(4) 제4류 위험물

(5) 제6류 위험물

위험물 유별 주의사항 및 게시판

유별	종류	운반용기 외부 주의사항	게시판
제1류	알칼리금속의 과산화물	가연물접촉주의, 화기 · 충격주의, 물기엄금	물기엄금
	그 외	가연물접촉주의, 화기 · 충격주의	–
제2류	철분, 금속분, 마그네슘	화기주의, 물기엄금	화기주의
	인화성 고체	화기엄금	화기엄금
	그 외	화기주의	화기주의
제3류	자연발화성 물질	화기엄금, 공기접촉엄금	화기엄금
	금수성 물질	물기엄금	물기엄금
제4류	–	화기엄금	화기엄금
제5류		화기엄금, 충격주의	화기엄금
제6류		가연물접촉주의	–

정답 (1) 가연물접촉주의, 화기 · 충격주의, 물기엄금 (2) 화기주의, 물기엄금
(3) 화기엄금, 공기접촉엄금 (4) 화기엄금 (5) 가연물접촉주의

제4회 실기[필답형] 기출복원문제

01

다음 [보기]에서 설명하는 위험물에 대하여 다음 물음에 답하시오.

━━━━━━━[보기]━━━━━━━

- 강산화제이다.
- 열분해 시 아질산칼륨과 산소가 발생한다.
- 흑색화약의 원료가 된다.

(1) 화학식
(2) 품명
(3) 지정수량

질산칼륨 – 제1류 위험물
- 질산칼륨은 흑색화약의 원료로 숯, 황과 반응하여 화약을 만든다.
- 질산칼륨은 제1류 위험물 중 질산염류로 지정수량은 300kg이다.
- 잘산칼륨의 열분해반응식 : $2KNO_3 \rightarrow 2KNO_2 + O_2$
- 질산칼륨은 열분해하여 아질산칼륨과 산소를 발생한다.

정답 (1) KNO_3 (2) 질산염류 (3) 300kg

02

아세트산(초산)에 대하여 다음 물음에 답하시오.

(1) 화학식
(2) 증기비중

아세트산(초산) – 제4류 위험물(인화성 액체)

품명	화학식	증기비중		지정수량
제2석유류 (수용성)	CH_3COOH	$\dfrac{\text{아세트산 분자량}}{\text{공기의 평균 분자량}}$	$= \dfrac{(12 \times 2) + (1 \times 4) + (16 \times 2)}{29} = 2.068$	2,000L

정답 (1) CH_3COOH (2) 2.07

03

다음 위험물의 화학식을 쓰시오.

(1) 과산화칼슘

(2) 과망가니즈산칼륨

(3) 질산암모늄

품명	위험물	화학식	지정수량
무기과산화물	과산화칼슘	CaO_2	50kg
과망가니즈산염류	과망가니즈산칼륨	$KMnO_4$	1,000kg
질산염류	질산암모늄	NH_4NO_3	300kg

정답 (1) CaO_2 (2) $KMnO_4$ (3) NH_4NO_3

04

옥외탱크저장소의 밸브 없는 통기관 설치기준 3가지를 쓰시오.

옥외탱크저장소의 밸브없는 통기관 설치기준(위험물안전관리법 시행규칙 별표 6)
• 지름은 30mm 이상일 것
• 끝부분은 수평면보다 45도 이상 구부려 빗물 등의 침투를 막는 구조로 할 것
• 인화점이 38℃ 미만인 위험물만을 저장 또는 취급하는 탱크에 설치하는 통기관에는 화염방지장치를 설치하고, 그 외의 탱크에 설치하는 통기관에는 40메쉬(mesh) 이상의 구리망 또는 동등 이상의 성능을 가진 인화방지장치를 설치할 것. 다만, 인화점이 70℃ 이상인 위험물만을 해당 위험물의 인화점 미만의 온도로 저장 또는 취급하는 탱크에 설치하는 통기관에는 인화방지장치를 설치하지 않을 수 있다.
• 가연성의 증기를 회수하기 위한 밸브를 통기관에 설치하는 경우에 있어서는 당해 통기관의 밸브는 저장탱크에 위험물을 주입하는 경우를 제외하고는 항상 개방되어 있는 구조로 하는 한편, 폐쇄하였을 경우에 있어서는 10kPa 이하의 압력에서 개방되는 구조로 할 것. 이 경우 개방된 부분의 유효단면적은 777.15mm² 이상이어야 한다.

정답 (1) 지름 30mm 이상일 것
(2) 끝부분은 수평면보다 45도 이상 구부려 빗물 등의 침투를 막는 구조로 할 것
(3) 가는 눈의 구리망 등으로 인화방지장치를 할 것

05 빈출

다음 위험물의 연소반응식을 쓰시오.

(1) 삼황화인
(2) 오황화인

(1) 삼황화인의 연소반응식
  - $P_4S_3 + 8O_2 \rightarrow 2P_2O_5 + 3SO_2$
  - 삼황화인은 연소하여 오산화인과 이산화황을 생성한다.
(2) 오황화인의 연소반응식
  - $2P_2S_5 + 15O_2 \rightarrow 2P_2O_5 + 10SO_2$
  - 오황화인은 연소하여 오산화인과 이산화황을 생성한다.

정답 (1) $P_4S_3 + 8O_2 \rightarrow 2P_2O_5 + 3SO_2$
(2) $2P_2S_5 + 15O_2 \rightarrow 2P_2O_5 + 10SO_2$

06

제2류 위험물 중 황에 대하여 다음 물음에 답하시오.

(1) 완전연소반응식
(2) 위험물의 기준
(3) 불순물이 되는 물질

(1) 황의 완전연소반응식
  - $S + O_2 \rightarrow SO_2$
  - 황은 연소하여 이산화황을 생성한다.
(2) 황은 순도가 60wt% 이상인 것을 위험물로 간주한다.
(3) 활석 등 불연성 물질과 수분은 황의 연소를 방해하고 발화 위험을 높이는 불순물로 작용한다. 이들은 황의 순도를 낮추고 자연발화 가능성을 증가시키므로, 보관 시 제거하는 것이 중요하다.

정답 (1) $S + O_2 \rightarrow SO_2$
(2) 순도 60wt% 이상
(3) 활석 등 불연성 물질, 수분

07

다음과 같은 화학반응식이 되는 빈칸의 반응물에 대하여 다음 물음에 답하시오.

$$(\quad) + 2H_2O \rightarrow Ca(OH)_2 + 2H_2$$

(1) 품명
(2) 지정수량
(3) 위험등급

수소화칼슘 – 제3류 위험물
- 수소화칼슘은 제3류 위험물 중 금속의 수소화물로 지정수량 300kg, 위험등급 III등급이다.
- 수소화칼슘과 물의 반응식 : $CaH_2 + 2H_2O \rightarrow Ca(OH)_2 + 2H_2$
- 수소화칼슘은 물과 반응하여 수산화칼슘과 수소를 발생한다.

정답 (1) 금속의 수소화물 (2) 300kg (3) 위험등급 III등급

08

나트륨에 대하여 다음 물음에 답하시오.

(1) 물과 반응하는 화학반응식을 쓰시오.
(2) (1)에서 발생한 가연성 기체의 완전연소반응식을 쓰시오.

(1) 나트륨과 물의 반응식
- $2Na + 2H_2O \rightarrow 2NaOH + H_2$
- 나트륨은 물과 반응하여 수산화나트륨과 가연성의 수소를 발생한다.
(2) 수소의 완전연소반응식
- $2H_2 + O_2 \rightarrow 2H_2O$
- 수소는 연소하여 물을 생성한다.

정답 (1) $2Na + 2H_2O \rightarrow 2NaOH + H_2$
(2) $2H_2 + O_2 \rightarrow 2H_2O$

09

주유취급소의 고정주유설비에서 펌프기기 주유관 끝부분의 분당 최대배출량을 쓰시오.

(1) 휘발유

(2) 경유

(3) 등유

주유취급소의 위치, 구조 및 설비의 기준(위험물안전관리법 시행규칙 별표 13)
- 주유취급소의 고정주유설비에서 펌프기기 주유관 끝부분의 분당 최대배출량
  - 제1석유류의 경우 : 분당 50L 이하
  - 경유의 경우 : 분당 180L 이하
  - 등유의 경우 : 분당 80L 이하
- 다만, 이동저장탱크에 주입하기 위한 고정급유설비의 펌프기기는 최대배출량이 분당 300L 이하인 것으로 할 수 있으며, 분당 배출량이 200L 이상인 것의 경우에는 주유설비에 관계된 모든 배관의 안지름을 40mm 이상으로 하여야 한다.

정답 (1) 50L (2) 180L (3) 80L

10 ✈빈출

탄소 100kg을 완전연소시키려면 표준상태에서 몇 m³의 공기가 필요한지 구하시오. (단, 공기는 질소 79vol%, 산소 21vol%로 되어 있다.)

(1) 계산과정

(2) 답

- 탄소의 연소반응식 : $C + O_2 \rightarrow CO_2$
- 탄소는 연소하여 이산화탄소를 생성한다.
- 탄소 질량 100kg는 100,000g이고 탄소의 원자량은 12g이므로 탄소 100kg의 몰수는 다음과 같다.

  $$\frac{탄소의\ 질량}{탄소의\ 몰질량} = \frac{100,000g}{12g/mol} = 8,333.33mol$$

- 탄소 1mol당 산소 1mol이 필요하므로 필요한 산소의 몰수는 탄소의 몰수와 동일하다.
- 표준상태에서 1mol의 기체는 22.4L의 부피를 차지하므로 산소 8,333.33mol의 부피는 8,333.33 × 22.4L = 186.67m³이다.
- 공기 중 산소는 21%이므로 필요한 공기의 부피는 다음과 같다.

  $$\rightarrow 공기부피 = \frac{산소부피}{0.21} = \frac{186.67m^3}{0.21} = 888.43m^3$$

정답 (1) [해설참조] (2) 888.43m³

11

위험물제조소에 환기설비를 설치할 때 바닥면적에 따른 급기구의 면적을 쓰시오.

바닥면적	급기구의 면적
(1)m² 미만	150cm² 이상
(1)m² 이상 (2)m² 미만	300cm² 이상
(2)m² 이상 120m² 미만	450cm² 이상
120m² 이상 150m² 미만	(3)cm² 이상

제조소의 환기설비 설치기준(위험물안전관리법 시행규칙 별표 4)
• 환기는 자연배기방식으로 할 것
• 급기구는 당해 급기구가 설치된 실의 바닥면적 150m²마다 1개 이상으로 하되, 급기구의 크기는 800cm² 이상으로 할 것. 다만 바닥면적이 150m² 미만인 경우에는 다음의 크기로 하여야 한다.

바닥면적	급기구의 면적
60m² 미만	150cm² 이상
60m² 이상 90m² 미만	300cm² 이상
90m² 이상 120m² 미만	450cm² 이상
120m² 이상 150m² 미만	600cm² 이상

정답 (1) 60 (2) 90 (3) 600

12

1기압 30도에서 아세톤의 증기밀도를 구하시오.

(1) 계산과정

(2) 답

- 이상기체 방정식을 이용하여 아세톤의 증기밀도를 구하기 위해 $PV = \dfrac{wRT}{M}$ 의 식을 사용한다.

- 이때 밀도 $\rho = \dfrac{w}{V}$ 이므로 $\rho = \dfrac{PM}{RT}$ 이 되고 다음과 같은 식이 된다.

$$\rho = \dfrac{PM}{RT} = \dfrac{1 \times 58g/mol}{0.082 \times 303K} = 2.334g/L$$

- P : 압력(1atm)
- V : 부피(L)
- M : 분자량(g) → 아세톤(CH_3COCH_3)의 분자량 = 12 + (1 × 3) + 12 + 16 + 12 + (1 × 3) = 58g/mol
- R : 기체상수(0.082L · atm/mol · K)
- T : 절대온도(K, 절대온도로 변환하기 위해 273을 더한다) → 30 + 273 = 303K

정답 (1) [해설참조] (2) 2.33g/L

13 ✈빈출

피리딘에 대하여 다음 물음에 답하시오.

(1) 구조식

(2) 증기비중

피리딘(C_5H_5N) – 제4류 위험물
- 피리딘은 6각형의 벤젠 고리와 유사하지만, 질소(N) 원자가 한 개 포함되어 있다. 질소가 방향족 고리의 한 위치를 차지하고, 고리 내 전자 분포에 영향을 미친다.
- 피리딘(C_5H_5N)의 증기비중 = $\dfrac{(12 \times 5) + (1 \times 5) + 14}{29}$ = 약 2.72

정답 (1) (2) 2.72

14

다음 위험물의 아이오딘값 기준을 쓰시오.

(1) 건성유

(2) 불건성유

아이오딘값에 따른 동식물유류의 구분

구분	아이오딘값	종류
건성유	130 이상	동유, 아마인유
반건성유	100 초과 130 미만	참기름, 콩기름
불건성유	100 이하	피마자유, 야자유

정답 (1) 130 이상 (2) 100 이하

15 빈출

다음 위험물의 지정수량 배수의 총합은 얼마인지 쓰시오.

> 질산에스터류 50kg, 하이드록실아민 300kg, 트라이나이트로톨루엔 400kg

• 위험물별 지정수량

위험물	지정수량(kg)
질산에스터류	10
하이드록실아민	100
트라이나이트로톨루엔	100

• 지정수량 배수 = $\dfrac{저장량}{지정수량}$

• 지정수량 배수의 총합 = $\dfrac{50kg}{10kg} + \dfrac{300kg}{100kg} + \dfrac{400kg}{100kg} = 12$배

정답 12배

16 ⭐빈출

트라이나이트로톨루엔에 대하여 다음 물음에 답하시오.

(1) 용해성
   - 물
   - 벤젠
(2) 지정수량
(3) TNT를 제조할 경우 필요한 원료 2가지

트라이나이트로톨루엔 – 제5류 위험물
- 트라이나이트로톨루엔은 물에 잘 녹지 않지만, 유기 용매인 벤젠에는 용해된다.
- 트라이나이트로톨루엔은 제5류 위험물 중 나이트로화합물로 지정수량은 100kg이다.
- 톨루엔을 진한 질산과 진한 황산으로 나이트로화시키면 탈수되어 TNT(트라이나이트로톨루엔)이 생성된다.

정답 (1) 용해성 없음 / 용해성 있음
     (2) 100kg
     (3) 톨루엔, 진한 질산

17

다음 위험물제조소등의 1소요단위에 해당하는 면적을 쓰시오.

(1) 내화구조인 제조소
(2) 내화구조가 아닌 제조소
(3) 내화구조인 저장소
(4) 내화구조가 아닌 저장소
(5) 내화구조인 취급소

소요단위(연면적)

구분	외벽 내화구조	외벽 비내화구조
위험물제조소 취급소	100m²	50m²
위험물저장소	150m²	75m²

정답 (1) 100m² (2) 50m² (3) 150m²
     (4) 75m²   (5) 100m²

18

질산에 대하여 다음 물음에 답하시오.

(1) 단백질과 반응하여 노란색이 되는 반응의 명칭을 쓰시오.
(2) 분해하여 이산화질소, 물, 산소가 생기는 화학반응식을 쓰시오.

(1) 크산토프로테인반응
- 크산토프로테인반응은 단백질에 질산을 가하고 가열하여 염기성 용액을 반응시키면 노란색으로 변하는 반응이다.
- 크산토프로테인반응은 단백질 검사나 특정 방향족 아미노산의 존재 여부를 확인하는 데 사용되는데, 단백질 분석 실험에서 질소화 반응을 통해 단백질의 존재 여부를 확인할 수 있다.

(2) 질산의 분해반응식
- $4HNO_3 \rightarrow 2H_2O + 4NO_2 + O_2$
- 질산은 분해하여 물, 이산화질소, 산소를 생성한다.

정답 (1) 크산토프로테인반응
(2) $4HNO_3 \rightarrow 2H_2O + 4NO_2 + O_2$

19

아세트알데하이드등과 다이에틸에터등의 저장기준에 대하여 다음 빈칸을 채우시오.

(1) 옥외저장탱크·옥내저장탱크 또는 지하저장탱크 중 압력탱크에 저장하는 아세트알데하이드등 또는 다이에틸에터등의 온도는 (   ) 이하로 유지할 것
(2) 보냉장치가 있는 이동저장탱크에 저장하는 아세트알데하이드등 또는 다이에틸에터등의 온도는 당해 위험물의 (   ) 이하로 유지할 것
(3) 보냉장치가 없는 이동저장탱크에 저장하는 아세트알데하이드등 또는 다이에틸에터등의 온도는 (   ) 이하로 유지할 것

알킬알루미늄등, 아세트알데하이드등 및 다이에틸에터등의 저장기준(위험물안전관리법 시행규칙 별표 18)
- 옥외저장탱크·옥내저장탱크 또는 지하저장탱크 중 압력탱크에 저장하는 아세트알데하이드등 또는 다이에틸에터등의 온도는 40℃ 이하로 유지할 것
- 보냉장치가 있는 이동저장탱크에 저장하는 아세트알데하이드등 또는 다이에틸에터등의 온도는 당해 위험물의 비점 이하로 유지할 것
- 보냉장치가 없는 이동저장탱크에 저장하는 아세트알데하이드등 또는 다이에틸에터등의 온도는 40℃ 이하로 유지할 것

정답 (1) 40℃ (2) 비점 (3) 40℃

20

과산화수소 수용액 90wt%가 1kg 있는데 10wt% 수용액으로 만들기 위해서 첨가해야 하는 물의 질량은 몇 kg인지 구하시오.

(1) 계산과정

(2) 답

- 90wt% 과산화수소 수용액 1kg에는 90%의 과산화수소가 포함되어 있으므로 과산화수소의 질량은 다음과 같다.
  1kg × 0.9 = 0.9kg
- 최종 농도는 10wt%이므로, 전체 용액에서 과산화수소가 10%를 차지해야 한다.
- 최종 용액의 총 질량을 (0.9 + 0.1 + x)로 두고, x는 추가해야 할 물의 질량으로 한다.
- 과산화수소가 전체 용액에서 10%가 되어야 하므로, 다음과 같은 식을 세울 수 있다.

  $$\frac{0.9}{0.9 + 0.1 + x} \times 100 = 10\%$$

- 따라서 추가해야 할 물의 질량(x)은 8kg이다.

정답 (1) [해설참조]   (2) 8kg

01

제6류 위험물에 대하여 다음 물음에 답하시오. (해당하지 않으면 "해당 없음"이라 쓰시오.)

(1) 질산
- 화학식
- 위험물 기준
(2) 과염소산
- 화학식
- 위험물 기준
(3) 과산화수소
- 화학식
- 위험물 기준

제6류 위험물(산화성 액체)

품명	화학식	위험물 기준	지정수량
질산	HNO_3	비중 1.49 이상	300kg
과염소산	$HClO_4$	–	300kg
과산화수소	H_2O_2	농도 36wt% 이상	300kg

정답 (1) HNO_3 / 비중 1.49 이상
(2) $HClO_4$ / 해당 없음
(3) H_2O_2 / 36wt% 이상

02 빈출

다음 위험물의 운반용기 외부에 표시하여야 하는 주의사항 및 게시판을 쓰시오. (단, 해당하지 않으면 "해당 없음"이라 쓰시오.)

(1) 제5류 위험물
- 운반용기 외부에 표시하여야 하는 주의사항
- 게시판

(2) 제6류 위험물
- 운반용기 외부에 표시하여야 하는 주의사항
- 게시판

위험물 유별 주의사항 및 게시판

유별	종류	운반용기 외부 주의사항	게시판
제1류	알칼리금속의 과산화물	가연물접촉주의, 화기·충격주의, 물기엄금	물기엄금
	그 외	가연물접촉주의, 화기·충격주의	–
제2류	철분, 금속분, 마그네슘	화기주의, 물기엄금	화기주의
	인화성 고체	화기엄금	화기엄금
	그 외	화기주의	화기주의
제3류	자연발화성 물질	화기엄금, 공기접촉엄금	화기엄금
	금수성 물질	물기엄금	물기엄금
제4류		화기엄금	화기엄금
제5류	–	화기엄금, 충격주의	화기엄금
제6류		가연물접촉주의	–

정답 (1) 화기엄금, 충격주의 / 화기엄금
(2) 가연물접촉주의 / 해당 없음

03

제2류 위험물 중 지정수량이 500kg인 품명 3가지를 쓰시오.

제2류 위험물(가연성 고체)

등급	품명	지정수량(kg)	위험물	분자식
II	황화인	100	삼황화인	P_4S_3
			오황화인	P_2S_5
			칠황화인	P_4S_7
	적린		적린	P
	황		황	S
III	금속분	500	알루미늄분	Al
			아연분	Zn
			안티몬	Sb
	철분		철분	Fe
	마그네슘		마그네슘	Mg
	인화성 고체	1,000	고형알코올	–

정답 철분, 마그네슘, 금속분

04

제3류 위험물 중 위험등급 Ⅰ인 품명 3가지를 쓰시오.

제3류 위험물(자연발화성 및 금수성 물질)

등급	품명	지정수량(kg)	위험물	분자식
Ⅰ	알킬알루미늄	10	트라이에틸알루미늄	$(C_2H_5)_3Al$
	칼륨		칼륨	K
	알킬리튬		알킬리튬	RLi
	나트륨		나트륨	Na
	황린	20	황린	P_4
Ⅱ	알칼리금속(칼륨, 나트륨 제외)	50	리튬	Li
			루비듐	Rb
	알칼리토금속		칼슘	Ca
			바륨	Ba
	유기금속화합물(알킬알루미늄, 알킬리튬 제외)		–	–
Ⅲ	금속의 수소화물	300	수소화칼슘	CaH_2
			수소화나트륨	NaH
	금속의 인화물		인화칼슘	Ca_3P_2
	칼슘, 알루미늄의 탄화물		탄화칼슘	CaC_2
			탄화알루미늄	Al_4C_3

정답 알킬알루미늄, 칼륨, 알킬리튬, 나트륨, 황린 중 3개

05

벽, 기둥 및 바닥이 내화구조로 된 건축물에 드럼통 3개가 들어 있다. 그림을 보고 다음 물음에 답하시오.

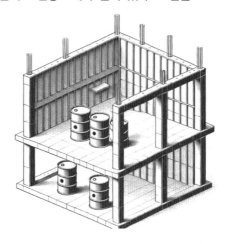

(1) 명칭
(2) 보유공지 1m일 때 최대 지정수량
(3) 처마의 높이

• 옥내저장소 보유공지

위험물 최대수량	공지의 너비	
	벽, 기둥 및 바닥 : 내화구조	그 밖의 건축물
지정수량의 5배 이하	–	0.5m 이상
지정수량의 5배 초과 10배 이하	1m 이상	1.5m 이상
지정수량의 10배 초과 20배 이하	2m 이상	3m 이상
지정수량의 20배 초과 50배 이하	3m 이상	5m 이상
지정수량의 50배 초과 200배 이하	5m 이상	10m 이상
지정수량의 200배 초과	10m 이상	15m 이상

• 옥내저장소의 저장창고는 지면에서 처마까지의 높이(이하 "처마높이"라 한다)가 6m 미만인 단층건물로 하고 그 바닥을 지반면보다 높게 하여야 한다.

정답 (1) 옥내저장소 (2) 10배 (3) 6m 미만

06 ✈빈출

다음 그림과 같은 원통형 위험물 저장탱크의 내용적은 몇 m³인지 구하시오.

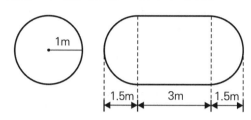

(1) 계산과정
(2) 답

> 원통형 탱크의 내용적
>
> $V = \pi r^2 (l + \dfrac{l_1 + l_2}{3})(1 - 공간용적)$
>
> = 원의 면적 × (가운데 체적길이 + $\dfrac{양끝\ 체적길이의\ 합}{3}$) × (1 − 공간용적)
>
> = $\pi \times 1^2 \times (3 + \dfrac{1.5 + 1.5}{3}) = 12.57 m^3$

정답 (1) [해설참조]　(2) 12.57m³

07

인화점이 낮은 순서대로 쓰시오.

사이안화수소, 에탄올, 아세트산, 아세트알데하이드, 아닐린

위험물	품명	인화점(℃)
사이안화수소	제1석유류(수용성)	−17
에탄올	알코올류	13
아세트산	제2석유류(수용성)	40
아세트알데하이드	특수인화물	−38
아닐린	제3석유류(비수용성)	70

정답 아세트알데하이드, 사이안화수소, 알코올, 아세트산, 아닐린

08

다음 [보기]에서 설명하는 위험물에 대하여 물음에 답하시오.

─────────────────[보기]─────────────────

- 부동액으로 쓰인다.
- 단맛이 나고 2가 알코올이다.
- 비중 1.113, 증기비중 2.14이다.

(1) 명칭
(2) 시성식
(3) 구조식

에틸렌글리콜 – 제4류 위험물(인화성 액체)

품명	제3석유류(수용성)	화학식	$C_2H_4(OH)_2$
밀도(비중)	1.113(물 = 1)	구조식	$HO-CH_2-CH_2-OH$
분자량	$(12 \times 2) + (1 \times 4) + (16 \times 2) + (1 \times 2) = 62g/mol$	증기비중	$\frac{62}{29}$ = 약 2.14(공기 = 1)
끓는점	약 197.3°C	녹는점	약 −12.9°C
물성	• 무색의 점성 있는 액체 • 단맛이 있으며 물에 잘 녹음		
용도	저온에서 얼지 않는 특성이 있어 자동차 냉각 시스템의 부동액 및 냉각제로 널리 사용됨		

정답 (1) 에틸렌글리콜 (2) $C_2H_4(OH)_2$
(3)

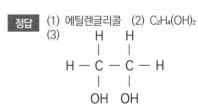

09

다음 중 제3석유류를 모두 고르시오.

나이트로톨루엔, 나이트로벤젠, 메틸에틸케톤, 아세톤, 글리세린

위험물	품명
나이트로톨루엔	제3석유류(비수용성)
나이트로벤젠	제3석유류(비수용성)
메틸에틸케톤	제1석유류(비수용성)
아세톤	제1석유류(수용성)
글리세린	제3석유류(수용성)

정답 나이트로톨루엔, 나이트로벤젠, 글리세린

10 빈출

다음 제1류 위험물 중 물과 반응하여 산소를 발생하는 위험물을 모두 고르시오.

과산화칼륨, 과염소산나트륨, 염소산칼륨, 과산화나트륨

- 과산화칼륨과 물의 반응식 : $2K_2O_2 + 2H_2O \rightarrow 4KOH + O_2$
- 과산화칼륨은 물과 반응하여 수산화칼륨과 산소를 발생한다.
- 과산화나트륨과 물의 반응식 : $2Na_2O_2 + 2H_2O \rightarrow 4NaOH + O_2$
- 과산화나트륨은 물과 반응하여 수산화나트륨과 산소를 발생한다.
- 과염소산나트륨, 염소산칼륨은 물과 반응성이 없다.

정답 과산화칼륨, 과산화나트륨

11

과망가니즈산칼륨에 대하여 다음 물음에 답하시오.

(1) 화학식
(2) 물과의 반응성 여부
(3) 물과 반응할 경우, 화학반응식을 쓰시오. (단, 반응하지 않을 경우 "없음"이라 쓰시오.)
(4) 수용성 여부

(1) $KMnO_4$: 과망가니즈산칼륨($KMnO_4$)은 산화 망가니즈(MnO_4^-) 이온을 포함하고 있어 강한 산화작용을 한다.
(2) $KMnO_4$는 물에 용해되지만 화학적으로 반응하지 않는다. 따라서 물에 녹여도 $KMnO_4$의 성질이 유지되며, 산화제로 작용할 수 있다.
(3) $KMnO_4$는 물과 반응하여 다른 화합물로 변하지 않으므로, 화학반응식이 필요하지 않다.
(4) $KMnO_4$는 물에 잘 녹는 수용성 물질이다. 물에 녹이면 보라색의 용액이 형성되며, 이 용액은 산화작용을 통해 다른 물질과 반응할 수 있는데, 이 특성 때문에 소독, 정화 등의 용도로 많이 사용된다.

정답 (1) $KMnO_4$ (2) 반응하지 않음
(3) 없음 (4) 수용성

12 ★빈출

에틸알코올과 나트륨의 반응에 대하여 다음 물음에 답하시오.

(1) 화학반응식
(2) 에틸알코올 46g과 나트륨 23g이 반응할 때 1기압 25℃에서 발생되는 기체의 부피(L)

(1) 화학반응식
- $2C_2H_5OH + 2Na \rightarrow 2C_2H_5ONa + H_2$
- 에틸알코올과 나트륨이 반응하면 나트륨에틸라이드와 수소가 발생한다.
(2) 발생 기체의 부피(L)
- 에틸알코올(C_2H_5OH)의 분자량은 46g/mol이므로 46g은 1mol이다.
- 이상기체 방정식으로 수소의 부피를 구하기 위해 $PV = \dfrac{wRT}{M}$의 식을 사용한다.
- $V = \dfrac{wRT}{MP}$ 이 되고, (1)의 반응식에서 에틸알코올과 수소는 2 : 1의 비율로 반응하기 때문에 다음과 같은 식이 된다.

$V = \dfrac{46g \times 0.082 \times 298K}{46g/mol \times 1} \times \dfrac{1}{2} = 12.218L$

- P : 압력(1atm)
- w : 질량(g) → 에틸알코올의 질량 : 46g
- M : 분자량 → 에틸알코올의 분자량 = $(12 \times 2) + (1 \times 5) + 16 + 1 = 46g/mol$
- V : 부피(L)
- n : 몰수(mol)
- R : 기체상수($0.082L \cdot atm/mol \cdot K$)
- T : 절대온도(K, 절대온도로 변환하기 위해 273을 더한다) → $25 + 273 = 298K$

정답 (1) $2C_2H_5OH + 2Na \rightarrow 2C_2H_5ONa + H_2$
(2) 12.218L

13

비중 0.8인 메탄올 50L를 0℃, 1기압에서 연소시킬 때 다음 물음에 답하시오.

(1) 연소반응식

(2) 이론산소량(g)

(1) 메탄올의 연소반응식
  • $2CH_3OH + 3O_2 \rightarrow 2CO_2 + 4H_2O$
  • 메탄올은 연소하여 이산화탄소와 물을 생성한다.
(2) 필요한 공기의 부피(m^3)
  • 메탄올의 비중이 $0.8g/cm^3$이고, 주어진 부피가 50L이므로, 메탄올의 총 질량은 다음과 같다.
  • 메탄올의 총 질량(g) = 비중(kg/L) × 부피(L) × 1,000 = 0.8 × 50 × 1,000 = 40,000g
  • 메탄올(CH_3OH)의 분자량 = $12 + (1 \times 4) + 16 = 32g/mol$
  • 메탄올의 총 몰수 = $\dfrac{질량(g)}{몰질량(g/mol)} = \dfrac{40,000}{32} = 1,250mol$
  • 메탄올의 연소반응식 (1)의 반응식을 통해 2mol의 메탄올이 3mol의 산소와 반응함을 알 수 있다.
  • 메탄올 1,250mol을 연소하기 위해 필요한 이론 산소의 몰수는 다음과 같다.
  • 산소의 몰수 = $\dfrac{3}{2} \times 1,250 = 1,875mol$
  • 따라서 표준상태에서 필요한 공기의 부피 = 1,875mol × 22.4L/mol = 42,000L = 42.0m^3

정답 (1) $2CH_3OH + 3O_2 \rightarrow 2CO_2 + 4H_2O$
(2) 42.0m^3

14

벤젠에서 수소 하나가 메틸기로 치환된 위험물에 대하여 다음 물음에 답하시오.

(1) 명칭

(2) 화학식

(3) 연소반응식

> 톨루엔 - 제4류 위험물(인화성 액체)
> - 톨루엔($C_6H_5CH_3$)은 벤젠의 수소원자 1개가 메틸기로 치환하여 생성되는 물질로 제1석유류(비수용성)이며, 지정수량은 200L이다.
> - 톨루엔을 진한 질산과 진한 황산으로 나이트로화하면 트라이나이트로톨루엔이 생성된다.
> - 물에 녹지 않고 알코올, 에테르, 벤젠에 녹는다.
> - 톨루엔의 연소반응식 : $C_6H_5CH_3 + 9O_2 \rightarrow 7CO_2 + 4H_2O$
> - 톨루엔은 연소하여 이산화탄소와 물을 생성한다.

정답 (1) 톨루엔
(2) $C_6H_5CH_3$
(3) $C_6H_5CH_3 + 9O_2 \rightarrow 7CO_2 + 4H_2O$

15

황화인에 대하여 다음 빈칸에 알맞은 말을 쓰시오.

명칭	조해성 여부	화학식	지정수량
삼황화인	비조해성	(1)	(5)
(2)	조해성	P_2S_5	(5)
칠황화인	(3)	(4)	(5)

품명	명칭	조해성 여부	화학식	지정수량
황화인	삼황화인	비조해성	(P_4S_3)	(100kg)
	(오황화인)	조해성	P_2S_5	(100kg)
	칠황화인	(조해성)	(P_4S_7)	(100kg)

정답 (1) P_4S_3 (2) 오황화인 (3) 조해성
(4) P_4S_7 (5) 100kg

16

불활성 가스 소화약제 IG-541의 구성성분 3가지를 쓰시오.

> **IG-541의 구성성분**
> 질소(N_2) : 아르곤(Ar) : 이산화탄소(CO_2) = 52 : 40 : 8로 혼합되어 있으며, 화재 시 산소농도를 낮춰 화재를 진압하는 역할을 한다.

정답 질소, 아르곤, 이산화탄소

17

다음 대상물과 제조소등과의 최소 안전거리를 쓰시오.

(1) 35,000V의 특고압 가공전선
(2) 주택
(3) 병원
(4) 문화재
(5) 학교

구분	거리
사용전압 7,000V 초과 35,000V 이하 특고압 가공전선	3m 이상
사용전압 35,000V 초과의 특고압 가공전선	5m 이상
주거용으로 사용	10m 이상
고압가스, 액화석유가스, 도시가스를 저장·취급하는 시설	20m 이상
학교, 병원급 의료기관, 영화상영관 등 수용인원 300명 이상 복지시설, 어린이집 등 수용인원 20명 이상	30m 이상
유형문화재, 지정문화재	50m 이상

정답 (1) 3m (2) 10m (3) 30m
(4) 50m (5) 30m

18

다음 위험물에 대하여 질문에 답하시오.

(1) 질산에틸
- 화학식
- 20℃에서 물질의 상태(고체, 액체, 기체로 쓰시오.)

(2) 트라이나이트로톨루엔
- 화학식
- 20℃에서 물질의 상태(고체, 액체, 기체로 쓰시오.)

- 질산에틸 화학식 : $C_2H_5ONO_2$
- 트라이나이트로톨루엔 화학식 : $C_6H_2(NO_2)_3CH_3$
- 상온 중 액체 또는 고체인 위험물 품명

품명	위험물	상태
질산에스터류	질산메틸 질산에틸 나이트로글리콜 나이트로글리세린	액체
	나이트로셀룰로오스 셀룰로이드	고체
나이트로화합물	트라이나이트로톨루엔 트라이나이트로페놀 다이나이트로벤젠 테트릴	고체

정답　(1) $C_2H_5ONO_2$ / 액체
(2) $C_6H_2(NO_2)_3CH_3$ / 고체

19 빈출

제3류 위험물 중 황린에 대하여 다음 물음에 답하시오.

(1) 보관방법

(2) 공기를 차단하고 약 260℃로 가열하면 만들어지는 동소체인 제2류 위험물의 명칭을 쓰시오.

(3) 연소 시 생성되는 물질을 화학식으로 쓰시오.

(4) 수산화칼륨 수용액과 반응하였을 때 발생하는 맹독성 가스의 화학식을 쓰시오.

> (1) 황린은 물과 반응하지 않으므로, 보호액(pH9인 물) 속에 보관한다.
> (2) 황린을 공기를 차단한 상태에서 약 260℃로 가열하면 안정성이 높은 동소체인 적린이 생성된다.
> (3) $P_4 + 5O_2 \rightarrow 2P_2O_5$: 황린은 연소하여 오산화인을 생성한다.
> (4) $P_4 + 3KOH + 3H_2O \rightarrow PH_3 + 3KH_2PO_4$: 황린은 수산화칼륨 수용액과 반응하여 포스핀과 차아인산칼륨을 발생한다.

정답 (1) 보호액(pH9인 물) 속에 보관 (2) 적린 (3) P_2O_5 (4) PH_3

20 빈출

다음 위험물의 지정수량 배수의 합을 구하시오.

- 메틸에틸케톤 400L
- 아세톤 1,200L
- 등유 2,000L

(1) 계산과정

(2) 답

> • 위험물별 지정수량
>
> | 위험물 | 품명 | 지정수량 |
> |---|---|---|
> | 메틸에틸케톤 | 제1석유류(비수용성) | 200L |
> | 아세톤 | 제1석유류(수용성) | 400L |
> | 등유 | 제2석유류(비수용성) | 1,000L |
>
> • 지정수량 배수 = $\dfrac{저장량}{지정수량}$
>
> • 지정수량 배수의 합 = $\dfrac{400L}{200L} + \dfrac{1,200L}{400L} + \dfrac{2,000L}{1,000L} = 7$배

정답 (1) [해설참조] (2) 7배

01 *빈출

다음 물음에 답하시오.

(1) 황린의 동소체인 제2류 위험물의 명칭을 쓰시오.

(2) 황린을 이용해서 (1)의 물질을 만드는 방법을 쓰시오.

(3) (1)의 물질의 연소반응식을 쓰시오.

> (1) 황린의 동소체인 제2류 위험물의 명칭은 적린이다.
> (2) 적린을 만드는 방법은 황린을 공기와 차단된 상태에서 가열하는 것이다. 황린을 약 250°C의 온도로 가열하면 적린으로 변환된다. 이 과
>   정은 산소가 없는 환경에서 이루어져야 하며, 산소가 있으면 황린이 발화할 수 있기 때문에 주의가 필요하다.
> (3) 적린의 연소반응식
>   • $4P + 5O_2 \rightarrow 2P_2O_5$
>   • 적린은 연소하여 오산화인을 생성한다.

정답 (1) 적린
(2) 황린을 공기와 차단된 상태에서 가열한다.
(3) $4P + 5O_2 \rightarrow 2P_2O_5$

02

다음 물질의 시성식을 쓰시오.

(1) 질산메틸

(2) 트라이나이트로톨루엔(TNT)

(3) 나이트로글리세린

> (1) 질산메틸은 제5류 위험물로 분자식은 CH_3ONO_2이다.
> (2) 트라이나이트로톨루엔(TNT)은 제5류 위험물로 분자식은 $C_6H_2(NO_2)_3CH_3$이다.
> (3) 나이트로글리세린은 제5류 위험물로 분자식은 $C_3H_5(ONO_2)_3$이다.

정답 (1) CH_3ONO_2 (2) $C_6H_2(NO_2)_3CH_3$ (3) $C_3H_5(ONO_2)_3$

03

다음 위험물 중 제1석유류를 쓰시오.

에틸벤젠, 아세톤, 클로로벤젠, 아세트산, 포름산

제4류 위험물(인화성 액체)

위험물	품명	수용성 여부	분자식
에틸벤젠	제1석유류	비수용성	$C_6H_5C_2H_5$
아세톤	제1석유류	수용성	CH_3COCH_3
클로로벤젠	제2석유류	비수용성	C_6H_5Cl
아세트산	제2석유류	수용성	CH_3COOH
포름산	제2석유류	수용성	$HCOOH$

정답 에틸벤젠, 아세톤

04

사이안화수소에 대하여 다음 물음에 답하시오.

(1) 품명
(2) 증기비중
(3) 화학식
(4) 지정수량

사이안화수소 – 제4류 위험물
• 사이안화수소(HCN)는 제4류 위험물 중 제1석유류(수용성)로, 지정수량은 400L이다.
• 사이안화수소의 분자량은 1 + 12 + 14 = 27g/mol이다.
• 사이안화수소의 증기비중은 $\dfrac{\text{사이안화수소의 분자량(HCN)}}{\text{공기의 평균 분자량}} = \dfrac{27}{29} = $ 약 0.93이다.

정답 (1) 제1석유류 (2) 0.93 (3) HCN (4) 400L

05

분자량이 104이고 제2석유류에 속하는 물질에 대하여 다음 물음에 답하시오.

(1) 화학식

(2) 명칭

(3) 위험등급

스타이렌(C_8H_8) – 제4류 위험물
- 스타이렌(C_8H_8)은 제4류 위험물 중 제2석유류(비수용성)로 위험등급 Ⅲ등급이다.
- 스타이렌(C_8H_8)의 분자량은 $(12 \times 8) + (1 \times 8) = 104g/mol$이다.

정답 (1) C_8H_8 (2) 스타이렌 (3) Ⅲ등급

06 *빈출*

탄산수소나트륨에 대하여 다음 물음에 답하시오.

(1) 1차 분해반응식을 쓰시오.

(2) 표준상태에서 이산화탄소 200m³가 발생하였다면 탄산수소나트륨은 몇 kg이 분해한 것인지 구하시오.

(1) 1차 분해반응식
- $2NaHCO_3 \rightarrow Na_2CO_3 + H_2O + CO_2$
- 탄산수소나트륨은 열분해하여 탄산나트륨, 물, 이산화탄소를 발생한다.

(2) 분해한 탄산수소나트륨의 양(kg)
- 표준상태에서 1mol의 기체는 22.4L($= 0.0224m^3$)이므로 200m³의 이산화탄소의 몰수는 다음과 같다.

$$몰수 = \frac{부피}{1몰의\ 부피} = \frac{200m^3}{0.0224m^3/mol} = 8,928.57mol$$

- (1)의 반응식에서 1mol의 이산화탄소가 생성될 때 2mol의 탄산수소나트륨이 분해되는 것을 알 수 있다. 따라서 탄산수소나트륨의 몰수는 다음과 같다.

  탄산수소나트륨의 몰수 = $2 \times 8,928.57mol = 17,857.14mol$
- 탄산수소나트륨의 분자량은 $23 + 1 + 12 + (16 \times 3) = 84g/mol$이다.
- 따라서 탄산수소나트륨의 질량은 다음과 같다.

  $17,857.14mol \times 84g/mol = 1,500,000g = 1,500kg$

정답 (1) $2NaHCO_3 \rightarrow Na_2CO_3 + H_2O + CO_2$
(2) 1,500kg

07 빈출

다음은 동식물유류에 대한 설명이다. 다음 물음에 답하시오.

(1) 유지에 포함된 불포화지방산의 이중결합 수를 나타내는 수치로 이 수치가 높을수록 이중결합이 많은 것을 의미한다. 여기서 말하는 이 수치는 무엇인지 쓰시오.
(2) 다음 물질은 건성유, 반건성유, 불건성유 중 어디에 해당하는지 쓰시오.
　　① 야자유
　　② 아마인유

(1) 아이오딘값은 유지에 포함된 불포화지방산의 이중결합 수를 나타내는 수치로, 아이오딘값이 높을수록 이중결합이 많은 것을 의미하며 자연발화의 위험성이 높아진다.
(2) 아이오딘값에 따른 동식물유류의 구분

구분	아이오딘값	종류
건성유	130 이상	동유, 아마인유
반건성유	100 초과 130 미만	참기름, 콩기름
불건성유	100 이하	피마자유, 야자유

정답 (1) 아이오딘값
　　　 (2) ① 불건성유　② 건성유

08 빈출

다음과 같은 Fe의 연소반응을 이용해 Fe 1kg을 연소시키는 데 필요한 산소의 부피는 몇 L인지 구하시오. (단, 표준상태이고 Fe의 원자량은 55.85이다.)

$$4Fe + 3O_2 \rightarrow 2Fe_2O_3$$

- Fe의 원자량은 55.85이므로, Fe의 몰수는 $\dfrac{1,000g}{55.85} = 17.91mol$이다.

- 문제의 반응식에서 Fe와 O_2의 반응비는 $4 : 3$이므로, 필요한 O_2의 몰수는 $17.91mol \times \dfrac{3}{4} = 13.43mol$이다.

- 표준상태에서 1mol의 기체는 22.4L의 부피를 차지하므로 산소의 부피는 $13.43mol \times 22.4L = 300.83L$이다.

정답 300.83L

09 빈출

C_6H_6 30kg 연소 시 필요한 공기의 부피는 표준상태에서 몇 m^3인지 구하시오.

(1) 계산과정
(2) 답

- C_6H_6 30kg의 몰수는 벤젠의 분자량이 $(12 \times 6) + (1 \times 6) = 78g/mol$이므로 $\dfrac{30,000g}{78g/mol} = 384.62mol$이다.
- 벤젠의 연소반응식($2C_6H_6 + 15O_2 \rightarrow 12CO_2 + 6H_2O$)에서 벤젠과 산소와의 반응비는 2 : 15로 1 : 7.5이다.
- C_6H_6 1mol당 7.5mol의 산소가 필요하므로 필요한 산소의 몰수는 $384.62mol \times 7.5 = 2,884.65mol$이다.
- 표준상태에서 1mol의 기체는 22.4L의 부피를 차지하므로 산소의 부피는 $2,884.65mol \times 22.4L = 64.616L$이고, 이를 m^3로 환산하면 $64.62m^3$이다.
- 공기 중 산소의 부피 비율은 21%이므로 필요한 산소량에 대해 전체 공기의 부피는 $\dfrac{64.62m^3}{0.21} = 307.71m^3$이다.

정답 (1) [해설참조] (2) $307.71m^3$

10

제6류 위험물에 대하여 다음 물음에 답하시오.

(1) 증기비중 3.46이고, 물과 발열반응하는 물질의 명칭과 화학식을 쓰시오.
- 명칭
- 화학식
(2) 단백질과 크산토프로테인반응을 하는 물질의 명칭과 화학식을 쓰시오.
- 명칭
- 화학식

(1) 과염소산($HClO_4$)
- 과염소산($HClO_4$)의 분자량 : $1 + 35.45 + (16 \times 4) = 100.45$
- 과염소산($HClO_4$)의 증기비중 : $\dfrac{\text{과염소산의 분자량}}{\text{공기의 평균 분자량}} = \dfrac{100.45}{29} = 3.46$
(2) 질산(HNO_3)
- 질산(HNO_3)은 단백질과 반응하여 노란색을 띠는 크산토프로테인반응을 일으키며, 이는 단백질에 포함된 방향족 아미노산과의 화학반응이다.

정답 (1) 과염소산, $HClO_4$ (2) 질산, HNO_3

11

제2류 위험물에 대하여 괄호 안에 알맞은 말을 쓰시오.

- 인화성 고체란 (①) 그 밖에 1기압에서 인화점이 섭씨 (②)도 미만인 고체를 말한다.
- 가연성 고체란 고체로서 화염에 의한 (③)의 위험성 또는 (④)의 위험성을 판단하기 위해 고시로 정하는 시험에서 고시로 정하는 성질과 상태를 나타낸 것을 말한다.
- 황은 순도가 (⑤)wt% 이상인 것을 말한다.

- 인화성 고체란 고형알코올 그 밖에 1기압에서 인화점이 섭씨 40도 미만인 고체를 말한다.
- 가연성 고체란 고체로서 화염의 의한 인화의 위험성 또는 발화의 위험성을 판단하기 위해 고시로 정하는 시험에서 고시로 정하는 성질과 상태를 나타낸 것을 말한다.
- 황은 순도가 60wt% 이상인 것을 말한다.

정답 ① 고형알코올 ② 40 ③ 인화 ④ 발화 ⑤ 60

12

단층건물에 설치한 옥내탱크저장소에 대하여 다음 물음에 답하시오.

(1) 옥내저장탱크와 탱크전용실의 벽과의 거리는 몇 m 이하인지 쓰시오.
(2) 옥내저장탱크의 상호 간의 거리는 몇 m 이하인지 쓰시오.
(3) 경유를 저장하는 옥내저장탱크의 용량은 몇 L 이하인지 쓰시오.

단층건축물에 설치하는 옥내탱크저장소의 기준(위험물안전관리법 시행규칙 별표 7)
- 옥내저장탱크와 탱크전용실의 벽과의 사이 및 옥내저장탱크의 상호 간에는 0.5m 이상의 간격을 유지할 것. 다만, 탱크의 점검 및 보수에 지장이 없는 경우에는 그러하지 아니하다.
- 옥내저장탱크의 용량(동일한 탱크전용실에 옥내저장탱크를 2 이상 설치하는 경우에는 각 탱크의 용량의 합계를 말한다)은 지정수량의 40배(제4석유류 및 동식물유류 외의 제4류 위험물에 있어서 당해 수량이 20,000L를 초과할 때에는 20,000L) 이하일 것

정답 (1) 0.5m (2) 0.5m (3) 20,000L

13 ✈빈출

다음 물질의 연소 형태를 쓰시오.

(1) 마그네슘분

(2) 제5류 위험물

(3) 황

고체가연물의 연소형태

- 표면연소 : 목탄, 코크스, 숯, 금속분 등
- 분해연소 : 목재, 종이, 플라스틱, 섬유, 석탄 등
- 자기연소 : 제5류 위험물 중 고체
- 증발연소 : 파라핀(양초), 황, 나프탈렌

정답 (1) 표면연소 (2) 자기연소 (3) 증발연소

14 ✈빈출

다음 할론번호의 화학식을 쓰시오.

(1) 할론 1011

(2) 할론 2402

(3) 할론 1301

할론명명법 : C, F, Cl, Br 순으로 원소의 개수를 나열할 것

- Halon 1011 = CH_2ClBr
- Halon 2402 = $C_2F_4Br_2$
- Halon 1301 = CF_3Br

정답 (1) CH_2ClBr (2) $C_2F_4Br_2$ (3) CF_3Br

15

양쪽으로 볼록한 원형 탱크의 내용적을 구하는 식을 쓰시오.

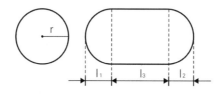

원형 탱크의 내용적

$$V = \pi \gamma^2 (l + \frac{l_1 + l_2}{3})(1 - 공간용적)$$

$$= 원의\ 면적 \times (가운데\ 체적길이 + \frac{양끝\ 체적길이\ 합}{3}) \times (1 - 공간용적)$$

정답 $\pi \gamma^2 (l + \frac{l_1 + l_2}{3})(1 - 공간용적)$

16

분자량이 158인 제1류 위험물로서 흑자색을 띠며 분해 시 산소를 발생하는 물질에 대하여 다음 물음에 답하시오.

(1) 품명

(2) 화학식

(3) 분해반응식

과망가니즈산칼륨 – 제1류 위험물
- 과망가니즈산칼륨(K_2MnO_4)은 제1류 위험물로 분류되는 강력한 산화제로 품명은 과망가니즈산염류이다. 이 물질은 특유의 흑자색(보라색)을 띠며, 고체 상태에서 분해하면 산소를 발생시킨다.
- 과망가니즈산칼륨은 살균, 산화, 탈취 목적으로 주로 사용되며, 특히 수처리, 화학 합성 등에 사용된다.
- 과망가니즈산칼륨의 분해반응식 : $2KMnO_4 \rightarrow K_2MnO_4 + MnO_2 + O_2$
- 과망가니즈산칼륨은 분해하여 망가니즈산칼륨, 이산화망가니즈, 산소를 발생한다.

정답 (1) 과망가니즈산염류
(2) $KMnO_4$
(3) $2KMnO_4 \rightarrow K_2MnO_4 + MnO_2 + O_2$

17 ★빈출

다음 물질이 물과 반응하여 발생하는 가연성 기체의 화학식을 쓰시오. (단, 없으면 "없음"이라 쓰시오.)

(1) 트라이에틸알루미늄

(2) 과산화칼슘

(3) 메틸리튬

(1) 트라이메틸알루미늄과 물의 반응식
- $(C_2H_5)_3Al + 3H_2O \rightarrow Al(OH)_3 + 3C_2H_6$
- 트라이에틸알루미늄은 물과 반응하여 수산화알루미늄과 에탄을 발생한다.

(2) 과산화칼슘과 물의 반응식
- $2CaO_2 + 2H_2O \rightarrow 2Ca(OH)_2 + O_2$
- 과산화칼슘은 물과 반응하여 수산화칼슘과 산소를 발생한다.

(3) 메틸리튬과 물의 반응식
- $CH_3Li + H_2O \rightarrow LiOH + CH_4$
- 메틸리튬은 물과 반응하여 수산화리튬과 메탄을 발생한다.

정답 (1) C_6H_6 (2) 없음 (3) CH_4

18

다음 물질의 지정수량을 쓰시오.

(1) 염소산나트륨

(2) 과산화칼륨

(3) 과염소산나트륨

염소산나트륨, 과산화칼륨, 과염소산나트륨은 제1류 위험물로 지정수량은 50kg이다.

정답 (1) 50kg (2) 50kg (3) 50kg

19

휘발유를 저장하는 옥외탱크저장소에 대하여 다음 물음에 답하시오.

(1) 하나의 방유제 내에 설치할 수 있는 탱크의 개수를 쓰시오.

(2) 방유제의 높이를 쓰시오.

(3) 하나의 방유제 내의 면적은 몇 m² 이하로 하는지 쓰시오.

> **방유제의 설치기준(위험물안전관리법 시행규칙 별표 6)**
>
> 제3류, 제4류 및 제5류 위험물 중 인화성이 있는 액체(이황화탄소를 제외한다)의 옥외탱크저장소의 탱크 주위에는 다음의 기준에 의하여 방유제를 설치하여야 한다.
>
> • 방유제는 높이 0.5m 이상 3m 이하, 두께 0.2m 이상, 지하매설깊이 1m 이상으로 할 것
> • 방유제 내의 면적은 8만m² 이하로 할 것
> • 방유제 내의 설치하는 옥외저장탱크의 수는 10(방유제 내에 설치하는 모든 옥외저장탱크의 용량이 20만L 이하이고, 당해 옥외저장탱크에 저장 또는 취급하는 위험물의 인화점이 70℃ 이상 200℃ 미만인 경우에는 20) 이하로 할 것

정답 (1) 10개
(2) 0.5m 이상 3m 이하
(3) 8만m² 이하

20 ★빈출

운반 시 다음 유별과 혼재할 수 없는 유별을 쓰시오.

(1) 제2류

(2) 제5류

(3) 제6류

유별을 달리하는 위험물 혼재기준(지정수량 1/10배 초과)			
1	6		혼재 가능
2	5	4	혼재 가능
3	4		혼재 가능

정답 (1) 제1류 위험물, 제3류 위험물, 제6류 위험물
(2) 제1류 위험물, 제3류 위험물, 제6류 위험물
(3) 제2류 위험물, 제3류 위험물, 제4류 위험물, 제5류 위험물

01

마그네슘 1mol이 연소할 경우 134.7kcal의 열량이 발생한다. 다음 물음에 대하여 답하시오.

(1) 마그네슘의 연소반응식을 쓰시오.

(2) 4mol의 마그네슘이 연소할 경우 총 열량을 구하시오.

- 마그네슘의 연소반응식 : $2Mg + O_2 \rightarrow 2MgO$
- 마그네슘은 연소하여 산화마그네슘을 생성하고, 마그네슘과 산화마그네슘과의 반응비는 4 : 4 = 1 : 1이다.
- 4mol의 마그네슘이 연소할 경우 : $4Mg + 2O_2 \rightarrow 4MgO$
- 따라서 4mol의 마그네슘이 연소할 때 발생하는 총 열량은 4mol × 134.7kcal/mol = 538.8Kcal이다.

정답 (1) $2Mg + O_2 \rightarrow 2MgO$ (2) 538.8Kcal

02 ✈빈출

위험물안전관리법령에 따른 위험물의 유별 저장, 취급의 공통기준에 대하여 다음 괄호 안에 알맞은 답을 쓰시오.

- (①) 위험물은 산화제와의 접촉, 혼합이나 불티, 불꽃, 고온체와의 접근 또는 과열을 피하는 한편 철분, 금속분, 마그네슘 및 이를 함유한 것에 있어서는 물이나 산과의 접촉을 피하고 인화성 고체에 있어서는 함부로 증기를 발생시키지 아니하여야 한다.
- (②) 위험물 중 자연발화성 물질에 있어서는 불티, 불꽃 또는 고온체와의 접근, 과열 또는 공기와의 접촉을 피하고 금수성 물질에 있어서는 물과의 접촉을 피하여야 한다.
- (③) 위험물은 불티, 불꽃, 고온체와의 접근 또는 과열을 피하고, 함부로 증기를 발생시키지 아니하여야 한다.
- (④) 위험물은 가연물과의 접촉, 혼합이나 분해를 촉진하는 물품과의 접근 또는 과열, 충격, 마찰 등을 피하는 한편, 알칼리금속의 과산화물 및 이를 함유한 것에 있어서는 물과의 접촉을 피하여야 한다.
- (⑤) 위험물은 가연물과의 접촉, 혼합이나 분해를 촉진하는 물품과의 접근 또는 과열을 피하여야 한다.

위험물 유별 운반용기 외부 주의사항 및 게시판

유별	종류	운반용기 외부 주의사항	게시판
제1류	알칼리금속의 과산화물	가연물접촉주의, 화기·충격주의, 물기엄금	물기엄금
	그 외	가연물접촉주의, 화기·충격주의	–
제2류	철분, 금속분, 마그네슘	화기주의, 물기엄금	화기주의
	인화성 고체	화기엄금	화기엄금
	그 외	화기주의	화기주의
제3류	자연발화성 물질	화기엄금, 공기접촉엄금	화기엄금
	금수성 물질	물기엄금	물기엄금
제4류	–	화기엄금	화기엄금
제5류		화기엄금, 충격주의	화기엄금
제6류		가연물접촉주의	–

정답　① 제2류　② 제3류　③ 제4류　④ 제1류　⑤ 제6류

03

위험물안전관리법에서 정한 주유취급소 게시판에 대한 내용이다. 다음 물음에 대한 알맞은 답을 쓰시오.

(1) 위험물 주유취급소 게시판의 바탕색과 글자색을 쓰시오.
- 바탕색
- 글자색

(2) 주유 중 엔진정지 표시판의 바탕색과 글자색을 쓰시오.
- 바탕색
- 글자색

게시판의 종류별 바탕색 및 문자색

종류	바탕색	문자색
위험물제조소등	백색	흑색
위험물	흑색	황색
주유 중 엔진정지	황색	흑색
화기엄금	적색	백색
물기엄금	청색	백색

• 주유취급소 게시판은 백색바탕에 흑색문자로 나타낸다.

정답　(1) 백색바탕, 흑색문자　(2) 황색바탕, 흑색문자

04 🌟빈출

다음 그림을 보고 탱크의 내용적을 계산하여 쓰시오. (단, 공간용적은 탱크 내용적의 100분의 5로 한다.)

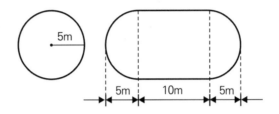

위험물저장탱크의 내용적

$V = \pi r^2 (l + \dfrac{l_1 + l_2}{3})(1 - 공간용적)$

= 원의 면적 × (가운데 체적길이 + $\dfrac{양끝\ 체적길이\ 합}{3}$) × (1 - 공간용적)

= $\pi \times 5^2 \times (10 + \dfrac{5 + 5}{3}) \times (1 - 0.05) = 994.84\text{m}^3$

정답 994.84m³

05

옥내저장소에 옥내소화전설비를 4개 설치할 경우 필요한 수원의 양은 몇 m³인지 계산하시오.

소화설비 설치기준
• 옥내소화전 = 설치개수(최대 5개) × 7.8m³
• 옥내소화전의 수원은 층별로 최대 5개까지만 계산된다.
• 수원의 양 = 4개 × 7.8m³ = 31.2m³

정답 31.2m³

06

다음 물질에 대하여 각각의 소요단위를 구하시오.

(1) 질산 90,000kg

(2) 아세트산 20,000L

- 위험물별 지정수량
  - 질산의 지정수량 : 300kg
  - 아세트산의 지정수량 : 2,000L
- 위험물의 1소요단위 : 지정수량의 10배
- 질산 90,000kg의 소요단위 : $\dfrac{90,000kg}{300kg \times 10} = 30$단위
- 아세트산 20,000L의 소요단위 : $\dfrac{20,000L}{2,000L \times 10} = 1$단위

정답 (1) 30단위 (2) 1단위

07

다음 인화물을 인화점이 낮은 것부터 높은 순서대로 쓰시오.

아세트산, 아세톤, 에탄올, 나이트로벤젠

제4류 위험물(인화성 액체)

위험물	품명	인화점(℃)
아세트산	제2석유류(수용성)	40
아세톤	제1석유류(수용성)	-18
에탄올	알코올류	13
나이트로벤젠	제3석유류(비수용성)	88

정답 아세톤, 에탄올, 아세트산, 나이트로벤젠

08 빈출

다음 물음에 답하시오.

(1) 트라이나이트로페놀(피크린산)의 구조식을 나타내시오.
(2) 트라이나이트로톨루엔(TNT)의 구조식을 나타내시오.

구분	트라이나이트로페놀(피크린산)	트라이나이트로톨루엔(TNT)
품명	나이트로화합물	나이트로화합물
분자식	$C_6H_2(NO_2)_3OH$	$C_6H_2(NO_2)_3CH_3$
구조식		
특징	페놀의 수산기(OH)에 세 개의 나이트로(NO₂) 그룹이 치환된 구조	톨루엔의 메틸 그룹(CH₃)에 세 개의 나이트로(NO₂) 그룹이 치환된 구조

정답 (1) (2)

09

에틸알코올 92g과 칼륨 78g을 반응했을 때 반응식과 생성되는 수소의 부피(L)를 구하시오.

(1) 반응식을 쓰시오.
(2) 부피를 구하시오.

- 칼륨과 에틸알코올의 반응식 : $2K + 2C_2H_5OH \rightarrow 2C_2H_5OK + H_2$
- 칼륨은 에틸알코올과 반응하여 칼륨에틸레이트와 수소를 발생한다.
- 에틸알코올(C_2H_5OH)의 분자량은 $(2 \times 12) + (5 \times 1) + 16 + 1 = 46g/mol$이다.
- 에틸알코올 92g이 반응하였으므로 에틸알코올의 몰수는 $\frac{92g}{46g/mol} = 2mol$이다.
- 칼륨의 원자량은 39g/mol이므로 칼륨의 몰수는 $\frac{78g}{39g/mol} = 2mol$이다.
- 위의 반응식에서 2mol의 칼륨과 2mol의 에틸알코올이 반응하여 1mol의 수소가스가 발생했음을 알 수 있다.
- 표준상태에서 1mol의 기체는 22.4L의 부피를 차지하므로 수소의 부피는 $1mol \times 22.4L/mol = 22.4L$이다.

정답 (1) $2K + 2C_2H_5OH \rightarrow 2C_2H_5OK + H_2$
(2) 22.4L

10 ★빈출

[보기]의 위험물을 보고 다음 물음에 알맞은 답을 쓰시오.

─────────────[보기]─────────────
수소화칼륨, 리튬, 인화알루미늄, 탄화리튬, 탄화알루미늄

(1) 물과 반응 시 메탄을 생성하는 물질을 쓰시오.
(2) (1)의 물질이 물과 반응하는 반응식을 쓰시오.

- 수소화칼륨과 물의 반응식 : $KH + H_2O \rightarrow KOH + H_2$
- 수소화칼륨은 물과 반응하여 수산화칼륨과 수소를 발생한다.
- 리튬과 물의 반응식 : $2Li + 2H_2O \rightarrow 2LiOH + H_2$
- 리튬은 물과 반응하여 수산화리튬과 수소를 발생한다.
- 인화알루미늄과 물의 반응식 : $AlP + 3H_2O \rightarrow Al(OH)_3 + PH_3$
- 인화알루미늄은 물과 반응하여 수산화알루미늄과 포스핀을 발생한다.
- 탄화리튬과 물의 반응식 : $Li_2C_2 + 2H_2O \rightarrow 2LiOH + C_2H_2$
- 탄화리튬은 물과 반응하여 수산화리튬과 아세틸렌을 발생한다.
- 탄화알루미늄과 물의 반응식 : $Al_4C_3 + 12H_2O \rightarrow 4Al(OH)_3 + 3CH_4$
- 탄화알루미늄은 물과 반응하여 수산화알루미늄과 메탄을 발생한다.

정답 (1) 탄화알루미늄
(2) $Al_4C_3 + 12H_2O \rightarrow 4Al(OH)_3 + 3CH_4$

11

제4류 위험물 중 벤젠의 위험도(H)를 구하시오. (단, 벤젠의 연소범위는 1.4% ~ 7.1%이다.)

- 벤젠의 연소범위 : 1.4 ~ 7.1%
- 위험도 $= \dfrac{연소상한 - 연소하한}{연소하한}$
- 벤젠의 위험도 $= \dfrac{7.1 - 1.4}{1.4} =$ 약 4.07

정답 4.07

12 ✦빈출

다음 위험물을 보고 다음 물음에 알맞은 답을 쓰시오. (단, 없으면 "없음"이라 쓰시오.)

─────────[보기]─────────
삼황화인, 황린, 마그네슘, 알루미늄분, 오황화인, 적린, 황, 나트륨
─────────────────────────

(1) 물과 반응하여 수소가 발생하는 물질을 모두 쓰시오.

(2) 제2류 위험물을 모두 쓰시오.

(3) 주기율표에서 1족 원소에 해당하는 물질을 모두 쓰시오.

(1) 물과 반응하여 수소가 발생하는 물질
- 마그네슘과 물의 반응식 : $Mg + 2H_2O \rightarrow Mg(OH)_2 + H_2$
- 마그네슘은 물과 반응하여 수산화마그네슘과 수소를 발생한다.
- 알루미늄과 물의 반응식 : $2Al + 6H_2O \rightarrow 2Al(OH)_3 + 3H_2$
- 알루미늄분은 물과 반응하여 수산화알루미늄과 수소를 발생하며 폭발한다.
- 나트륨과 물의 반응식 : $2Na + 2H_2O \rightarrow 2NaOH + H_2$
- 나트륨은 물과 반응하여 수산화나트륨과 수소를 발생한다.

(2) 제2류 위험물 : 삼황화인, 마그네슘, 오황화인, 적린, 황

(3) 주기율표에서 1족 원소에 해당하는 물질 : 수소, 나트륨, 리튬 등

정답
(1) 마그네슘, 알루미늄분, 나트륨
(2) 삼황화인, 마그네슘, 알루미늄분, 오황화인, 적린, 황
(3) 나트륨

13

다음 물질 중 명칭과 화학식이 다른 것의 번호를 쓰고 알맞게 고치시오.

(1) 벤젠 - C_6H_6

(2) 톨루엔 - $C_6H_2CH_3$

(3) 아세트알데하이드 - CH_3CHO

(4) 메틸알코올 - CH_3OH

(5) 아닐린 - $C_6H_2NH_2$

위험물	품명	분자식	지정수량
벤젠	제1석유류(비수용성)	C_6H_6	200L
톨루엔	제1석유류(비수용성)	$C_6H_5CH_3$	200L
아세트알데하이드	특수인화물	CH_3CHO	50L
메틸알코올	알코올류	CH_3OH	400L
아닐린	제3석유류(비수용성)	$C_6H_5NH_2$	2,000L

정답 (2) 톨루엔 − $C_6H_5CH_3$ (5) 아닐린 − $C_6H_5NH_2$

PART 02

14 ⭐빈출

다음 위험물의 연소반응식을 쓰시오.

(1) 삼황화인

(2) 오황화인

---

(1) 삼황화인의 연소반응식
- $P_4S_3 + 8O_2 \rightarrow 2P_2O_5 + 3SO_2$
- 삼황화인은 연소하여 오산화인과 이산화황을 생성한다.

(2) 오황화인의 연소반응식
- $2P_2S_5 + 15O_2 \rightarrow 2P_2O_5 + 10SO_2$
- 오황화인은 연소하여 오산화인과 이산화황을 생성한다.

정답 (1) $P_4S_3 + 8O_2 \rightarrow 2P_2O_5 + 3SO_2$
(2) $2P_2S_5 + 15O_2 \rightarrow 2P_2O_5 + 10SO_2$

15 ⭐빈출

다음은 위험물안전관리법령상 위험물의 운반에 관한 기준이다. 다음을 보고 운반용기 외부에 표시하여야 하는 주의사항을 모두 쓰시오.

(1) 제2류 위험물 중 인화성 고체

(2) 제4류 위험물

(3) 제6류 위험물

위험물 유별 운반용기 외부 주의사항 및 게시판

유별	종류	운반용기 외부 주의사항	게시판
제1류	알칼리금속의 과산화물	가연물접촉주의, 화기·충격주의, 물기엄금	물기엄금
	그 외	가연물접촉주의, 화기·충격주의	–
제2류	철분, 금속분, 마그네슘	화기주의, 물기엄금	화기주의
	인화성 고체	화기엄금	화기엄금
	그 외	화기주의	화기주의
제3류	자연발화성 물질	화기엄금, 공기접촉엄금	화기엄금
	금수성 물질	물기엄금	물기엄금
제4류		화기엄금	화기엄금
제5류	–	화기엄금, 충격주의	화기엄금
제6류		가연물접촉주의	–

정답 (1) 화기엄금 (2) 화기엄금 (3) 가연물접촉주의

16

다음 제1류 위험물의 지정수량을 각각 쓰시오.

(1) $K_2Cr_2O_7$

(2) K_2O_2

(3) $KMnO_4$

(4) $KClO_3$

(5) KNO_3

제1류 위험물(산화성 고체)

위험물	분자식	품명	지정수량
다이크로뮴산칼륨	$K_2Cr_2O_7$	다이크로뮴산염류	1,000kg
과산화칼륨	K_2O_2	무기과산화물	50kg
과망가니즈산칼륨	$KMnO_4$	과망가니즈산염류	1,000kg
염소산칼륨	$KClO_3$	염소산염류	50kg
질산칼륨	KNO_3	질산염류	300kg

정답 (1) 1,000kg (2) 50kg (3) 1,000kg (4) 50kg (5) 300kg

17

다음 위험물에 대하여 품명과 지정수량을 각각 쓰시오.

(1) $(C_6H_5CO)_2O_2$

  • 품명

  • 지정수량

(2) $C_6H_2CH_3(NO_2)_3$

  • 품명

  • 지정수량

위험물	분자식	품명	지정수량(kg)
과산화벤조일	$(C_6H_5CO)_2O_2$	유기과산화물	10
트라이나이트로톨루엔	$C_6H_2CH_3(NO_2)_3$	나이트로화합물	100

정답 (1) 유기과산화물, 10kg (2) 나이트로화합물, 100kg

18 ★빈출

위험물안전관리법령상 다음 위험물과 같이 적재하여 운반하여도 되는 위험물은 몇 류 위험물인지 모두 쓰시오. (단, 지정수량의 10배인 경우이다.)

(1) 제4류 위험물

(2) 제5류 위험물

(3) 제6류 위험물

유별을 달리하는 위험물 혼재기준(지정수량 1/10배 초과)			
1	6		혼재 가능
2	5	4	혼재 가능
3	4		혼재 가능

정답 (1) 제2류 위험물, 제3류 위험물, 제5류 위험물
(2) 제2류 위험물, 제4류 위험물
(3) 제1류 위험물

19

제4류 위험물로서 분자량이 약 58이고, 일광에 의해 분해되어 과산화물을 생성하며, 피부 접촉 시 탈지작용이 일어나는 물질에 대하여 다음 각 물음에 답하시오.

(1) 위 물질의 화학식을 쓰시오.
(2) 위 물질의 지정수량을 쓰시오.

아세톤 – 제4류 위험물

품명	제1석유류(수용성)		지정수량	400L
화학식	CH_3COCH_3		물리적 상태	상온에서 무색의 휘발성 액체
분자량	$12 + (1 \times 3) + 12 + 16 + 12 + (1 \times 3) = 58g/mol$		증기비중	$\dfrac{58}{29} = 2$
끓는점	약 56°C		인화점	−18°C(극히 인화성)
용도	• 산업용 용제 : 페인트, 래커, 접착제, 코팅제 등을 제조하는 데 사용되는 용제로서, 다른 화학 물질을 빠르게 용해하는 능력이 뛰어남 • 제약 및 화장품 산업 : 약품의 추출 및 정제 과정, 화장품 제품(네일 폴리쉬 리무버 등)의 성분으로 사용됨			

정답 (1) CH_3COCH_3 (2) 400L

20 빈출

제2류 위험물인 적린에 대하여 다음 물음에 알맞은 답을 쓰시오.

(1) 지정수량을 쓰시오.
(2) 연소할 경우 발생하는 기체의 명칭을 쓰시오.
(3) 제3류 위험물 중 동소체 관계를 갖는 물질의 명칭을 쓰시오.

적린 – 제2류 위험물
• 적린의 지정수량 : 100kg
• 적린의 연소반응식 : $4P + 5O_2 \rightarrow 2P_2O_5$
• 적린은 연소하여 오산화인을 생성한다.
• 적린(P)과 황린(P_4)은 동소체 관계이다.

정답 (1) 100kg (2) 오산화인 (3) 황린

01

과산화벤조일에 대하여 다음 물음에 답하시오.

(1) 구조식을 그리시오.
(2) 분자량을 구하시오.

> 과산화벤조일[$(C_6H_5CO)_2O_2$] – 제5류 위험물
> - 과산화벤조일은 벤조일 그룹이 산소 원자를 통해 결합된 구조를 가지고 있다. 각 벤조일 그룹은 벤젠 고리에 카르보닐 그룹(C=O)이 부착된 형태이다.
> - 과산화벤조일의 분자량을 계산하기 위해 각 원소의 원자량을 합산한다.
>   - 탄소(C) : 14개 × 12g/mol = 168g/mol
>   - 수소(H) : 10개 × 1g/mol = 10g/mol
>   - 산소(O) : 4개 × 16g/mol = 64g/mol
> - 따라서 과산화벤조일의 분자량은 168g/mol + 10g/mol + 64g/mol = 242g/mol이다.

정답 (1) 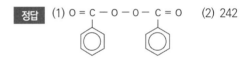　(2) 242

02

하이드라진과 과산화수소의 반응식을 쓰시오.

> - 하이드라진과 과산화수소의 반응식 : $N_2H_4 + 2H_2O_2 \rightarrow N_2 + 4H_2O$
> - 하이드라진은 과산화수소와 반응하여 질소와 물을 발생한다.
> - 하이드라진은 로켓 연료와 같은 특정 응용에서 산화제로 사용될 때 높은 에너지 방출을 제공하는 데 사용된다.

정답 $N_2H_4 + 2H_2O_2 \rightarrow N_2 + 4H_2O$

03 ✈빈출

제2류 위험물과 운반 시 혼재할 수 없는 유별을 모두 쓰시오. (단, 지정수량의 1/10 이상을 운반하는 경우이다.)

유별을 달리하는 위험물 혼재기준(지정수량 1/10배 초과)			
1	6		혼재 가능
2	5	4	혼재 가능
3	4		혼재 가능

정답 제1류 위험물, 제3류 위험물, 제6류 위험물

04 ✈빈출

다음 물음에 대한 답을 쓰시오.

(1) 고체의 연소 형태 4가지를 쓰시오.
(2) 황의 연소 형태를 쓰시오.

고체의 연소 형태
• 표면연소 : 목탄, 코크스, 숯, 금속분 등
• 분해연소 : 목재, 종이, 플라스틱, 섬유, 석탄 등
• 자기연소 : 제5류 위험물 중 고체
• 증발연소 : 파라핀(양초), 황, 나프탈렌 등

정답 (1) 표면연소, 분해연소, 자기연소, 증발연소
(2) 증발연소

05

다음 위험물에 따른 지정수량에 대하여 빈칸을 모두 채우시오.

위험물	지정수량(kg)
염소산염류	(①)
아이오딘산염류	(②)
무기과산화물	(③)
다이크로뮴산염류	(④)
질산염류	(⑤)

제1류 위험물(산화성 고체)

위험물	지정수량(kg)
염소산염류	50
아이오딘산염류	300
무기과산화물	50
다이크로뮴산염류	1,000
질산염류	300

PART 02

정답 ① 50, ② 300, ③ 50, ④ 1,000 ⑤ 300

06 ✈빈출

다이에틸에터 37g을 2L의 밀폐공간에서 기화 시 압력은 몇 기압인지 쓰시오. (단, 온도는 100℃이다.)

(1) 계산과정

(2) 답

- 다이에틸에터($C_2H_5OC_2H_5$)의 분자량 = $(4 \times 12) + (10 \times 1) + 16 = 74g/mol$
- 이상기체 방정식으로 다이에틸에터 기화 시 압력을 구하기 위해 다음의 식을 이용한다.
- $PV = \dfrac{wRT}{M}$ 이므로 $P = \dfrac{37 \times 0.082 \times 373}{2 \times 74} ≒ 7.65atm$이다.

  [V(부피) = 2L, M(다이에틸에터 분자량) = 74g/mol, w(질량) = 37g, R(기체상수) = 0.082L · atm · K^{-1} · mol^{-1}, T(절대온도) = 273 + 100 = 373K]

정답 (1) [해설참조] (2) 7.65기압

07 ✈빈출

다음의 소화약제의 1차 열분해반응식을 쓰시오.

(1) 제1인산암모늄

(2) 탄산수소칼륨

분말 소화약제의 종류

약제명	주성분	분해식	색상	적응화재
제1종	탄산수소나트륨	$2NaHCO_3 \rightarrow Na_2CO_3 + CO_2 + H_2O$	백색	BC
제2종	탄산수소칼륨	$2KHCO_3 \rightarrow K_2CO_3 + CO_2 + H_2O$	보라색 (담회색)	BC
제3종	인산암모늄	$NH_4H_2PO_4 \rightarrow NH_3 + H_3PO_4$(1차) $NH_4H_2PO_4 \rightarrow NH_3 + HPO_3 + H_2O$(2차)	담홍색	ABC
제4종	탄산수소칼륨 + 요소	–	회색	BC

정답 (1) $NH_4H_2PO_4 \rightarrow NH_3 + HPO_3 + H_2O$
(2) $2KHCO_3 \rightarrow K_2CO_3 + CO_2 + H_2O$

08 ⭐빈출

다음 물질의 연소반응식을 쓰시오.

(1) 톨루엔
(2) 벤젠
(3) 이황화탄소

(1) 톨루엔의 연소반응식
 • $C_6H_5CH_3 + 9O_2 \rightarrow 7CO_2 + 4H_2O$
 • 톨루엔은 연소하여 이산화탄소와 물을 생성한다.
(2) 벤젠의 연소반응식
 • $2C_6H_6 + 15O_2 \rightarrow 12CO_2 + 6H_2O$
 • 벤젠은 연소하여 이산화탄소와 물을 생성한다.
(3) 이황화탄소의 연소반응식
 • $CS_2 + 3O_2 \rightarrow CO_2 + 2SO_2$
 • 이황화탄소는 연소하여 이산화탄소와 이산화황을 생성한다.

정답 (1) $C_6H_5CH_3 + 9O_2 \rightarrow 7CO_2 + 4H_2O$
(2) $2C_6H_6 + 15O_2 \rightarrow 12CO_2 + 6H_2O$
(3) $CS_2 + 3O_2 \rightarrow CO_2 + 2SO_2$

09

다음과 같은 원통형 탱크의 내용적(m^3)을 구하시오.

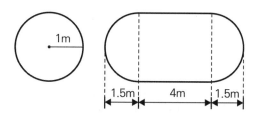

원통형 탱크의 내용적

$$V = \pi \gamma^2 \left(l + \frac{l_1 + l_2}{3} \right)(1 - 공간용적)$$

$$= 원의 면적 \times \left(가운데 체적길이 + \frac{양끝\ 체적길이\ 합}{3} \right) \times (1 - 공간용적)$$

$$= \pi \times 1^2 \times \left(4 + \frac{1.5 + 1.5}{3} \right) = 15.71m^3$$

정답 15.71m^3

10

TNT의 제조과정을 원료 중심으로 쓰시오.

톨루엔을 진한 질산과 진한 황산으로 나이트로화시키면 탈수되어 트라이나이트로톨루엔[TNT, $C_6H_2(NO_2)_3CH_3$]이 생성된다.

$$\begin{array}{c} CH_3 \\ O_2N \diagdown \diagup NO_2 \\ \diagdown \diagup \\ NO_2 \end{array}$$

정답 톨루엔을 진한 질산과 진한 황산으로 나이트로화시켜 제조

11 ✈빈출

알루미늄에 대한 다음 물음에 답하시오.

(1) 연소반응식을 쓰시오.

(2) 수소를 발생하는 염산과의 반응식을 쓰시오.

(3) 품명을 쓰시오.

(1) 알루미늄의 연소반응식
- $4Al + 3O_2 \rightarrow 2Al_2O_3$
- 알루미늄은 연소하여 산화알루미늄을 생성한다.
(2) 알루미늄과 염산의 반응식
- $2Al + 6HCl \rightarrow 2AlCl_3 + 3H_2$
- 알루미늄은 염산과 반응하여 염화알루미늄과 수소를 발생한다.
(3) 알루미늄은 제2류 위험물 중 금속분이고, 지정수량은 500kg이다.

정답 (1) $4Al + 3O_2 \rightarrow 2Al_2O_3$
(2) $2Al + 6HCl \rightarrow 2AlCl_3 + 3H_2$
(3) 금속분

12

다음 괄호 안에 알맞은 말을 쓰시오.

(1) 위험물이란 (①) 또는 (②) 등의 성질을 가지는 것으로서 대통령령이 정하는 물품이다.

(2) (③)이라 함은 제조소 등의 설치허가 등에 있어 최저의 기준이 되는 수량을 말한다.

위험물제조소 관련 용어 정의	
구분	정의
위험물	인화성 또는 발화성 등의 성질을 가지는 것으로서 대통령령이 정하는 물품
지정수량	위험물의 종류별로 위험성을 고려하여 대통령령이 정하는 수량으로 제조소등의 설치허가 등에 있어 최저의 기준이 되는 수량

정답 ① 인화성 ② 발화성 ③ 지정수량

13

다음 괄호 안에 알맞은 말을 쓰시오.

> 지하저장탱크의 압력탱크 외의 탱크는 (①)kPa의 압력, 압력탱크는 최대사용용압력의 (②)배 압력으로 각각 (③)분간 수압시험을 실시한다. 이 경우 수압시험은 (④)과 비파괴시험을 동시에 실시하는 방법으로 대신할 수 있다.

지하탱크저장소 기준(위험물안전관리법 시행규칙 별표 8)
지하저장탱크는 용량에 따라 다음 표에 정하는 기준에 적합하게 강철판 또는 동등 이상의 성능이 있는 금속재질로 완전용입용접 또는 양면겹침이음용접으로 틈이 없도록 만드는 동시에, 압력탱크(최대상용압력이 46.7kPa 이상인 탱크를 말한다) 외의 탱크에 있어서는 70kPa의 압력으로, 압력탱크에 있어서는 최대상용압력의 1.5배의 압력으로 각각 10분간 수압시험을 실시하여 새거나 변형되지 아니하여야 한다. 이 경우 수압시험은 소방청장이 정하여 고시하는 기밀시험과 비파괴시험을 동시에 실시하는 방법으로 대신할 수 있다.

정답 ① 70 ② 1.5 ③ 10 ④ 기밀시험

14 ✈빈출

과산화칼륨 1mol이 충분한 이산화탄소와 반응하여 발생하는 산소의 부피는 표준상태에서 몇 L인지 쓰시오.

(1) 계산과정
(2) 답

- 과산화칼륨과 이산화탄소의 반응식 : $2K_2O_2 + 2CO_2 \rightarrow 2K_2CO_3 + O_2$
- 과산화칼륨은 이산화탄소와 반응하여 탄산칼륨과 산소를 발생한다.
- 이때 과산화칼륨과 산소는 2 : 1의 반응비로 반응하므로 과산화칼륨 1mol이 반응할 때 산소는 0.5mol이 발생한다.
- 표준상태에서 1mol의 기체는 22.4L의 부피를 차지하므로 산소의 부피는 0.5mol × 22.4L = 11.2L이다.

정답 (1) [해설참조] (2) 11.2L

15 ★빈출

트라이에틸알루미늄과 물의 반응에 대하여 다음 물음에 답하시오.

(1) 발생하는 기체의 명칭을 쓰시오.

(2) 발생하는 기체의 연소반응식을 쓰시오.

(1) 트라이에틸알루미늄과 물의 반응식
- $(C_2H_5)_3Al + 3H_2O \rightarrow Al(OH)_3 + 3C_2H_6$
- 트라이에틸알루미늄은 물과 반응하여 수산화알루미늄과 에탄을 발생한다.

(2) 에탄의 연소반응식
- $2C_2H_6 + 7O_2 \rightarrow 4CO_2 + 6H_2O$
- 에탄은 연소하여 이산화탄소와 물을 생성한다.

정답 (1) 에탄 (2) $2C_2H_6 + 7O_2 \rightarrow 4CO_2 + 6H_2O$

16

분자량 58, 비중 0.79, 비점 56.5℃, 아이오딘포름 반응을 하는 물질에 대하여 다음 물음에 답하시오.

(1) 명칭을 쓰시오.

(2) 시성식을 쓰시오.

(3) 위험등급을 쓰시오.

아세톤(CH_3COCH_3) – 제4류 위험물
- 아세톤은 특정 화학반응에서 아이오딘포름을 형성할 수 있는 메틸케톤 그룹($-COCH_3$)을 포함하고 있다.
- 아세톤은 제4류 위험물 중 제1석유류로 수용성이며, 위험등급 II등급이다.
- 무색투명한 휘발성의 액체로 겨울철에도 인화의 위험이 있으므로 직사광선을 피해 통풍이 잘 되는 서늘한 곳에 보관해야 한다.

정답 (1) 아세톤 (2) CH_3COCH_3 (3) II

17

다음 중 1기압에서 인화점이 21℃ 이상 70℃ 미만이며 수용성인 물질을 모두 찾아 쓰시오.

나이트로벤젠, 아세트산, 포름산, 테라핀유

• 제4류 위험물(인화성 액체)

물질명	품명	수용성 여부
나이트로벤젠	제3석유류	×
아세트산	제2석유류	○
포름산	제2석유류	○
테라핀유	제2석유류	×

• 제2석유류 : 1기압에서 인화점 21℃ 이상 70℃ 미만

정답 아세트산, 포름산

18

품명과 지정수량이 옳게 연결된 것을 모두 찾아 쓰시오.

① 산화프로필렌 : 200L
② 피리딘 : 400L
③ 실린더유 : 6,000L
④ 아닐린 : 2,000L
⑤ 아마인유 : 6,000L

위험물	품명	지정수량
산화프로필렌	특수인화물	50L
피리딘	제1석유류(수용성)	400L
실린더유	제4석유류	6,000L
아닐린	제3석유류(비수용성)	2,000L
아마인유	동식물유류	10,000L

정답 ②, ③, ④

19 ✈빈출

물과의 반응으로 나오는 기체의 명칭을 쓰시오. (단, 없으면 "없음"이라 쓰시오.)

(1) 과산화마그네슘

(2) 칼슘

(3) 질산나트륨

(4) 수소화칼륨

(5) 과염소산나트륨

---

(1) 과산화마그네슘과 물의 반응식
- $2MgO_2 + 2H_2O \rightarrow 2Mg(OH)_2 + O_2$
- 과산화마그네슘은 물과 반응하여 수산화마그네슘과 산소를 발생한다.

(2) 칼슘과 물의 반응식
- $Ca + 2H_2O \rightarrow Ca(OH)_2 + H_2$
- 칼슘은 물과 반응하여 수산화칼슘과 수소를 발생한다.

(3) 질산나트륨은 물과 반응하지 않는다.

(4) 수소화칼륨과 물의 반응식
- $KH + H_2O \rightarrow KOH + H_2$
- 수소화칼륨은 물과 반응하여 수산화칼륨과 수소를 발생한다.

(5) 과염소산나트륨은 물과 반응하지 않는다.

정답 (1) 산소 (2) 수소 (3) 없음 (4) 수소 (5) 없음

20

이산화탄소 소화기의 대표적인 소화작용 2가지를 쓰시오.

- 냉각소화 : 이산화탄소는 분사될 때 매우 낮은 온도로 확장되기 때문에 화염 주변의 온도를 바르게 낮춘다. 이 냉각 효과는 추가적인 화재 확산을 방지하며 연소반응을 늦추는 데 기여한다.
- 질식소화 : 이산화탄소 소화기는 불에 이산화탄소 가스를 분사하여 화염 주변의 산소를 대체한다. 이산화탄소는 공기보다 무겁기 때문에 화염을 덮어 산소와의 접촉을 차단하고, 화염이 소멸할 수 있도록 돕는다.

정답 냉각소화, 질식소화

01 빈출

이황화탄소 76g 연소 시 발생 기체의 부피(L)를 구하시오. (단, 표준상태이다.)

- 이황화탄소의 연소반응식 : $CS_2 + 3O_2 \rightarrow CO_2 + 2SO_2$
- 이황화탄소는 연소하여 1mol의 이산화탄소와 2mol의 아황산가스를 발생하므로 총 3mol의 기체가 발생한다.
- 표준상태에서 1mol의 기체는 22.4L의 부피를 차지하므로 발생 기체의 부피는 3mol × 22.4L = 67.2L이다.

정답 67.2L

02

다음 위험물의 지정수량을 쓰시오.

(1) 철분
(2) 알루미늄분
(3) 인화성 고체
(4) 황
(5) 마그네슘

제2류 위험물(가연성 고체)		
위험물	분자식	지정수량
철분	Fe	500kg
알루미늄분	Al	500kg
인화성 고체	–	1,000kg
황	S	100kg
마그네슘	Mg	500kg

정답 (1) 500kg (2) 500kg (3) 1,000kg (4) 100kg (5) 500kg

03 ✈빈출

탄화알루미늄과 탄화칼슘이 물과 반응할 때 발생하는 생성물질을 모두 쓰시오.

(1) 탄화알루미늄
(2) 탄화칼슘

- 탄화알루미늄과 물의 반응식 : $Al_4C_3 + 12H_2O \rightarrow 4Al(OH)_3 + 3CH_4$
- 탄화알루미늄은 물과 반응하여 수산화알루미늄과 메탄을 발생한다.
- 탄화칼슘과 물의 반응식 : $CaC_2 + 2H_2O \rightarrow Ca(OH)_2 + C_2H_2$
- 탄화칼슘은 물과 반응하여 수산화칼슘과 아세틸렌을 발생한다.

정답 (1) 수산화알루미늄, 메탄 (2) 수산화칼슘, 아세틸렌

04

옥외저장탱크에 대한 다음 물음에 답하시오.

(1) 옥외저장탱크의 강철판 두께는 몇 mm 이상으로 해야 하는지 쓰시오. (단, 특정옥외저장탱크 및 준특정옥외저장탱크는 제외한다.)
(2) 제4류 위험물 저장 시 밸브 없는 통기관의 지름은 몇 mm 이상인지 쓰시오.

옥외탱크저장소의 위치, 구조 및 설비의 기준(위험물안전관리법 시행규칙 별표 6)
- 옥외저장탱크는 특정옥외저장탱크 및 준특정옥외저장탱크 외에는 두께 3.2mm 이상의 강철판 또는 소방청장이 정하여 고시하는 규격에 적합한 재료로 제작하여야 한다.
- 밸브 없는 통기관 설치 시 지름은 30mm 이상으로 해야 한다.

정답 (1) 3.2mm (2) 30mm

05

위험물안전관리법령상 하이드록실아민등을 취급하는 제조소의 특례기준에 관한 설명이다. 다음 빈칸에 들어갈 알맞은 말을 쓰시오.

- 하이드록실아민등을 취급하는 설비에는 (①) 등의 혼입에 의한 위험한 반응을 방지하기 위한 조치를 강구할 것
- 하이드록실아민등을 취급하는 설비에는 하이드록실아민등의 (②) 및 (③)의 상승에 의한 위험한 반응을 방지하기 위한 조치를 강구할 것

제조소의 위치 · 구조 및 설비의 기준(위험물안전관리법 시행규칙 별표 4)
- 하이드록실아민등을 취급하는 설비에는 철 이온 등의 혼입에 의한 위험한 반응을 방지하기 위한 조치를 강구할 것
  → 하이드록실아민은 산화제, 염기성 물질, 중금속 이온 등과 혼합 시 폭발적인 반응을 일으킬 수 있으므로, 이러한 물질과의 혼입을 방지하는 조치를 취해야 한다. 특히, 철 이온 등 산화제나 금속 촉매 같은 물질 접촉 시 위험한 반응이 발생할 수 있다.
- 하이드록실아민등을 취급하는 설비에는 하이드록실아민등의 온도 및 농도의 상승에 의한 위험한 반응을 방지하기 위한 조치를 강구할 것
  → 하이드록실아민은 온도와 농도가 상승할 경우 분해가 가속화되어 폭발이나 위험한 반응을 초래할 수 있으므로, 이러한 상승을 억제하기 위한 조치가 필수이다.

정답 ① 철 이온 ② 온도 ③ 농도

06

나이트로글리세린에 대한 다음 물음에 대하여 답하시오.

(1) 이 물질은 상온에서 고체, 액체, 기체 중 어떤 상태로 존재하는지 쓰시오.
(2) 이 물질을 제조하기 위해 글리세린에 혼합하는 산 두 가지를 쓰시오.
(3) 이 물질을 규조토에 흡수시켰을 때 발생하는 폭발물의 명칭을 쓰시오.

(1) 제5류 위험물에서 상온 중 액체 또는 고체인 위험물 품명

품명	위험물	상태
질산에스터류	질산메틸 질산메틸 나이트로글리콜 나이트로글리세린	액체
	나이트로셀룰로오스 셀룰로이드	고체
나이트로화합물	트라이나이트로톨루엔 트라이나이트로페놀 다이나이트로벤젠 테트릴	고체

(2) 나이트로글리세린을 제조하기 위해서 글리세린에 질산과 황산을 혼합한다. 이때 질산은 나이트로화 작용을 하는 주된 물질이며, 황산은 반응을 촉진하고 물을 흡수하는 역할을 한다.

(3) 나이트로글리세린을 규조토에 흡수시켰을 때 발생하는 폭발물은 다이너마이트이다.

정답 (1) 액체   (2) 질산, 황산   (3) 다이너마이트

07 ★빈출

다음 제1류 위험물이 물과 반응하여 산소가 발생하는 반응식을 쓰시오.

(1) 과산화나트륨

(2) 과산화마그네슘

(1) 과산화나트륨과 물의 반응식
- $2Na_2O_2 + 2H_2O \rightarrow 4NaOH + O_2$
- 과산화나트륨은 물과 반응하여 수산화나트륨과 산소를 발생한다.

(2) 과산화마그네슘과 물의 반응식
- $2MgO_2 + 2H_2O \rightarrow 2Mg(OH)_2 + O_2$
- 과산화마그네슘은 물과 반응하여 수산화마그네슘과 산소를 발생한다.

정답 (1) $2Na_2O_2 + 2H_2O \rightarrow 4NaOH + O_2$
(2) $2MgO_2 + 2H_2O \rightarrow 2Mg(OH)_2 + O_2$

08

A, B, C 기체의 폭발범위는 다음과 같다. 이 3가지를 혼합한 기체의 폭발범위를 구하시오. (단, 혼합농도는 A : B : C = 5 : 3 : 2이다.)

A : 5 ~ 15%	B : 3 ~ 12%	C : 2 ~ 10%

(1) 계산과정

(2) 답

- 혼합농도는 A : B : C = 5 : 3 : 2라고 문제에서 주어졌으므로 전체 기체의 농도를 100%라 하면 각 기체의 농도는 A : 50%, B : 30%, C : 20%가 된다.
- 혼합증기의 폭발범위는 다음과 같이 구한다.

$$\frac{100}{L} = \frac{각 \ 물질의 \ 농도}{각 \ 물질의 \ 연소하한계 \ 또는 \ 상한계}$$

- 연소범위 하한 : $\dfrac{100}{L} = \dfrac{50}{5} + \dfrac{30}{3} + \dfrac{20}{2} \rightarrow L = \dfrac{100}{\dfrac{50}{5} + \dfrac{30}{3} + \dfrac{20}{2}} = 3.33$

- 연소범위 상한 : $\dfrac{100}{U} = \dfrac{50}{15} + \dfrac{30}{12} + \dfrac{20}{10} \rightarrow U = \dfrac{100}{\dfrac{50}{15} + \dfrac{30}{12} + \dfrac{20}{10}} = 12.77$

- 따라서 혼합증기의 폭발범위는 3.33 ~ 12.77%이다.

정답 (1) [해설참조]　(2) 3.33 ~ 12.77%

09

다음 물질의 명칭을 쓰시오.

(1) $CH_3COC_2H_5$

(2) C_6H_5Cl

(3) $CH_3COOC_2H_5$

위험물	분자식	특징
메틸에틸케톤	$CH_3COC_2H_5$	케톤류로, 두 개의 탄화수소기가 카보닐기에 결합한 구조
클로로벤젠	C_6H_5Cl	벤젠 고리에 염소(Cl)가 결합한 방향족 화합물
초산에틸 (아세트산에틸)	$CH_3COOC_2H_5$	에스터류로, 아세트산과 에탄올이 결합한 에스터

정답 (1) 메틸에틸케톤　(2) 클로로벤젠　(3) 초산에틸(아세트산에틸)

10

다음 물질에서 제5류 위험물 중 질산에스터류에 속하는 것을 모두 고르시오.

테트릴, 피크린산, 트라이나이트로톨루엔, 나이트로셀룰로오스, 질산메틸, 나이트로글리세린

제5류 위험물(자기반응성 물질)

품명	위험물	상태
질산에스터류	질산메틸 질산에틸 나이트로글리콜 나이트로글리세린	액체
	나이트로셀룰로오스 셀룰로이드	고체
나이트로화합물	트라이나이트로톨루엔 트라이나이트로페놀 다이나이트로벤젠 테트릴	고체

정답 나이트로셀룰로오스, 질산메틸, 나이트로글리세린

11

다음 물음에 관한 답을 [보기]의 물질에서 골라 쓰시오.

━━━[보기]━━━
벤젠, 이황화탄소, 아세톤, 아세트산

(1) 비수용성인 것
(2) 인화점이 제일 낮은 것
(3) 비중이 제일 높은 것

물질명	수용성 여부	인화점(℃)	비중
벤젠	비수용성	-11	0.879
이황화탄소	비수용성	-30	1.26
아세톤	수용성	-18	0.79
아세트산	수용성	40	1.05

정답 (1) 벤젠, 이황화탄소 (2) 이황화탄소 (3) 이황화탄소

12

소화난이도등급 I에 해당하는 제조소에 대하여 다음 물음에 답하시오.

(1) 연면적은 몇 m² 이상인지 쓰시오.
(2) 지정수량의 몇 배 이상의 양을 취급해야 하는지 쓰시오. (단, 제4류 위험물을 취급하는 경우이다.)
(3) 지반면으로부터 몇 m 이상의 높이에 위험물 취급설비가 있는지 쓰시오.

> 소화난이도등급 I에 해당하는 제조소 및 일반취급소의 기준(위험물안전관리법 시행규칙 별표 17)
> - 연면적 1,000m² 이상인 것
> - 지정수량의 100배 이상인 것(고인화점위험물만을 100℃ 미만의 온도에서 취급하는 것 및 제48조의 위험물을 취급하는 것은 제외)
> - 지반면으로부터 6m 이상의 높이에 위험물 취급설비가 있는 것(고인화점위험물만을 100℃ 미만의 온도에서 취급하는 것은 제외)

정답 (1) 1,000m² (2) 100배 (3) 6m

PART 02

13

제조소등으로부터 다음 시설물까지의 안전거리는 몇 m 이상으로 해야 하는지 쓰시오.

(1) 노인복지시설
(2) 고압가스시설
(3) 35,000V를 초과하는 특고압 가공전선

위험물제조소의 안전거리

구분	거리
사용전압 7,000V 초과 35,000V 이하 특고압 가공전선	3m 이상
사용전압 35,000V 초과의 특고압 가공전선	5m 이상
주거용으로 사용	10m 이상
고압가스, 액화석유가스, 도시가스를 저장, 취급하는 시설	20m 이상
학교, 병원급 의료기관, 영화상영관 등 수용인원 300명 이상 복지시설, 어린이집 등 수용인원 20명 이상	30m 이상
유형문화재, 지정문화재	50m 이상

정답 (1) 30m 이상 (2) 20m 이상 (3) 5m 이상

14

비중이 0.79인 에틸알코올 200ml와 물 150ml를 혼합하였다. 다음 물음에 답하시오.

(1) 에틸알코올의 함유량은 몇 wt%인지 구하시오.

(2) (1)의 에틸알코올은 제4류 위험물의 알코올류에 속하는지 여부를 판단하고 그 이유를 쓰시오.

---

(1) 에틸알코올 농도(wt%)
- 에틸알코올의 비중 : 0.79
- 에틸알코올 200ml의 질량 : 200ml × 0.79g/ml = 158g
- 물의 비중 : 1.0
- 물 150ml의 질량 : 150ml × 1.0g/ml = 150g
- 혼합물의 총 질량 : 에틸알코올 + 물의 질량 = 158g + 150g = 308g
- 중량퍼센트(wt%) = $\dfrac{158g}{308g}$ × 100 = 51.30wt%

(2) 위험물안전관리법령상 알코올류의 기준은 알코올류 1분자를 구성하는 탄소원자의 수가 1개 내지 3개의 포화1가 알코올의 함유량이 60wt% 이상일 때이다.

정답 (1) 51.30%

(2) 농도가 60wt% 미만이므로 알코올류에 속하지 않는다.

15

판매취급소에 대하여 다음 물음에 답하시오.

(1) 제2종 판매취급소는 위험물을 지정수량의 몇 배 이하로 취급해야 하는지 쓰시오.

(2) 배합실의 바닥면적의 범위를 쓰시오.

(3) 배합실의 출입구 문턱의 높이는 몇 m 이상으로 해야 하는지 쓰시오.

판매취급소의 위치, 구조 및 설비의 기준(위험물안전관리법령 시행규칙 별표 14)
- 저장 또는 취급하는 위험물의 수량이 지정수량의 40배 이하인 판매취급소는 제2종 판매취급소라 한다.
위험물을 배합하는 실은 다음에 의한다.
- 배합실의 바닥면적은 6m² 이상 15m² 이하로 할 것
- 배합실의 출입구 문턱의 높이는 바닥면으로부터 0.1m 이상으로 할 것

정답 (1) 40배 이하 (2) 6m² 이상 15m² 이하 (3) 0.1m 이상

16

다음 물질에 대하여 화학식과 분자량을 구하시오.

(1) 질산
- 화학식
- 분자량

(2) 과염소산
- 화학식
- 분자량

제6류 위험물(산화성 액체)

구분	질산	과염소산
화학식	HNO_3	$HClO_4$
분자량	$1 + 14 + (16 \times 3) = 63g/mol$	$1 + 35.5 + (16 \times 4) = 100.5g/mol$
지정수량	300kg	300kg

정답 (1) HNO_3, 63g/mol (2) $HClO_4$, 100.5g/mol

17

다음 물질의 증기비중을 구하시오.

(1) 이황화탄소
(2) 글리세린
(3) 아세트산

- 증기비중 = $\dfrac{분자량}{공기의\ 평균\ 분자량} = \dfrac{x}{29}$
- 이황화탄소(CS_2)의 분자량 = $12 + (32 \times 2) = 76g/mol$
- 이황화탄소의 증기비중 = $\dfrac{76}{29} = 2.62$
- 글리세린[$C_3H_5(OH)_3$]의 분자량 = $(12 \times 3) + (1 \times 5) + (16 \times 3) + (1 \times 3) = 92g/mol$
- 글리세린의 증기비중 = $\dfrac{92}{29} = 3.17$
- 아세트산(CH_3COOH)의 분자량 = $12 + (1 \times 3) + 12 + (16 \times 2) + 1 = 60g/mol$
- 아세트산의 증기비중 = $\dfrac{60}{29} = 2.07$

정답 (1) 2.62 (2) 3.17 (3) 2.07

18

다음 빈칸에 알맞은 내용을 쓰시오.

물질명	과망가니즈산칼륨	다이크로뮴산칼륨	과염소산암모늄
화학식	(①)	(②)	(③)
지정수량	(④)	(⑤)	(⑥)

물질명	과망가니즈산칼륨	다이크로뮴산칼륨	과염소산암모늄
화학식	$KMnO_4$	$K_2Cr_2O_7$	NH_4ClO_4
지정수량	1,000kg	1,000kg	50kg

정답 ① $KMnO_4$ ② $K_2Cr_2O_7$ ③ NH_4ClO_4 ④ 1,000kg ⑤ 1,000kg ⑥ 50kg

19 ⭐빈출

다음 물질의 연소생성물을 화학식으로 쓰시오.

(1) 적린
(2) 황린
(3) 삼황화인

(1) 적린의 연소반응식
- $4P + 5O_2 \rightarrow 2P_2O_5$
- 적린은 연소하여 오산화인을 생성한다.
(2) 황린의 연소반응식
- $P_4 + 5O_2 \rightarrow 2P_2O_5$
- 황린은 연소하여 오산화인을 생성한다.
(3) 삼황화인의 연소반응식
- $P_4S_3 + 8O_2 \rightarrow 2P_2O_5 + 3SO_2$
- 삼황화인은 연소하여 오산화인과 이산화황을 생성한다.

정답 (1) P_2O_5 (2) P_2O_5 (3) P_2O_5, SO_2

20 빈출

다음 물질의 운반용기 외부에 표시해야 하는 주의사항을 모두 쓰시오.

(1) 인화성 고체
(2) 제6류 위험물
(3) 제5류 위험물

위험물별 유별 운반용기 외부 주의사항 및 게시판

유별	종류	운반용기 외부 주의사항	게시판
제1류	알칼리금속의 과산화물	가연물접촉주의, 화기·충격주의, 물기엄금	물기엄금
	그 외	가연물접촉주의, 화기·충격주의	–
제2류	철분, 금속분, 마그네슘	화기주의, 물기엄금	화기주의
	인화성 고체	화기엄금	화기엄금
	그 외	화기주의	화기주의
제3류	자연발화성 물질	화기엄금, 공기접촉엄금	화기엄금
	금수성 물질	물기엄금	물기엄금
제4류		화기엄금	화기엄금
제5류	–	화기엄금, 충격주의	화기엄금
제6류		가연물접촉주의	–

정답 (1) 화기엄금 (2) 가연물접촉주의 (3) 화기엄금, 충격주의

01

다음 ( ) 안에 알맞은 말을 쓰시오.

―――――――――――――――[보기]―――――――――――――――

"특수인화물"이란 이황화탄소, 다이에틸에터 그 밖에 1기압에서 발화점이 (①)℃ 이하인 것 또는 인화점이 영하 (②)℃ 이하이고 비점이 (③)℃ 이하인 것을 말한다.

특수인화물의 정의(위험물안전관리법령 시행령 별표 1)
특수인화물이라 함은 이황화탄소, 다이에틸에터 그 밖에 1기압에서 발화점이 섭씨 100도 이하인 것 또는 인화점이 섭씨 영하 20도 이하이고 비점이 섭씨 40도 이하인 것을 말한다.

정답 ① 100 ② 20 ③ 40

02 빈출

비중 2.5, 적갈색의 제3류 위험물에 대하여 다음 물음에 답하시오.

(1) 물질명을 쓰시오.

(2) 물과의 반응식을 쓰시오.

인화칼슘과 물의 반응식
• $Ca_3P_2 + 6H_2O \rightarrow 3Ca(OH)_2 + 2PH_3$
• 인화칼슘(Ca_3P_2)은 물과 반응하여 수산화칼슘과 포스핀가스를 발생한다.

정답 (1) 인화칼슘
(2) $Ca_3P_2 + 6H_2O \rightarrow 3Ca(OH)_2 + 2PH_3$

03

다음은 제1류 위험물에 대한 내용이다. 빈칸에 알맞은 내용을 쓰시오.

물질명	화학식	지정수량(kg)
과망가니즈산나트륨	①	1,000
과염소산나트륨	②	③
질산칼륨	④	⑤

제1류 위험물(산화성 고체)

물질명	화학식	지정수량(kg)
과망가니즈산나트륨	$NaMnO_4$	1,000
과염소산나트륨	$NaClO_4$	50
질산칼륨	KNO_3	300

정답 ① $NaMnO_4$　② $NaClO_4$　③ 50　④ KNO_3　⑤ 300

04

원자량이 24인 제2류 위험물에 대하여 다음 물음에 답하시오.

(1) 물질명을 쓰시오.

(2) 염산과의 반응식을 쓰시오.

마그네슘(Mg) – 제2류 위험물
- 은백색의 광택이 나는 금속으로 원자량이 24인 제2류 위험물이고, 물과 반응하면 수소를 발생시키며 폭발의 위험이 있다.
- 마그네슘과 염산의 반응식 : $Mg + 2HCl \rightarrow MgCl_2 + H_2$
- 마그네슘은 염산과 반응하여 염화마그네슘과 수소가 발생한다.

정답 (1) 마그네슘
(2) $Mg + 2HCl \rightarrow MgCl_2 + H_2$

05

다음 중 위험등급 Ⅰ에 해당하는 것을 모두 고르시오.

이황화탄소, 에틸알코올, 다이에틸에터, 아세트알데하이드, 메틸에틸케톤, 휘발유

위험등급	위험물	품명	지정수량
Ⅰ	이황화탄소	특수인화물	50L
Ⅱ	에틸알코올	알코올류	400L
Ⅰ	다이에틸에터	특수인화물	50L
Ⅰ	아세트알데하이드	특수인화물	50L
Ⅱ	메틸에틸케톤	제1석유류(비수용성)	200L
Ⅱ	휘발유	제1석유류(비수용성)	200L

정답 이황화탄소, 다이에틸에터, 아세트알데하이드

06 ✈빈출

다음 물질의 연소반응식을 각각 쓰시오.

(1) 황
(2) 알루미늄
(3) 삼황화인

(1) 황의 연소반응식
  • $S + O_2 \rightarrow SO_2$
  • 황은 연소하여 이산화황을 생성한다.
(2) 알루미늄의 연소반응식
  • $4Al + 3O_2 \rightarrow 2Al_2O_3$
  • 알루미늄은 연소하여 산화알루미늄을 생성한다.
(3) 삼황화인의 연소반응식
  • $P_4S_3 + 8O_2 \rightarrow 2P_2O_5 + 3SO_2$
  • 삼황화인은 연소하여 오산화인과 이산화황을 생성한다.

정답
(1) $S + O_2 \rightarrow SO_2$
(2) $4Al + 3O_2 \rightarrow 2Al_2O_3$
(3) $P_4S_3 + 8O_2 \rightarrow 2P_2O_5 + 3SO_2$

07

다음 물질의 화학식을 쓰시오.

(1) 사이안화수소

(2) 피리딘

(3) 에틸렌글리콜

(4) 다이에틸에터

(5) 에탄올

제4류 위험물

위험물	품명	분자식	특징
사이안화수소	제1석유류(수용성)	HCN	• 무색의 독성이 매우 강한 화합물 • 흡입 또는 섭취 시 치명적임
피리딘	제1석유류(수용성)	C_5H_5N	• 무색의 액체로, 특유의 불쾌한 냄새를 지님 • 주로 화학반응에서 용매로 사용되며, 약물 합성에 중요한 중간체로 사용됨
에틸렌글리콜	제3석유류(수용성)	$C_2H_4(OH)_2$	• 무색, 무취의 점성이 있는 액체 • 독성이 있음 • 주로 부동액 및 냉각제로 사용됨
다이에틸에터	특수인화물	$C_2H_5OC_2H_5$	• 무색의 휘발성 액체로, 특유의 냄새를 지님 • 주로 유기 용매로 사용됨
에탄올	알코올류	C_2H_5OH	• 무색의 휘발성 액체로, 알코올의 일종 • 물과 완전히 혼합되며, 소독제, 음료용 알코올, 용매 등으로 널리 사용됨

정답 (1) HCN (2) C_5H_5N (3) $C_2H_4(OH)_2$ (4) $C_2H_5OC_2H_5$ (5) C_2H_5OH

08 ★빈출

다음 물질의 운반용기 외부에 표시해야 하는 주의사항을 쓰시오.

(1) 과산화벤조일

(2) 과산화수소

(3) 아세톤

(4) 마그네슘

(5) 황린

위험물 유별 운반용기 외부 주의사항과 게시판

유별	종류	운반용기 외부 주의사항	게시판
제1류	알칼리금속의 과산화물	가연물접촉주의, 화기·충격주의, 물기엄금	물기엄금
	그 외	가연물접촉주의, 화기·충격주의	–
제2류	철분, 금속분, 마그네슘	화기주의, 물기엄금	화기주의
	인화성 고체	화기엄금	화기엄금
	그 외	화기주의	화기주의
제3류	자연발화성 물질	화기엄금, 공기접촉엄금	화기엄금
	금수성 물질	물기엄금	물기엄금
제4류		화기엄금	화기엄금
제5류	–	화기엄금, 충격주의	화기엄금
제6류		가연물접촉주의	–

- 과산화벤조일 : 제5류 위험물로 화기엄금과 충격주의를 표시한다.
- 과산화수소 : 제6류 위험물로 가연물접촉주의를 표시한다.
- 아세톤 : 제4류 위험물로 화기엄금을 표시한다.
- 마그네슘 : 제2류 위험물로 화기주의와 물기엄금을 표시한다.
- 황린 : 제3류 위험물 중 자연발화성 물질로 화기엄금과 공기접촉엄금을 표시한다.

정답 (1) 화기엄금, 충격주의 (2) 가연물접촉주의 (3) 화기엄금
(4) 화기주의, 물기엄금 (5) 화기엄금, 공기접촉엄금

09

아세트산 2mol 연소 시 발생하는 CO_2의 몰수는 얼마인지 다음 물음에 답하시오.

(1) 계산과정
(2) 답

- 아세트산의 연소반응식 : $CH_3COOH + 2O_2 \rightarrow 2CO_2 + 2H_2O$
- 아세트산은 연소하여 이산화탄소와 물을 발생한다.
- 아세트산과 이산화탄소의 반응비는 1 : 2이므로 아세트산 2mol 연소 시 이산화탄소(CO_2)는 4mol이 발생한다.

정답 (1) [해설참조] (2) 4mol

10

다음 물질의 연소반응식을 쓰시오.

(1) 아세트알데하이드

(2) 메틸에틸케톤

(3) 이황화탄소

(1) 아세트알데하이드의 연소반응식
- $2CH_3CHO + 5O_2 \rightarrow 4CO_2 + 4H_2O$
- 아세트알데하이드는 연소하여 이산화탄소와 물을 발생한다.
(2) 메틸에틸케톤의 연소반응식
- $2CH_3COC_2H_5 + 11O_2 \rightarrow 8CO_2 + 8H_2O$
- 메틸에틸케톤은 연소하여 이산화탄소와 물을 발생한다.
(3) 이황화탄소의 연소반응식
- $CS_2 + 3O_2 \rightarrow CO_2 + 2SO_2$
- 이황화탄소는 연소하여 이산화탄소와 이산화황을 발생한다.

정답 (1) $2CH_3CHO + 5O_2 \rightarrow 4CO_2 + 4H_2O$
(2) $2CH_3COC_2H_5 + 11O_2 \rightarrow 8CO_2 + 8H_2O$
(3) $CS_2 + 3O_2 \rightarrow CO_2 + 2SO_2$

11

다음 위험물에서 산의 세기가 작은 것부터 큰 순으로 순서대로 번호를 쓰시오.

① $HClO$	② $HClO_2$	③ $HClO_3$	④ $HClO_4$

산의 세기는 해당 산의 분자의 산소 원자 수와 관련이 있다. 일반적으로 같은 계열의 산에서 산소 원자가 많을수록 산의 세기가 더 강해진다.

정답 ① < ② < ③ < ④

12

옥내저장탱크에 대하여 다음 물음에 답하시오.

(1) 탱크 상호 간 거리를 쓰시오. (단, 탱크의 점검 및 보수에 지장이 없는 경우는 제외한다.)

(2) 탱크전용실 벽과 탱크 사이의 거리를 쓰시오.

(3) 메탄올을 저장할 수 있는 탱크의 용량을 구하는 계산과정과 답을 쓰시오. (단, 옥내저장탱크 1층 이하의 층에 설치된 경우이다.)

> 옥내탱크저장소의 기준(위험물안전관리법 시행규칙 별표 7)
> • 옥내저장탱크와 탱크전용실의 벽과의 사이 및 옥내저장탱크의 상호 간에는 0.5m 이상의 간격을 유지할 것. 다만, 탱크의 점검 및 보수에 지장이 없는 경우에는 그러하지 아니하다.
> • 옥내저장탱크의 용량(동일한 탱크전용실에 옥내저장탱크를 2 이상 설치하는 경우에는 각 탱크의 용량의 합계를 말한다)은 지정수량의 40배(제4석유류 및 동식물유류 외의 제4류 위험물에 있어서 당해 수량이 20,000L를 초과할 때에는 20,000L) 이하일 것
> • 메탄올은 제4류 위험물 중 알코올류로 지정수량은 400L이므로 탱크용량은 400L × 40 = 16,000L이다.

정답 (1) 0.5m 이상 (2) 0.5m 이상 (3) 400L × 40 = 16,000L

13 *빈출*

다음 물질의 지정수량 배수의 합을 구하시오.

질산에틸 5kg, 셀룰로이드 150kg, 피크린산 100kg

(1) 계산과정

(2) 답

> • 위험물별 지정수량
>
> | 위험물 | 품명 | 지정수량 |
> | --- | --- | --- |
> | 질산에틸 | 질산에스터류 | 10kg |
> | 셀룰로이드 | 질산에스터류 | 10kg |
> | 피크린산 | 나이트로화합물 | 100kg |
>
> • 지정수량 배수 = $\dfrac{저장량}{지정수량}$
>
> • 지정수량 배수의 총합 = $\dfrac{5kg}{10kg} + \dfrac{150kg}{10kg} + \dfrac{100kg}{100kg} = 16.5$배

정답 (1) [해설참조] (2) 16.5배

14

BrF_5 6,000kg의 소요단위는 얼마인지 쓰시오.

(1) 계산식

(2) 답

- BrF_5(오플루오린화브로민)은 제6류 위험물 중 할로젠간화합물로, 지정수량은 300kg이다.
- 위험물의 1소요단위 = 지정수량 × 10
- BrF_5 6,000kg의 소요단위 = $\dfrac{6,000kg}{300kg \times 10}$ = 2소요단위

정답 (1) $\dfrac{6,000kg}{300kg \times 10}$ = 2 (2) 2소요단위

---

15 ★빈출

탄소 1kg 연소 시 750mmHg, 25℃에서 필요한 산소의 부피는 몇 L인지 구하시오.

- 탄소의 연소반응식 : $C + O_2 \rightarrow CO_2$
- 탄소는 연소하여 이산화탄소를 생성한다.
- 반응식을 통해 탄소와 산소의 반응비가 1 : 1임을 알 수 있다.
- 탄소의 분자량 = 12g
- 탄소 1kg 연소 시 반응하는 산소의 몰수 = $\dfrac{1,000g}{12g}$ = 83.3333mol
- 이상기체 방정식($PV = nRT$)을 이용하여 탄산가스의 부피를 구한다.

  $V = \dfrac{nRT}{P} = \dfrac{83.3333 \times 0.082 \times 298}{0.9868} = 2,063.6L$

  - P : 압력(1atm) → $\dfrac{750}{760}$atm = 0.9868atm
  - w : 질량 : 1kg = 1,000g
  - M : 분자량 → 탄소(CO_2)의 분자량 = 12g/mol
  - n : 몰수(mol) → 83.3333mol
  - R : 기체상수(0.082L·atm/mol·K)
  - T : 절대온도(K, 절대온도로 변환하기 위해 273을 더한다) → 25 + 273 = 298K

정답 2,063.6L

16

나이트로글리세린이 폭발, 분해되면 이산화탄소, 질소, 산소, 수증기가 발생한다. 다음 물음에 답하시오.

(1) 분해반응식을 쓰시오.

(2) 표준상태에서 나이트로글리세린 1kmol 분해 시 발생하는 기체의 총 부피는 몇 m^3인지 구하시오.

(1) 나이트로글리세린의 분해반응식
- $4C_3H_5(ONO_2)_3 \rightarrow 12CO_2 + 6N_2 + O_2 + 10H_2O$
- 나이트로글리세린은 분해하여 이산화탄소, 질소, 산소, 물을 생성한다.

(2) 발생 기체의 총 부피(m^3)
- 반응식을 통해 알 수 있는 나이트로글리세린 4mol 분해 후 생성물의 몰수의 합 = $12 + 10 + 6 + 1 = 29$mol
- 1kmol의 나이트로글리세린이 분해 시 발생하는 기체의 몰수 = $1\text{kmol} \times \dfrac{29}{4} = 7.25\text{kmol} = 7,250\text{mol}$
- 표준상태에서 발생하는 기체의 부피 = $7.25\text{kmol} \times 22.4\text{L/mol} = 7,250\text{mol} \times 22.4\text{L/mol} = 162,400\text{L} = 162,400,000\text{cm}^3 = 162.4\text{m}^3$

정답 (1) $4C_3H_5(ONO_2)_3 \rightarrow 12CO_2 + 6N_2 + O_2 + 10H_2O$
(2) 162.4m^3

17 ✈빈출

다음 분말 소화약제의 주성분을 화학식으로 나타내시오.

(1) 제1종

(2) 제2종

(3) 제3종

분말 소화약제의 종류

약제명	주성분	분해식	색상	적응화재
제1종	탄산수소나트륨	$2NaHCO_3 \rightarrow Na_2CO_3 + CO_2 + H_2O$	백색	BC
제2종	탄산수소칼륨	$2KHCO_3 \rightarrow K_2CO_3 + CO_2 + H_2O$	보라색 (담회색)	BC
제3종	인산암모늄	$NH_4H_2PO_4 \rightarrow NH_3 + H_3PO_4$(1차) $NH_4H_2PO_4 \rightarrow NH_3 + HPO_3 + H_2O$(2차)	담홍색	ABC
제4종	탄산수소칼륨 + 요소	—	회색	BC

정답 (1) $NaHCO_3$ (2) $KHCO_3$ (3) $NH_4H_2PO_4$

18

제3류 위험물인 칼륨에 대하여 다음 물음에 답을 쓰시오.

(1) 물과의 반응식을 쓰시오.

(2) 물과 반응 후 발생하는 가스의 명칭을 쓰시오.

> 칼륨과 물의 반응식
> • $2K + 2H_2O \rightarrow 2KOH + H_2$
> • 칼륨은 물과 반응하여 수산화칼륨과 수소를 발생한다.

정답 (1) $2K + 2H_2O \rightarrow 2KOH + H_2$
(2) 수소

19 빈출

다음 유별에 대하여 운반 시 혼재 가능한 유별을 모두 쓰시오. (단, 지정수량의 1/10을 초과하여 운반하는 경우이다.)

(1) 제1류 위험물

(2) 제2류 위험물

(3) 제3류 위험물

위험물 혼재기준(지정수량 1/10배 초과)			
1	6		혼재 가능
2	5	4	혼재 가능
3	4		혼재 가능

정답 (1) 제6류 위험물 (2) 제5류 위험물, 제4류 위험물 (3) 제4류 위험물

20 빈출

표준상태에서 염소산칼륨 1kg 분해 시 발생하는 산소에 다음 다음 물음에 답하시오. (단, 칼륨의 원자량은 39이고, 염소의 원자량은 35.5이다.)

(1) 산소의 질량(g)을 구하시오.

(2) 산소의 부피(L)를 구하시오.

(1) 산소의 질량(g)
- 염소산칼륨($KClO_3$)의 몰질량은 다음 원자량을 이용해서 구할 수 있다.
  - K = 39g/mol
  - Cl = 35.5g/mol
  - O_3 = 48g/mol(16g/mol × 3)
- $KClO_3$의 몰질량 = 39 + 35.5 + 48 = 122.5g/mol
- 염소산칼륨 1kg(= 1,000g)에서의 몰수는 $\dfrac{1,000g}{122.5g/mol}$ = 8.16mol이다.
- 산소의 몰수 계산 : 2mol의 $KClO_3$가 분해되면 3mol의 O_2가 생성된다. 따라서, 염소산칼륨 1mol당 1.5mol의 산소가 생성된다.
- 산소의 몰수 = 8.16mol × 1.5 = 12.24mol
- 산소의 질량은 산소(O_2)의 몰질량이 32g/mol이므로 12.24mol × 32g/mol = 391.68g이 된다.

(2) 산소의 부피(L)
표준상태에서 1mol의 기체는 약 22.414L의 부피를 차지하므로 산소 12.24mol의 부피는 12.24mol × 22.414L/mol = 274.347L이다.

정답 (1) 391.68g (2) 274.347L

01

다음은 액체 운반용기 수납율에 대한 내용이다. ( ) 안에 알맞은 말을 써 넣으시오.

액체 위험물의 운반용기는 내용적의 (①)% 이하로 수납하고 (②)℃의 온도에서 누설되지 않도록 충분한 (③)을 두어야 한다.

액체 운반용기 수납율 기준(위험물안전관리법 시행규칙 별표 19)
액체위험물은 운반용기 내용적의 98% 이하의 수납율로 수납하되, 55도의 온도에서 누설되지 아니하도록 충분한 공간용적을 유지하도록 할 것

정답 ① 98 ② 55 ③ 공간용적

02

다음 [보기]의 위험물 중 물보다 무겁고 수용성으로 분류되는 물질을 모두 골라 쓰시오.

──────[보기]──────
아세톤, 글리세린, 이황화탄소, 클로로벤젠, 아크릴산

물질명	품명	비중	수용성 여부
아세톤	제1석유류	0.79	○
글리세린	제3석유류	1.26	○
이황화탄소	특수인화물	1.26	×
클로로벤젠	제2석유류	1.1	×
아크릴산	제2석유류	1.1	○

• 물의 비중은 1이다.

정답 글리세린, 아크릴산

03 ⭐빈출

다음 할론번호에 맞는 화학식을 쓰시오.

(1) Halon 2402
(2) Halon 1301
(3) Halon 1211

• 할론넘버 : C, F, Cl, Br 순으로 매긴다.

할론번호	화학식
2402	$C_2F_4Br_2$
1301	CF_3Br
1211	CF_2ClBr

정답 (1) $C_2F_4Br_2$ (2) CF_3Br (3) CF_2ClBr

04 ⭐빈출

탄화칼슘에 대한 다음 물음에 답하시오.

(1) 물과 반응 시 발생하는 물질을 모두 쓰시오.
(2) 고온에서 질소와의 반응식을 쓰시오.
(3) 지정수량을 쓰시오.

(1) 탄화칼슘과 물의 반응식
  • $CaC_2 + 2H_2O \rightarrow Ca(OH)_2 + C_2H_2$
  • 탄화칼슘은 물과 반응하여 수산화칼슘과 아세틸렌을 발생한다.
(2) 탄화칼슘과 질소의 반응식
  • $CaC_2 + N_2 \rightarrow CaCN_2 + C$
  • 탄화칼슘은 질소와 반응하여 석회질소와 탄소를 발생한다.
(3) 탄화칼슘은 제3류 위험물로 지정수량은 300kg이다.

정답 (1) 수산화칼슘[$Ca(OH)_2$], 아세틸렌(C_2H_2)
(2) $CaC_2 + N_2 \rightarrow CaCN_2 + C$
(3) 300kg

05

이동저장탱크의 장치 중 다음의 두께는 몇 mm 이상이어야 하는지 각각 쓰시오.

(1) 칸막이
(2) 방파판
(3) 방호틀

이동저장탱크의 구조(위험물안전관리법 시행규칙 별표 10)
- 이동저장탱크는 그 내부에 4,000L 이하마다 3.2mm 이상의 강철판 또는 이와 동등 이상의 강도·내열성 및 내식성이 있는 금속성의 것으로 칸막이를 설치하여야 한다.
- 이동저장탱크의 방파판은 두께 1.6mm 이상의 강철판 또는 이와 동등 이상의 강도·내열성 및 내식성이 있는 금속성의 것으로 할 것
- 이동저장탱크의 방호틀은 두께 2.3mm 이상의 강철판 또는 이와 동등 이상의 기계적 성질이 있는 재료로써 산모양의 형상으로 하거나 이와 동등 이상의 강도가 있는 형상으로 할 것

정답 (1) 3.2mm (2) 1.6mm (3) 2.3mm

06

아연에 대한 다음 물음에 답하시오.

(1) 아연과 물의 반응식을 쓰시오.
(2) 아연과 염산이 반응 시 발생하는 기체의 명칭을 쓰시오.

(1) 아연과 물의 반응식
  - $Zn + 2H_2O \rightarrow Zn(OH)_2 + H_2$
  - 아연을 물과 반응하면 수산화아연과 수소를 발생한다.
(2) 아연과 염산의 반응식
  - $Zn + 2HCl \rightarrow ZnCl_2 + H_2$
  - 아연은 염산과 반응하면 염화아연과 수소를 발생한다.

정답 (1) $Zn + 2H_2O \rightarrow Zn(OH)_2 + H_2$ (2) 수소

07 빈출

다음 동식물유류의 아이오딘값의 범위를 쓰시오.

(1) 건성유
(2) 반건성유
(3) 불건성유

아이오딘값에 따른 동식물유류의 구분

구분	아이오딘값
건성유	130 이상
반건성유	100 초과 130 미만
불건성유	100 이하

정답 (1) 130 이상 (2) 100 초과 130 미만 (3) 100 이하

08 빈출

탄산가스 1kg이 소화기로부터 분출되었을 때 그 기체의 부피는 0℃, 1기압에서 몇 L인지 구하시오.

(1) 계산과정
(2) 답

이상기체 방정식을 이용하여 이산화탄소의 부피를 구하기 위해 $PV = \dfrac{wRT}{M}$의 식을 사용한다.

$$V = \frac{wRT}{MP} = \frac{1,000g \times 0.082 \times 273K}{44g/mol \times 1} = 508.77L$$

- P : 압력(1atm)
- w : 질량(g)
- V : 부피(L)
- M : 분자량(g/mol) → CO_2의 분자량 = 12 + (16 × 2) = 44g/mol
- n : 몰수(mol)
- R : 기체상수(0.082L · atm/mol · K)
- T : 절대온도(K, 절대온도로 변환하기 위해 273을 더한다) → 0 + 273 = 273K

정답 (1) [해설참조] (2) 508.77L

09

메탄올에 대하여 다음 물음에 답하시오.

(1) 분자량을 쓰시오.

(2) 증기비중을 쓰시오.

메탄올(CH_3OH) – 제4류 위험물

- 메탄올의 화학식은 CH_3OH로, 각 원자의 원자량은 다음과 같다.
  - 탄소(C) : 12g/mol
  - 수소(H) : 1g/mol
  - 산소(O) : 16g/mol
- 따라서, 메탄올의 분자량은 $12 + (1 \times 4) + 16 = 32$g/mol이다.
- 메탄올의 증기비중 : $\dfrac{\text{메탄올의 분자량}}{\text{공기의 평균 분자량}} = \dfrac{32}{29} = 1.10$

정답 (1) 32g/mol (2) 1.10

10 ★빈출

다음 물질이 물과 반응 시 발생하는 인화성 가스의 명칭을 쓰시오. (단, 없으면 "없음"이라 쓰시오.)

(1) 수소화칼륨

(2) 리튬

(3) 인화알루미늄

(4) 탄화리튬

(5) 탄화알루미늄

---

(1) 수소화칼륨과 물의 반응식
  - $KH + H_2O \rightarrow KOH + H_2$
  - 수소화칼륨은 물과 반응하여 수산화칼륨과 수소를 발생한다.
(2) 리튬과 물의 반응식
  - $2Li + 2H_2O \rightarrow 2LiOH + H_2$
  - 리튬은 물과 반응하여 수산화리튬과 수소를 발생한다.
(3) 인화알루미늄과 물의 반응식
  - $AlP + 3H_2O \rightarrow Al(OH)_3 + PH_3$
  - 인화알루미늄은 물과 반응하여 수산화알루미늄과 포스핀을 발생한다.
(4) 탄화리튬과 물의 반응식
  - $Li_2C_2 + 2H_2O \rightarrow 2LiOH + C_2H_2$
  - 탄화리튬은 물과 반응하여 수산화리튬과 아세틸렌을 발생한다.

(5) 탄화알루미늄과 물의 반응식
  - $Al_4C_3 + 12H_2O \rightarrow 4Al(OH)_3 + 3CH_4$
  - 탄화알루미늄은 물과 반응하여 수산화알루미늄과 메탄을 발생한다.

정답 (1) 수소 (2) 수소 (3) 포스핀 (4) 아세틸렌 (5) 메탄

11

다음 소화설비의 능력단위를 각각 쓰시오.

(1) 소화전용 물통 8L

(2) 마른모래 50L

(3) 팽창질석 160L(삽 1개 포함)

소화설비	용량(L)	능력단위
소화전용물통	8	0.3
수조(물통 3개 포함)	80	1.5
수조(물통 6개 포함)	190	2.5
마른모래(삽 1개 포함)	50	0.5
팽창질석·팽창진주암(삽 1개 포함)	160	1.0

정답 (1) 0.3단위 (2) 0.5단위 (3) 1.0단위

12

과망가니즈산칼륨의 분해에 대하여 다음 물음에 답하시오.

(1) 분해반응식을 쓰시오.

(2) 1mol 분해 시 발생하는 산소의 g수를 쓰시오.

- 과망가니즈산칼륨의 분해반응식 : $2KMnO_4 \rightarrow K_2MnO_4 + MnO_2 + O_2$
- 과망가니즈산칼륨은 분해되어 망가니즈산칼륨, 이산화망가니즈, 산소를 발생한다.
- 반응식에 따르면 2mol의 과망가니즈산칼륨($KMnO_4$)이 분해될 때 1mol의 산소(O_2)가 발생한다.
- 즉, 1mol의 $KMnO_4$가 분해될 때 0.5mol의 산소가 발생한다.
- O_2의 분자량은 $16 \times 2 = 32g/mol$이므로 1mol의 $KMnO_4$가 분해될 때 발생하는 산소의 질량은 $0.5mol \times 32g/mol = 16g$이다.

정답 (1) $2KMnO_4 \rightarrow K_2MnO_4 + MnO_2 + O_2$
(2) 16g

13

다음 위험물의 지정수량을 쓰시오.

(1) 아염소산염류

(2) 질산염류

(3) 다이크로뮴산염류

> 아염소산염류, 질산염류, 다이크로뮴산염류는 모두 제1류 위험물(산화성 고체)로 각각의 지정수량은 50kg, 300kg, 1,000kg이다.

정답 (1) 50kg (2) 300kg (3) 1,000kg

14

다음 알코올의 정의를 완성하여 쓰시오.

> 1분자를 구성하는 탄소원자의 수가 (①)개부터 (②)개까지인 포화1가 알코올(변성알코올 포함)을 말한다. 단, 다음 중 하나에 해당하는 것은 제외한다.
> • 1분자를 구성하는 탄소원자의 수가 1개 내지 3개의 포화1가 알코올의 함유량이 (③)중량% 미만인 수용액
> • 가연성 액체량이 (④)중량% 미만이고 인화점 및 연소점이 에틸알코올 (⑤)중량% 수용액의 인화점 및 연소점을 초과하는 것

> **알코올의 정의(위험물안전관리법 시행령 별표 1)**
> 알코올류라 함은 1분자를 구성하는 탄소원자의 수가 1개부터 3개까지인 포화1가 알코올(변성알코올을 포함한다)을 말한다. 다만, 다음의 1에 해당하는 것은 제외한다.
> • 1분자를 구성하는 탄소원자의 수가 1개 내지 3개의 포화1가 알코올의 함유량이 60중량퍼센트 미만인 수용액
> • 가연성 액체량이 60중량퍼센트 미만이고 인화점 및 연소점(태그개방식인화점측정기에 의한 연소점을 말한다. 이하 같다)이 에틸알코올 60중량퍼센트 수용액의 인화점 및 연소점을 초과하는 것

정답 ① 1 ② 3 ③ 60 ④ 60 ⑤ 60

15 ✈빈출

다음과 같이 종으로 설치한 원통형 탱크의 내용적(m^3)을 구하시오. (단, $r = 10m$, $l = 25m$)

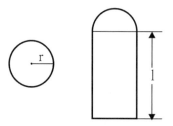

> 종으로 설치한 원통형 탱크의 내용적
> $V = \pi r^2 l$
> $= \pi \times 10^2 \times 25 = 7,850m^3$

정답 7,850m³

16

하이드라진과 제6류 위험물 중 어떤 물질을 반응시키면 질소와 물이 반응한다. 다음 물음에 대하여 답하시오.

(1) 두 물질이 폭발적으로 반응하는 반응식을 쓰시오.
(2) 두 물질 중 제6류 위험물에 해당하는 물질의 위험물안전관리법령상의 기준을 쓰시오.

> • 하이드라진과 과산화수소의 반응식 : $N_2H_4 + 2H_2O_2 \rightarrow N_2 + 4H_2O$
> • 하이드라진은 과산화수소와 반응하여 질소와 물을 발생한다.
> • 과산화수소는 제6류 위험물로 농도가 36wt% 이상일 때 위험물로 간주된다.

정답 (1) $N_2H_4 + 2H_2O_2 \rightarrow N_2 + 4H_2O$
(2) 농도 36wt% 이상

17

TNT의 분자량을 구하시오.

(1) 계산과정

(2) 답

트라이나이트로톨루엔(TNT) – 제5류 위험물
- TNT의 화학식은 $C_6H_2(NO_2)_3CH_3$이다.
- 각 원자의 원자량은 다음과 같다.
  - 탄소(C) = 12g/mol
  - 수소(H) = 1g/mol
  - 질소(N) = 14g/mol
  - 산소(O) = 16g/mol
- 각 원자의 원자량에 따른 TNT의 분자량은 다음과 같다.
  $(12 \times 6) + (1 \times 2) + (14 \times 3) + (16 \times 6) + 12 + (1 \times 3) = 227g/mol$

정답 (1) [해설참조]　(2) 227g/mol

18

다음은 1소요단위에 해당하는 수치이다. ( ) 안에 알맞은 숫자를 쓰시오.

(1) 제조소 및 취급소(외벽이 내화구조) : 연면적 (①)m²

(2) 제조소 및 취급소(외벽이 비내화구조) : 연면적 (②)m²

(3) 저장소(외벽이 내화구조) : 연면적 (③)m²

(4) 저장소(외벽이 비내화구조) : 연면적 (④)m²

(5) 위험물 : 지정수량의 (⑤)배

소요단위(연면적)

구분	내화구조(m³)	비내화구조(m²)
제조소 취급소	100	50
저장소	150	75
위험물	지정수량의 10배	

정답 ① 100　② 50　③ 150　④ 75　⑤ 10

19 ⭐빈출

제5류 위험물로 품명은 나이트로화합물이며 독성이 있고 물에는 녹지 않지만 알코올에 녹는 물질에 대하여 답을 쓰시오.

(1) 명칭을 쓰시오.
(2) 지정수량을 쓰시오.
(3) 구조식을 쓰시오.

트라이나이트로페놀 – 제5류 위험물	
명칭	트라이나이트로페놀(피크린산)
품명	나이트로화합물
지정수량	100kg
분자식	$C_6H_2(NO_2)_3OH$
구조식	
일반적 성질	• 황산과 질산의 혼산으로 나이트로화하여 제조한 것 • 물에는 녹지 않지만 알코올, 에테르, 벤젠에는 잘 녹음 • 쓴맛이 있고, 독성이 있음

정답 (1) 트라이나이트로페놀 (3)
(2) 100kg

20

적린에 대하여 다음 물음에 답하시오.

(1) 연소반응식을 쓰시오.
(2) 연소 시 발생 기체의 색상을 쓰시오.

적린의 연소반응식
• $4P + 5O_2 \rightarrow 2P_2O_5$
• 적린은 연소하여 오산화인을 발생한다.
• 오산화인은 고체 상태로 연소 후 공기 중에 분산되며, 수분과 반응하면서 흰색의 미세한 입자 형태의 인산으로 변화하여 하얀 연기를 띠게 된다.

정답 (1) $4P + 5O_2 \rightarrow 2P_2O_5$ (2) 백색

01

질산이 햇빛에 의해 분해되어 이산화질소를 발생하는 분해반응식을 쓰시오.

질산의 분해반응식
- $4HNO_3 \rightarrow 2H_2O + O_2 + 4NO_2$
- 질산은 열에 의해 분해되어 물, 산소, 이산화질소를 발생한다.

정답 $4HNO_3 \rightarrow 2H_2O + O_2 + 4NO_2$

02

아세트알데하이드가 산화되어 아세트산이 되는 과정과 환원되어 에탄올이 되는 과정을 화학반응식으로 나타내시오.

(1) 산화반응

(2) 환원반응

(1) 아세트알데하이드의 산화반응
- $2CH_3CHO + O_2 \rightarrow 2CH_3COOH$
- 아세트알데하이드는 산소에 의해 산화되어 아세트산이 발생된다.

(2) 아세트알데하이드의 환원반응
- $CH_3CHO + H_2 \rightarrow C_2H_5OH$
- 아세트알데하이드는 수소에 의해 환원되어 에탄올이 발생된다.

정답 (1) $2CH_3CHO + O_2 \rightarrow 2CH_3COOH$
(2) $CH_3CHO + H_2 \rightarrow C_2H_5OH$

03 빈출

위험물안전관리법령상 제6류 위험물 운반용기의 외부에 표시해야 하는 주의사항을 쓰시오.

위험물 유별 운반용기 외부 주의사항 및 게시판

유별	종류	운반용기 외부 주의사항	게시판
제1류	알칼리금속의 과산화물	가연물접촉주의, 화기·충격주의, 물기엄금	물기엄금
	그 외	가연물접촉주의, 화기·충격주의	–
제2류	철분, 금속분, 마그네슘	화기주의, 물기엄금	화기주의
	인화성 고체	화기엄금	화기엄금
	그 외	화기주의	화기주의
제3류	자연발화성 물질	화기엄금, 공기접촉엄금	화기엄금
	금수성 물질	물기엄금	물기엄금
제4류	–	화기엄금	화기엄금
제5류		화기엄금, 충격주의	화기엄금
제6류		가연물접촉주의	–

정답 가연물접촉주의

04 빈출

물과 반응하여 아세틸렌가스를 발생시키며 고온으로 가열하면 질소와 반응하여 칼슘시안아미드(석회질소)를 발생하는 물질의 명칭과 화학식을 쓰시오.

(1) 명칭
(2) 화학식

- 탄화칼슘과 물의 반응식 : $CaC_2 + 2H_2O \rightarrow Ca(OH)_2 + C_2H_2$
- 탄화칼슘은 물과 반응하여 수산화칼슘과 아세틸렌을 발생한다.
- 탄화칼슘과 질소의 반응식 : $CaC_2 + N_2 \rightarrow CaCN_2 + C$
- 탄화칼슘은 질소와 반응하여 석회질소와 탄소를 발생한다.

정답 (1) 탄화칼슘 (2) CaC_2

05

위험물안전관리법령상 간이탱크저장소에 대하여 다음 각 물음에 답하시오.

(1) 1개의 간이탱크저장소에 설치하는 간이저장탱크는 몇 개 이하로 하여야 하는지 쓰시오.

(2) 간이저장탱크의 용량은 몇 L 이하이어야 하는지 쓰시오.

(3) 간이저장탱크는 두께를 몇 mm 이상의 강판으로 하여야 하는지 쓰시오.

간이탱크저장소 설치기준(위험물안전관리법령 시행규칙 별표 9)
• 하나의 간이탱크저장소에 설치하는 간이저장탱크는 그 수를 3 이하로 하고, 동일한 품질의 위험물의 간이저장탱크를 2 이상 설치하지 아니하여야 한다.
• 간이저장탱크의 용량은 600L 이하이어야 한다
• 간이저장탱크는 두께 3.2mm 이상의 강판으로 흠이 없도록 제작하여야 하며, 70kPa의 압력으로 10분간의 수압시험을 실시하여 새거나 변형되지 아니하여야 한다.

정답 (1) 3개 (2) 600L (3) 3.2mm

06

위험물안전관리법령상 동식물유류에 대한 정의에 대하여 다음 ( ) 안에 알맞은 수치를 쓰시오.

동물의 지육 등 또는 식물의 종자나 과육으로부터 추출한 것으로서 1기압에서 인화점이 ( )℃ 미만인 것을 동식물유류라 한다.

동식물유류의 정의(위험물안전관리법 시행령 별표 1)
동식물유류라 함은 동물의 지육(枝肉 : 머리, 내장, 다리를 잘라 내고 아직 부위별로 나누지 않은 고기를 말한다) 등 또는 식물의 종자나 과육으로부터 추출한 것으로서 1기압에서 인화점이 섭씨 250도 미만인 것을 말한다.

정답 250

07 ✈빈출

이산화탄소 소화기로 이산화탄소를 20℃의 1기압 대기 중에 1kg을 방출할 때 부피가 몇 L가 되는지 구하시오.

(1) 계산과정

(2) 답

이상기체 방정식을 이용하여 이산화탄소의 부피를 구하기 위해 $PV = \dfrac{wRT}{M}$의 식을 사용한다.

$$V = \frac{wRT}{MP} = \frac{1,000g \times 0.082 \times 293K}{44g/mol \times 1} = 546.05L$$

- P : 압력(1atm)
- w : 질량(g) → 1,000g
- V : 부피(L)
- M : 분자량(g/mol) → CO_2의 분자량 = $12 + (16 \times 2) = 44g/mol$
- n : 몰수(mol)
- R : 기체상수($0.082L \cdot atm/mol \cdot K$)
- T : 절대온도(K, 절대온도로 변환하기 위해 273을 더한다) → $20 + 273 = 293K$

정답 (1) [해설참조] (2) 546.05L

08 ✈빈출

지정수량 10배 이상의 위험물을 운반하고자 할 때 제3류 위험물과 혼재할 수 있는 위험물은 제 몇 류 위험물인지 모두 쓰시오.

유별을 달리하는 위험물 혼재기준			
1	6		혼재 가능
2	5	4	혼재 가능
3	4		혼재 가능

정답 제4류 위험물

09

제5류 위험물 중 위험등급 I인 위험물의 위험물안전관리법령상 품명 2가지를 쓰시오.

- 유기과산화물 : 매우 반응성이 강하고 쉽게 분해되거나 폭발할 수 있는 위험물이므로 위험등급 I에 해당된다.
- 질산에스터류 : 질산과 알코올이 결합하여 형성된 화합물로, 폭발성과 강한 산화력을 가지고 있어 매우 높은 반응성을 보이며, 이로 인해 위험등급 I에 해당된다.
  → 유기과산화물과 질산에스터류는 제5류 위험물(자기반응성 물질)로, 지정수량은 10kg이며 위험등급 I이다.

정답   유기과산화물, 질산에스터류

10

다음 위험물을 인화점이 낮은 것부터 높은 순으로 쓰시오.

> 나이트로벤젠, 아세트알데하이드, 에탄올, 아세트산

위험물	품명	인화점(℃)
나이트로벤젠	제3석유류(비수용성)	88
아세트알데하이드	특수인화물	-38
에탄올	알코올류	13
아세트산	제2석유류(수용성)	40

정답   아세트알데하이드, 에탄올, 아세트산, 나이트로벤젠

11

다음 각 물질의 구조식을 나타내시오.

(1) 초산에틸

(2) 에틸렌글리콜

(3) 개미산(포름산)

(1) 초산에틸
   • 화학식 : $CH_3COOCH_2H_5$
   • 초산에틸은 초산(아세트산)과 에탄올이 결합한 에스터이다. 카르보닐기(C=O)가 있으며, 에탄올 부분은 에틸기($-CH_2CH_3$)로 나타낸다.
(2) 에틸렌글리콜
   • 화학식 : $HOCH_2CH_2OH$
   • 에틸렌글리콜은 두 개의 하이드록실기($-OH$)가 에틸렌($=CH_2CH_2$) 구조에 결합된 다이올 화합물이다.
(3) 개미산(포름산)
   • 화학식 : $HCOOH$
   • 개미산은 가장 단순한 카복실산으로, 하나의 카복실기($-COOH$)에 하나의 수소 원자가 결합된 구조이다.

정답 (1) 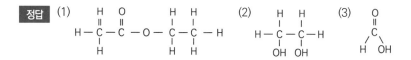 (2) (3)

12 ★빈출

다음 할로겐(할로젠)화합물 소화약제를 화학식으로 나타내시오.

(1) Halon 1211

(2) Halon 1301

(1) Halon 1211
• 할론넘버는 C, F, Cl, Br 순으로 매긴다.
• 할론 1211 = CF_2ClBr
• Halon 1211은 브로모클로로디플루오로메탄으로, 주로 A, B, C급 화재에 사용되며 소화 성능이 매우 우수하여 화재 시 화염을 빠르게 진압하는 특징이 있다.
(2) Halon 1301
• 할론넘버는 C, F, Cl, Br 순으로 매긴다.
• 할론 1301 = CF_3Br
• Halon 1301은 브로모트라이플루오로메탄으로, 화학식은 CF_3Br이다. 이는 주로 소화약제로 사용되며, 화염을 억제하는 특성이 있다.

정답 (1) CF_2ClBr (2) CF_3Br

13

벤젠 1mol이 완전연소하는 데 필요한 공기는 몇 몰인지 쓰시오. (단, 공기 중 산소는 21% 존재한다.)

(1) 계산과정

(2) 답

- 벤젠의 연소반응식 : $2C_6H_6 + 15O_2 \rightarrow 12CO_2 + 6H_2O$
- 벤젠은 연소하여 이산화탄소와 물을 생성한다.
- 벤젠과 산소의 몰수비는 2 : 15로 1 : 7.5가 된다.
- 필요한 공기 몰수 $= \dfrac{\text{필요한 산소의 몰수}}{0.21} = \dfrac{7.5}{0.21} = 35.71 \text{mol}$

정답 (1) [해설참조] (2) 35.71mol

01 빈출

분말 소화약제인 탄산수소칼륨의 열분해반응식을 쓰시오.

- 탄산수소칼륨의 열분해반응식 : $2KHCO_3 \rightarrow H_2O + CO_2 + K_2CO_3$
- 탄산수소칼륨은 열분해하여 물, 이산화탄소, 탄산칼륨을 생성한다.

정답 $2KHCO_3 \rightarrow H_2O + CO_2 + K_2CO_3$

02

위험물의 운송 시 운송책임자의 감독, 지원을 받아야 하는 위험물 2가지를 쓰시오.

운송 시 운송책임자의 감독, 지원을 받아야 하는 위험물
- 알킬리튬
- 알킬알루미늄
- 알킬리튬, 알킬알루미늄을 함유하는 위험물

정답 알킬알루미늄, 알킬리튬

03

아세트알데하이드의 완전연소반응식을 쓰시오.

아세트알데하이드의 완전연소반응식
- $2CH_3CHO + 5O_2 \rightarrow 4CO_2 + 4H_2O$
- 아세트알데하이드는 완전연소하여 이산화탄소와 물을 생성한다.

정답 $2CH_3CHO + 5O_2 \rightarrow 4CO_2 + 4H_2O$

04 빈출

위험물안전관리법령상 다음 각 위험물의 운반용기 외부에 표시해야 하는 주의사항을 모두 쓰시오.

(1) 제1류 위험물 중 알칼리금속과산화물
(2) 제2류 위험물 중 금속분
(3) 제5류 위험물

위험물 유별 운반용기 외부 주의사항과 게시판

유별	종류	운반용기 외부 주의사항	게시판
제1류	알칼리금속의 과산화물	가연물접촉주의, 화기·충격주의, 물기엄금	물기엄금
	그 외	가연물접촉주의, 화기·충격주의	–
제2류	철분, 금속분, 마그네슘	화기주의, 물기엄금	화기주의
	인화성 고체	화기엄금	화기엄금
	그 외	화기주의	화기주의
제3류	자연발화성 물질	화기엄금, 공기접촉엄금	화기엄금
	금수성 물질	물기엄금	물기엄금
제4류	–	화기엄금	화기엄금
제5류		화기엄금, 충격주의	화기엄금
제6류		가연물접촉주의	–

정답 (1) 가연물접촉주의, 화기·충격주의, 물기엄금 (2) 화기주의, 물기엄금 (3) 화기엄금, 충격주의

05 빈출

인화칼슘을 물과 반응시켰을 때 생성되는 물질 2가지를 화학식으로 나타내어 쓰시오.

인화칼슘과 물의 반응식
- $Ca_3P_2 + 6H_2O \rightarrow 3Ca(OH)_2 + 2PH_3$
- 인화칼슘은 물과 반응하여 수산화칼슘과 포스핀가스를 발생한다.

정답 $Ca(OH)_2$, PH_3

06

위험물안전관리법령상 위험물제조소의 환기설비 기준에서 바닥면적이 130m²인 곳에 설치된 급기구 면적은 얼마 이상으로 하여야 하는지 쓰시오.

제조소의 환기설비 기준

바닥면적	급기구 면적
60m² 미만	150cm² 이상
60m² 이상 90m² 미만	300cm² 이상
90m² 이상 120m² 미만	450cm² 이상
120m² 이상 150m² 미만	600cm² 이상

정답 600cm² 이상

07 ⭐빈출

일반적으로 동식물유류를 건성유, 반건성유, 불건성유로 분류할 때 기준이 되는 아이오딘값의 범위를 각각 쓰시오.

(1) 건성유
(2) 반건성유
(3) 불건성유

아이오딘값에 따른 동식물유류의 구분

구분	아이오딘값	종류
건성유	130 이상	동유, 아마인유
반건성유	100 초과 130 미만	참기름, 콩기름
불건성유	100 이하	피마자유, 야자유

정답 (1) 130 이상 (2) 100 초과 130 미만 (3) 100 이하

08

다음은 위험물안전관리법령에서 정한 이동탱크저장소의 상치 장소에 관한 내용이다. ( ) 안에 알맞은 수치를 쓰시오.

> 옥외에 있는 상치 장소는 화기를 취급하는 장소 또는 인근의 건축물로부터 (①)m 이상(인근의 건축물이 1층인 경우에는 (②)m 이상)의 거리를 확보하여야 한다. 다만, 하천의 공지나 수면, 내화구조 또는 불연재료의 담 또는 벽 그 밖에 이와 유사한 것에 접하는 경우를 제외한다.

이동탱크저장소의 상치 장소 기준
- 옥외에 있는 상치 장소는 화기를 취급하는 장소 또는 인근의 건축물로부터 5m 이상 거리를 확보한다.
- 인근의 건축물이 1층인 경우에는 3m 이상의 거리를 확보한다.

정답 ① 5m ② 3m

09

하나의 옥내저장탱크 전용실에 2개의 옥내저장탱크를 설치하는 경우 탱크 상호 간의 사이는 얼마 이상의 간격을 유지하여야 하는지 쓰시오. (단, 탱크의 점검 및 보수에 지장이 없는 경우는 제외한다.)

옥내탱크저장소의 위치, 구조 및 설비의 기준(위험물안전관리법 시행규칙 별표 7)
옥내저장탱크와 탱크전용실의 벽과의 사이 및 옥내저장탱크의 상호 간에는 0.5m 이상의 간격을 유지할 것

정답 0.5m 이상

10

제2류 위험물 중 Al, Fe, Zn을 이온화 경향이 가장 큰 것부터 작은 순서대로 쓰시오.

- 이온화 경향 : 금속이 수용액에서 전자를 잃고 양이온이 되고자 하는 성질
- 이온화 경향이 큰 것부터 작은 것을 순서대로 나열하면 다음과 같다.
  칼륨(K) > 칼슘(Ca) > 나트륨(Na) > 마그네슘(Mg) > 알루미늄(Al) > 아연(Zn) > 철(Fe) > 니켈(Ni) > 주석(Sn) > 납(Pb) > 수소(H) > 구리(Cu) > 수은(Hg) > 은(Ag) > 백금(Pt) > 금(Au)

정답 Al, Zn, Fe

11

크실렌의 이성질체 중 m-크실렌의 구조식을 나타내시오.

크실렌[4류, $C_6H_4(CH_3)_2$]의 구조식

명칭	o-크실렌	m-크실렌	p-크실렌
구조식	(구조식)	(구조식)	(구조식)

정답

12 ⭐빈출

부착성이 뛰어난 메타인산을 만들어 화재 시 소화능력이 좋은 소화약제로, ABC 소화약제라고도 하는 이 약제의 주성분을 화학식으로 쓰시오.

분말 소화약제의 종류

약제명	주성분	분해식	색상	적응화재
제1종	탄산수소나트륨	$2NaHCO_3 \rightarrow Na_2CO_3 + CO_2 + H_2O$	백색	BC
제2종	탄산수소칼륨	$2KHCO_3 \rightarrow K_2CO_3 + CO_2 + H_2O$	보라색 (담회색)	BC
제3종	인산암모늄	$NH_4H_2PO_4 \rightarrow NH_3 + H_3PO_4(1차)$ $NH_4H_2PO_4 \rightarrow NH_3 + HPO_3 + H_2O(2차)$	담홍색	ABC
제4종	탄산수소칼륨 + 요소	–	회색	BC

제3종 분말 소화약제인 인산암모늄($NH_4H_2PO_4$)은 열분해하여 메타인산, 암모니아, 물을 생성한다.

정답 $NH_4H_2PO_4$

13

위험물안전관리법령에서 정의하는 자기반응성 물질에 대하여 다음 (　) 안에 알맞은 용어를 쓰시오.

> "자기반응성 물질"이라 함은 고체 또는 액체로서 (　① 　)의 위험성 또는 (　② 　)의 격렬함을 판단하기 위하여 고시로 정하는 시험에서 고시로 정하는 성질과 상태를 나타내는 것을 말한다.

> 자기반응성 물질이란 고체 또는 액체로서 폭발의 위험성 또는 가열분해의 격렬함을 판단하기 위하여 고시로 정하는 시험에서 고시로 정하는 성질과 상태를 나타내는 것을 말하며, 위험성 유무와 등급에 따라 제1종 또는 제2종으로 분류한다(위험물안전관리법 시행령 별표 1).

정답　① 폭발　② 가열분해

14 ✈빈출

산화프로필렌 200L, 벤즈알데하이드 1,000L, 아크릴산 4,000L를 저장하고 있을 경우 각각의 지정수량 배수의 합계는 얼마인지 구하시오.

(1) 계산과정
(2) 답

- 위험물별 지정수량

위험물	품명	지정수량
산화프로필렌	특수인화물	50L
벤즈알데하이드	제2석유류(비수용성)	1,000L
아크릴산	제2석유류(수용성)	2,000L

- 지정수량 배수 = $\dfrac{\text{저장량}}{\text{지정수량}}$

- 지정수량 배수의 합계 = $\dfrac{200L}{50L} + \dfrac{1,000L}{1,000L} + \dfrac{4,000L}{2,000L} = 7$배

정답　(1) [해설참조]　(2) 7배

01

옥내저장탱크를 강철판으로 제작하고자 할 때 강철판의 두께는 얼마 이상으로 하여야 하는지 쓰시오. (단, 특정옥외저장탱크와 준특정옥외저장탱크는 제외한다.)

옥내저장탱크의 구조기준(위험물안전관리법 시행규칙 별표 6)
탱크는 두께 3.2mm 이상의 강철판 또는 이와 동등 이상의 강도, 내식성 및 내열성을 갖는 재질로 할 것

정답 3.2mm 이상

02

위험물안전관리법상 위험물취급소의 종류를 4가지 쓰시오.

위험물제조소등의 분류

위험물제조소등		
제조소	저장소	취급소
–	옥외 · 내저장소 옥외 · 내탱크저장소 이동탱크저장소 간이탱크저장소 지하탱크저장소 암반탱크저장소	일반취급소 주유취급소 판매취급소 이송취급소

정답 일반취급소, 주유취급소, 판매취급소, 이송취급소

03

벤젠의 증기비중을 구하시오. (단, 공기의 평균 분자량은 29이다.)

(1) 계산과정

(2) 정답

- 증기비중 $= \dfrac{\text{분자량}}{29(\text{공기의 평균 분자량})}$
- 벤젠(C_6H_6)의 분자량 $= (12 \times 6) + (1 \times 6) = 78$
- 벤젠의 증기비중 $= \dfrac{(12 \times 6) + (1 \times 6)}{29} = \dfrac{78}{29} = 2.69$

정답 (1) [해설참조] (2) 2.69

04 빈출

다음 할로젠간화합물의 Halon 번호를 각각 쓰시오.

(1) CF_3Br

(2) CF_2ClBr

(3) $C_2F_4Br_2$

할론명명법 : C, F, Cl, Br 순으로 원소의 개수를 나열할 것

분자식	할론번호
CF_3Br	1301
CF_2ClBr	1211
$C_2F_4Br_2$	2402

정답 (1) 1301 (2) 1211 (3) 2402

05

아이오딘값의 정의를 쓰시오.

아이오딘값이란 유지 100g에 첨가되는 아이오딘의 g수이다.

정답 유지 100g에 첨가되는 아이오딘의 g수

06 *빈출*

다음 제5류 위험물의 구조식을 쓰시오.

(1) 트라이나이트로톨루엔(TNT)

(2) 트라이나이트로페놀(피크린산)

> (1) 트라이나이트로톨루엔 : $C_6H_2(NO_2)_3CH_3$
> (2) 트라이나이트로페놀 : $C_6H_2(NO_2)_3OH$

정답 (1) (2)

07

제2류 위험물 중 지정수량이 100kg인 위험물의 품명을 2가지 쓰시오.

> 제2류 위험물(가연성 고체) 중 지정수량이 100kg인 위험물의 품명은 황화인, 적린, 황이다.

정답 황화인, 적린

08

금속칼륨과 이산화탄소가 반응하여 탄소가 발생하는 화학반응식을 쓰시오.

> 금속칼륨과 이산화탄소의 반응식
> • $4K + 3CO_2 \rightarrow C + 2K_2CO_3$
> • 금속칼륨은 이산화탄소와 반응하여 탄소, 탄산칼륨을 발생한다.

정답 $4K + 3CO_2 \rightarrow C + 2K_2CO_3$

09

나이트로글리세린 제조 방법에 대하여 사용되는 원료를 중심으로 설명하시오.

글리세린[$C_3H_5(OH)_3$]에 진한 질산(HNO_3)과 황산(H_2SO_4)을 반응시키면 나이트로기 3개가 글리세린의 수소와 치환하여 나이트로글리세린이 생성된다.

정답 진한 질산과 황산의 혼합액에 글리세린을 반응시켜 만든 것이다.

10

제3류 위험물인 황린에 대하여 다음 각 물음에 답하시오.

(1) 안전한 저장을 위해 사용하는 보호액은 무엇인지 쓰시오.

(2) 수산화칼륨 수용액과 반응하였을 때 발생하는 맹독성의 가스는 무엇인지 쓰시오.

(3) 위험물안전관리법에서 정한 지정수량은 얼마인지 쓰시오.

(1) 황린은 안전한 저장을 위해 pH9인 물속에 저장해야 한다.
(2) 황린과 수산화칼륨의 반응식
  • $P_4 + 3KOH + 3H_2O \rightarrow PH_3 + 3KH_2PO_2$
  • 황린은 수산화칼륨 수용액과 반응하여 포스핀과 차아인산칼륨을 발생한다.
(3) 황린은 제3류 위험물, 지정수량 20kg이다.

정답 (1) pH9인 물 (2) 포스핀가스 (3) 20kg

11

과산화수소 수용액의 저장 및 취급 시 분해를 막기 위해 넣어 주는 안정제의 종류를 2가지 쓰시오.

과산화수소(H_2O_2)는 상온에서 산소를 발생시키므로 안정제인 요산($C_5H_4N_4O_3$)과 인산(H_3PO_4)을 넣어 산소 분해를 억제한다.

정답 요산, 인산

12

위험물은 그 운반용기 외부에 위험물안전관리법령에서 정하는 사항을 표시하여 적재하여야 한다. 위험물 운반용기의 외부에 표시하여야 하는 사항 중 3가지를 쓰시오.

운반용기 외부 표시사항
- 운반용기의 제조년월
- 제조자의 명칭
- 겹쳐쌓기 시험하중
- 운반용기의 종류에 따라 규정한 중량
- 규정에 의한 주의사항
- 위험물의 품명 및 위험등급
- 위험물 수량
- 위험물의 화학명 및 수용성(제4류 위험물로서 수용성인 것에 한함)

정답 운반용기의 제조년월, 제조자의 명칭, 겹쳐쌓기 시험하중, 규정에 의한 준수사항, 위험물의 품명 및 위험등급, 위험물의 수량, 위험물의 화학명 중 3가지

13

제4류 위험물을 저장하는 옥내저장소의 연면적이 450m²이고 외벽은 내화구조가 아닐 경우, 이 옥내저장소에 대한 소화설비의 소요단위는 얼마인지 구하시오.

소요단위(연면적)

구분	외벽 내화구조	외벽 비내화구조
위험물제조소 취급소	100m²	50m²
위험물저장소	150m²	75m²

- 저장소 외벽이 비내화구조일 때 1소요단위는 75m²이므로 연면적 450m²의 소요단위는 다음과 같다.

$$\frac{450}{75} = 6소요단위$$

정답 6소요단위

제1회 실기[필답형] 기출복원문제

01

제조소에서 위험물을 취급함에 있어서 정전기가 발생할 우려가 있는 설비에는 규정된 방법으로 정전기를 유효하게 제거할 수 있는 설비를 설치하여야 한다. 이에 해당하는 방법 3가지를 각각 쓰시오.

정전기 제거조건
- 접지에 의한 방법
- 공기 중의 상대습도를 70% 이상으로 하는 방법
- 공기를 이온화하는 방법
- 위험물을 느린 유속으로 흐르게 하는 방법

정답 접지에 의한 방법, 공기 중 상대습도 70% 이상으로 하는 방법, 공기 이온화하는 방법

02

옥내탱크저장소에서 다음의 각 경우에 상호 간의 간격은 몇 m 이상을 유지하여야 하는지 각각 쓰시오. (단, 탱크의 점검 및 보수에 지장이 없는 경우는 제외한다.)

(1) 옥내저장탱크와 탱크전용실의 벽과의 사이
(2) 옥내저장탱크의 상호 간의 간격

옥내탱크저장소의 위치, 구조 및 설비의 기준(위험물안전관리법 시행규칙 별표 7)
옥내저장탱크와 탱크전용실의 벽과의 사이 및 옥내저장탱크의 상호 간에는 0.5m 이상의 간격을 유지할 것(다만, 탱크의 점검 및 보수에 지장이 없는 경우에는 그러하지 아니하다.)

정답 (1) 0.5m (2) 0.5m

03

위험물안전관리법령에서 규정하는 인화성 고체의 정의를 쓰시오.

인화성 고체라 함은 고형알코올 그 밖에 1기압에서 인화점이 섭씨 40도 미만인 고체를 말한다(위험물안전관리법 시행령 별표 1).

정답 고형알코올 그 밖의 1기압에서 인화점이 섭씨 40도 미만인 고체

04

제4류 위험물 중 벤젠핵의 수소 1개가 아민기 1개와 치환된 것의 화학식을 쓰시오.

아닐린($C_6H_5NH_2$)의 특징
- 제4류 위험물
- 지정수량 : 2,000kg
- 벤젠핵의 수소 1개가 아민기 1개로 치환된 것

정답 $C_6H_5NH_2$

05

다음 중 불건성유를 모두 선택하여 쓰시오. (단, 해당하는 물질이 없으면 "없음"이라 쓰시오.)

야자유, 아마인유, 해바라기유, 피마자유, 올리브유

동식물유류의 종류

구분	아이오딘값	종류
건성유	130 이상	대구유, 정어리유, 상어유, 해바라기유, 동유, 아마인유, 들기름
반건성유	100 초과 130 미만	면실유, 청어유, 쌀겨유, 옥수수유, 채종유, 참기름, 콩기름
불건성유	100 이하	소기름, 돼지기름, 고래기름, 올리브유, 팜유, 땅콩기름, 피마자유, 야자유

정답 야자유, 피마자유, 올리브유

06

위험물안전관리법령에 따라 주유취급소의 위험물 취급 기준에 대하여 다음 ( ) 안에 알맞은 온도를 쓰시오.

자동차 등에 인화점 (   ) 미만의 위험물을 주유할 때에는 자동차 등의 원동기를 정지시킬 것. 다만, 연료탱크에 위험물을 주유하는 동안 방출되는 가연성 증기를 회수하는 설비가 부착된 고정주유설비에 의하여 주유하는 경우에는 그러하지 아니하다.

주유취급소에서의 취급기준(위험물안전관리법 시행규칙 별표 18)

자동차 등에 인화점 40℃ 미만의 위험물을 주유할 때에는 자동차 등의 원동기를 정지시킬 것. 다만, 연료탱크에 위험물을 주유하는 동안 방출되는 가연성 증기를 회수하는 설비가 부착된 고정주유설비에 의하여 주유하는 경우에는 그러하지 아니하다.

정답 40℃

07

제5류 위험물인 나이트로글리세린을 화학식으로 쓰시오.

나이트로글리세린[$C_3H_5(ONO_2)_3$]은 글리세린의 세 수산기가 나이트로기로 치환된 화합물로, 강력한 폭발성을 가진 제5류 위험물이다.

정답 $C_3H_5(ONO_2)_3$

08 ✨빈출

제2류 위험물과 혼재 가능하고 또한 제5류 위험물과도 혼재가 가능한 위험물은 제 몇 류 위험물인지 쓰시오. (단, 지정수량의 10배 이상인 경우이다.)

유별을 달리하는 위험물 혼재기준(지정수량 1/10배 초과)

1	6		혼재 가능
2	5	4	혼재 가능
3	4		혼재 가능

정답 제4류 위험물

09

금속칼륨과 탄산가스가 반응할 때 화학반응식을 쓰시오.

금속칼륨과 탄산가스의 반응식

• $4K + 3CO_2 \rightarrow 2K_2CO_3 + C$

• 금속칼륨은 탄산가스와 반응하여 탄산칼륨과 탄소를 발생한다.

정답 $4K + 3CO_2 \rightarrow 2K_2CO_3 + C$

10

과산화수소가 분해되어 산소를 발생하는 화학반응식을 쓰시오.

과산화수소의 분해반응식
- $2H_2O_2 \rightarrow 2H_2O + O_2$
- 과산화수소는 분해되어 물과 산소를 발생한다.

정답 $2H_2O_2 \rightarrow 2H_2O + O_2$

11 ★빈출

이황화탄소 12kg이 모두 증기가 된다면 1기압, 100℃에서 몇 L가 되는지 구하시오.

- 이상기체 방정식으로 이황화탄소의 부피를 구하기 위해 $V = \dfrac{nRT}{P}$ 식을 이용한다.
- 이황화탄소 분자량(CS_2) : $12 + (32 \times 2) = 76g/mol$
- 이황화탄소 12kg 몰수 $= 12,000 \times \dfrac{1mol}{76g} = 157.8947mol$
- $V = \dfrac{nRT}{P} = \dfrac{157.8947mol \times 0.082 \times 373K}{1} = 4,829.37L$

  [P(압력) = 1atm, n(이황화탄소 몰수) = 157.8947mol, R(기체상수) = 0.082L · atm · k^{-1} · mol^{-1}, T(절대온도) = 273 + 100 = 373K]

정답 4,829.27L

12

다음 제1류 위험물의 지정수량을 쓰시오.

(1) 브로민산염류

(2) 다이크로뮴산염류

(3) 무기과산화물

(4) 아염소산염류

제1류 위험물의 지정수량
- 50kg : 아염소산염류, 염소산염류, 과염소산염류, 무기과산화물
- 300kg : 브로민산염류, 질산염류, 아이오딘산염류
- 1,000kg : 과망가니즈산염류, 다이크로뮴산염류

정답 (1) 300kg (2) 1,000kg (3) 50kg (4) 50kg

13

$KClO_3$ 1kg이 고온에서 완전히 열분해할 때의 화학반응식을 적고, 이때 발생하는 산소는 몇 g인지 쓰시오. (단, K의 원자량은 39이고, Cl의 원자량은 35.5이다.)

(1) 화학반응식

(2) 발생 산소량

- 염소산칼륨의 열분해반응식 : $2KClO_3 \rightarrow 2KCl + 3O_2$
- 염소산칼륨은 열분해하여 염화칼륨과 산소를 생성한다.
- 염소산칼륨 분자량($KClO_3$) = $39 + 35.5 + (16 \times 3) = 122.5g/mol$
- 염소산칼륨 1kg 몰수 = $1,000 \times \dfrac{1mol}{122.5g} = 8.1633mol$
- 반응식에서 염소산칼륨($KClO_3$) 2mol당 산소(O_2)는 3mol 발생된다.
- 염소산칼륨 8.1633mol 열분해 시 발생하는 산소의 몰수 = $8.1633 \times \dfrac{3}{2} = 12.2450mol$
- 산소(O_2)의 분자량 = $16 \times 2 = 32g/mol$
- 따라서 염소산칼륨 8.1633mol 열분해 시 발생하는 산소의 질량 = $12.2450 \times 32 = 391.84g$

정답 (1) $2KClO_3 \rightarrow 2KCl + 3O_2$ (2) 391.84g

14

다음의 소화 방법은 연소의 3요소 중에서 어떠한 것을 제거 또는 통제하여 소화하는 것인지 연소의 3요소 중 해당하는 것을 각각 1가지씩 쓰시오.

(1) 제거소화

(2) 질식소화

- 연소의 3요소 : 가연물, 산소공급원, 점화원
- 제거소화 : 가연물을 제거하여 소화하는 방법
- 질식소화 : 가연물질에 산소공급원을 차단시켜 소화하는 방법

정답 (1) 가연물 (2) 산소공급원

제4회 실기[필답형] 기출복원문제

01 ⭐빈출

다음 위험물을 수납한 운반용기의 외부에 표시해야 하는 주의사항을 모두 쓰시오. (단, 원칙적인 경우에 한한다.)

(1) 제4류 위험물
(2) 제5류 위험물
(3) 제6류 위험물

위험물별 운반용기 외부의 표시사항과 게시판

유별	종류	운반용기 외부 주의사항	게시판
제1류	알칼리금속의 과산화물	가연물접촉주의, 화기·충격주의, 물기엄금	물기엄금
	그 외	가연물접촉주의, 화기·충격주의	–
제2류	철분, 금속분, 마그네슘	화기주의, 물기엄금	화기주의
	인화성 고체	화기엄금	화기엄금
	그 외	화기주의	화기주의
제3류	자연발화성 물질	화기엄금, 공기접촉엄금	화기엄금
	금수성 물질	물기엄금	물기엄금
제4류	–	화기엄금	화기엄금
제5류		화기엄금, 충격주의	화기엄금
제6류		가연물접촉주의	–

정답 (1) 화기엄금 (2) 화기엄금 및 충격주의 (3) 가연물접촉주의

02 ⭐빈출

페놀은 진한 황산에 녹이고 이것을 질산에 작용시켜 만드는 제5류 위험물의 명칭, 지정수량과 화학식을 쓰시오.

(1) 명칭
(2) 지정수량
(3) 화학식

트라이나이트로페놀 – 제5류 위험물

• 제5류 위험물 중 나이트로화합물에 속하는 트라이나이트로페놀[$C_6H_2(NO_2)_3OH$]은 페놀(C_6H_5OH)에 질산과 황산의 혼산을 반응시켜 제조한다.
• 트라이나이트로페놀의 지정수량은 100kg이다.

정답 (1) 트라이나이트로페놀 (2) 100kg (3) $C_6H_2(NO_2)_3OH$

03

취급하는 위험물의 최대수량이 지정수량의 20배인 경우 위험물제조소의 보유공지 너비는 몇 m 이상이어야 하는지 쓰시오.

제조소의 보유공지

취급하는 위험물의 최대수량	공지의 너비
지정수량의 10배 이하	3m 이상
지정수량의 10배 초과	5m 이상

PART 02

정답 5m

04 ★빈출

다음 그림과 같은 원통형 위험물 저장탱크의 내용적은 약 몇 m³인지 구하시오.

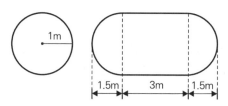

(1) 계산과정
(2) 답

원통형 위험물 저장탱크의 내용적

$$V = \pi r^2 (l + \frac{l_1 + l_2}{3})(1 - 공간용적)$$

$$= 원의\ 면적 \times (가운데\ 체적길이 + \frac{양끝\ 체적길이\ 합}{3}) \times (1 - 공간용적)$$

$$= \pi \times 1^2 \times (3 + \frac{1.5 + 1.5}{3}) = 12.56m^3$$

정답 (1) [해설참조] (2) 12.56m³

05

위험물제조소 건축물의 외벽 구조에 따라 연면적 몇 m²가 1소요단위에 해당하는지 각각 쓰시오.

(1) 외벽이 내화구조인 것
(2) 외벽이 내화구조가 아닌 것

소요단위(연면적)

구분	외벽 내화구조(m²)	외벽 비내화구조(m³)
위험물제조소 취급소	100	50
위험물저장소	150	75

정답 (1) 100m² (2) 50m²

06

위험물안전관리법령에서는 유별 위험물의 성질을 정의하고 있다. 다음 [보기]의 물질 중 산화성 고체 위험물에 해당하는 것을 모두 선택하여 쓰시오. (단, 해당하는 물질이 없으면 "없음"이라고 쓰시오.)

─────────────[보기]─────────────
산화칼슘, 리튬, 질산암모늄, 과산화나트륨, 과산화벤조일

- 산화성 고체는 제1류 위험물이다.
- [보기]의 위험물 중 제1류 위험물은 질산암모늄과 과산화나트륨이다.

정답 질산암모늄, 과산화나트륨

07 ✈빈출

톨루엔 9.2g을 완전연소시키는 데 필요한 공기는 몇 L인지 구하시오. (단, 0℃, 1기압을 기준으로 하며 공기 중 산소는 21vol%이다.)

(1) 계산과정
(2) 답

- 톨루엔의 연소반응식 : $C_6H_5CH_3 + 9O_2 \rightarrow 7CO_2 + 4H_2O$
- 톨루엔은 연소하여 이산화탄소와 물을 생성한다.
- 톨루엔($C_6H_5CH_3$)의 분자량 : $(12 \times 7) + 8 = 92g$
- 톨루엔과 산소는 1 : 9의 반응비로 반응하기 때문에 이를 다음과 같이 나타낼 수 있다.
  - 톨루엔 9.2g = 톨루엔 0.1mol
  - 톨루엔 0.1mol : 산소 반응비 = 0.1 : 0.9
- 표준상태에서 산소는 1mol당 22.4L
- 산소의 부피 = $0.9 \times 0.9 \times 0.9 \times 22.4L = 20.16L$
- 공기 중 산소는 21%의 부피를 가지므로 산소의 부피는 다음과 같이 구해진다.
- $\rightarrow \dfrac{20.16L}{0.21} = 96L$

정답 (1) [해설참조] (2) 96L

08 ✈빈출

제3종 분말 소화약제의 주성분을 쓰고, 적응 가능한 화재를 A급에서 C급까지 선택하여 모두 쓰시오.

(1) 주성분
(2) 적응화재

분말 소화약제의 종류

약제명	주성분	분해식	색상	적응화재
제1종	탄산수소나트륨	$2NaHCO_3 \rightarrow Na_2CO_3 + CO_2 + H_2O$	백색	BC
제2종	탄산수소칼륨	$2KHCO_3 \rightarrow K_2CO_3 + CO_2 + H_2O$	보라색 (담회색)	BC
제3종	인산암모늄	$NH_4H_2PO_4 \rightarrow NH_3 + H_3PO_4$(1차) $NH_4H_2PO_4 \rightarrow NH_3 + HPO_3 + H_2O$(2차)	담홍색	ABC
제4종	탄산수소칼륨 + 요소	–	회색	BC

정답 (1) 인산암모늄 (2) A, B, C

09 ★빈출

경유 500L, 중유 1,000L, 에틸알코올 400L, 다이에틸에터 150L를 저장하고 있다. 각 물질의 지정수량 배수의 총합은 얼마인지 쓰시오.

(1) 계산과정

(2) 답

• 위험물별 지정수량

위험물	품명	지정수량
경유	제2석유류(비수용성)	1,000L
중유	제3석유류(비수용성)	2,000L
에틸알코올	알코올류	400L
다이에틸에터	특수인화물	50L

• 지정수량 배수 $= \dfrac{\text{저장량}}{\text{지정수량}}$

• 지정수량 배수의 총합 $= \dfrac{500L}{1,000L} + \dfrac{1,000L}{2,000L} + \dfrac{400L}{400L} + \dfrac{150L}{50L} = 5$배

정답 (1) [해설참조] (2) 5배

10

질산이 피부에 닿으면 노란색으로 변하는데 이것을 화학적으로 무슨 반응이라 하는지 쓰시오.

크산토프로테인 반응의 정의
단백질을 함유하는 물질에 소량의 진한 질산 1ml 가량을 첨가하고 수 분간 끓이면 황색이 되며, 냉각 후 암모니아를 사용해 알칼리성으로 만들면 등황색으로 변화하며, 질산이 피부에 닿으면 노란색으로 변한다.

정답 크산토프로테인 반응

11 ⭐빈출

동식물유류는 아이오딘값을 기준으로 하여 건성유, 반건성유, 불건성유로 나눈다. 다음 동식물유류를 구분하는 아이오딘값의 일반적인 범위를 쓰시오.

(1) 건성유
(2) 반건성유
(3) 불건성유

아이오딘값에 따른 동식물유류의 구분

구분	아이오딘값	종류
건성유	130 이상	대구유, 정어리유, 상어유, 해바라기유, 동유, 아마인유, 들기름
반건성유	100 초과 130 미만	면실유, 청어유, 쌀겨유, 옥수수유, 채종유, 참기름, 콩기름
불건성유	100 이하	소기름, 돼지기름, 고래기름, 올리브유, 팜유, 땅콩기름, 피마자유, 야자유

정답 (1) 130 이상 (2) 100 초과 130 미만 (3) 100 이하

12

다음은 위험물안전관리법령에서 정한 제3석유류의 정의이다. ( ) 안에 알맞은 용어 또는 수치를 쓰시오.

"제3석유류"라 함은 (①), (②) 그 밖에 1기압에서 인화점이 섭씨 (③)도 이상 섭씨 (④)도 미만인 것을 말한다. 다만, 도료류 그 밖의 물품은 가연성 액체량이 (⑤) 중량퍼센트 이하인 것은 제외한다.

제3석유류의 정의
중유, 크레오소트유 그 밖에 1기압에서 인화점이 섭씨 70도 이상 섭씨 200도 미만인 것을 말한다. 다만, 도료류 그 밖의 물품은 가연성 액체량이 40wt% 이하인 것은 제외한다.

정답 ① 중유 ② 크레오소트유 ③ 70 ④ 200 ⑤ 40

01

삼산화크로뮴을 가열분해하면 산소가 방출된다. 이때 분해반응식을 쓰시오.

> 삼산화크로뮴의 연소반응식
> - $4CrO_3 \rightarrow 2Cr_2O_3 + 3O_2$
> - 삼산화크로뮴은 가열분해하여 산화크로뮴과 산소를 방출한다.

정답 $4CrO_3 \rightarrow 2Cr_2O_3 + 3O_2$

02 빈출

1몰의 탄화알루미늄이 물과 반응하는 반응식을 쓰시오.

> 탄화알루미늄과 물의 반응식
> - $Al_4C_3 + 12H_2O \rightarrow 4Al(OH)_3 + 3CH_4$
> - 탄화알루미늄은 물과 반응하여 수산화알루미늄과 메탄을 발생한다.

정답 $Al_4C_3 + 12H_2O \rightarrow 4Al(OH)_3 + 3CH_4$

03

지정수량 10kg인 제5류 위험물의 위험물안전관리법령상 품명을 2가지 쓰시오.

등급	품명	지정수량(kg)	위험물	분자식	기타
I	질산에스터류	10	질산메틸	CH_3ONO_2	–
			질산에틸	$C_2H_5ONO_2$	
			나이트로글리세린	$C_3H_5(ONO_2)_3$	
			나이트로글리콜		
			나이트로셀룰로오스	–	
			셀룰로이드		
	유기과산화물		과산화벤조일	$(C_6H_5CO)_2O_2$	과산화메틸에틸케톤
			아세틸퍼옥사이드	–	

제5류 위험물(자기반응성 물질)

정답 질산에스터류, 유기과산화물

04

다이에틸에터의 완전연소반응식을 쓰시오.

> 다이에틸에터의 완전연소반응식
> - $C_2H_5OC_2H_5 + 6O_2 \rightarrow 4CO_2 + 5H_2O$
> - 다이에틸에터는 완전연소하여 이산화탄소와 물을 생성한다.

정답 $C_2H_5OC_2H_5 + 6O_2 \rightarrow 4CO_2 + 5H_2O$

PART 02

05

위험물안전관리법령상 질산이 위험물로 취급되기 위해서는 비중이 일정 값 이상이어야 한다. 그 비중의 최솟값을 기준으로 질산의 지정수량을 L단위로 환산하면 얼마가 되는지 구하시오.

(1) 계산과정
(2) 답

> - 질산의 비중은 1.49 이상이면 위험물로 간주한다.
> - 질산의 지정수량 : 300kg
> - 이를 이용해 질산의 비중 최솟값을 기준으로 질산의 지정수량을 L단위로 환산하면, $\dfrac{300kg}{1.49} = 201.34L$이다.

정답 (1) [해설참조] (2) 201.34L

06 빈출

고체물질의 대표적인 연소 형태 4가지를 쓰시오.

> 고체 가연물의 연소 형태
> - 표면연소 : 목탄, 코크스, 숯, 금속분 등
> - 분해연소 : 목재, 종이, 플라스틱, 섬유, 석탄 등
> - 자기연소 : 제5류 위험물 중 고체
> - 증발연소 : 파라핀(양초), 황, 나프탈렌 등

정답 표면연소, 분해연소, 자기연소, 증발연소

07

다음 위험물 중 위험물안전관리법령상 포 소화설비가 적응성이 없는 것을 모두 쓰시오. (단, 모두 적응성이 있을 경우는 "없음"이라 쓰시오.)

철분, 인화성 고체, 황린, 알킬알루미늄, TNT

포 소화설비에 적응성이 없는 위험물
- 알칼리금속과산화물
- 철분, 금속분, 마그네슘 등
- 제3류 위험물 중 금수성 물질

정답 철분, 알킬알루미늄

08 ★빈출

표준상태에서 1몰의 아세톤이 완전연소하기 위해 필요한 산소의 부피는 몇 L인지 구하시오.

(1) 계산과정
(2) 답

- 아세톤의 완전연소반응식 : $CH_3COCH_3 + 4O_2 \rightarrow 3CO_2 + 3H_2O$
- 아세톤은 완전연소하여 이산화탄소와 물을 생성한다.
- 1mol의 아세톤은 연소하기 위해 4mol의 산소가 필요하다.
- 따라서, 필요한 산소의 부피는 4mol × 22.4L = 89.6L이다.

정답 (1) [해설참조]
(2) 89.6L

09

다음 중 제2류 위험물을 착화온도가 낮은 것부터 순서대로 차례대로 쓰시오.

삼황화인, 적린, 황, 마그네슘

물질명	품명	착화점(℃)
삼황화인	제2류 위험물(가연성 고체)	100
황	제2류 위험물(가연성 고체)	232.2
적린	제2류 위험물(가연성 고체)	260
마그네슘	제2류 위험물(가연성 고체)	650

정답 삼황화인, 황, 적린, 마그네슘

10

다음 각 위험물의 시성식을 쓰시오.

(1) 아닐린

(2) 스타이렌

(3) 아세톤

(4) 아세트알데하이드

위험물	시성식	구조
아닐린	C₆H₅NH₂	벤젠 고리에 아미노기(-NH₂)가 결합한 구조
스타이렌	C₆H₅CHCH₂	벤젠 고리에 비닐기(-CH=CH₂)가 결합한 구조
아세톤	CH₃COCH₃	중앙에 카보닐기(C=O)를 가진 케톤 구조
아세트알데하이드	CH₃CHO	알데하이드기(-CHO)를 가진 구조

정답 (1) $C_6H_5NH_2$ (2) $C_6H_5CHCH_2$ (3) CH_3COCH_3 (4) CH_3CHO

11

위험물안전관리법령상 지정수량 몇 배 이상의 제4류 위험물을 취급하는 제조소 또는 일반취급소에는 자체소방대를 두어야 하는지 쓰시오.

> 자체소방대를 설치하여야 하는 사업소(위험물안전관리법 시행령 제18조)
> • 제조소 또는 일반취급소에서 취급하는 제4류 위험물의 최대수량의 합이 지정수량의 3천배 이상
> • 옥외탱크저장소에 저장하는 제4류 위험물의 최대수량이 지정수량의 50만배 이상

정답 3,000배

12

위험물안전관리법령에서 구분하고 있는 위험등급 Ⅰ,Ⅱ,Ⅲ 중 위험등급 Ⅱ에 해당하는 제4류 위험물의 품명을 2가지 쓰시오.

제4류 위험물의 위험등급

위험등급	품명
Ⅰ	특수인화물
Ⅱ	제1석유류, 알코올류
Ⅲ	제2석유류, 제3석유류, 제4석유류, 동식물유류

정답 제1석유류, 알코올류

13

위험물안전관리법령상 위험물의 운반에 관한 기준에 따르면 적재하는 위험물의 성질에 따라 일광의 직사 또는 빗물의 침투를 방지하기 위해 유효하게 피복하는 등 기준에 따른 조치를 하여야 한다. 다음 위험물에는 어떠한 조치를 하여야 하는지 물음에 답하시오.

(1) 제5류 위험물은 어떤 피복으로 가려야 하는지 쓰시오.
(2) 제6류 위험물은 어떤 피복으로 가려야 하는지 쓰시오.
(3) 제2류 위험물 중 철분은 어떤 피복으로 덮어야 하는지 쓰시오.

위험물별 피복유형

위험물	종류	피복
제1류	알칼리금속의 과산화물	방수성
	그 외	차광성
제2류	철분, 금속분, 마그네슘	방수성
제3류	자연발화성 물질	차광성
	금수성 물질	방수성
제4류	특수인화물	차광성
제5류	–	차광성
제6류	–	차광성

정답 (1) 차광성 있는 피복 (2) 차광성 있는 피복 (3) 방수성 있는 피복

14 ★빈출

다음 설명에 해당하는 분말 소화약제의 주성분을 각각 화학식으로 쓰시오.

(1) 열분해 시 발생하는 메타인산이 소화작용을 한다.

(2) 기름화재에 사용하면 비누화반응이 일어난다.

분말 소화약제의 종류

약제명	주성분	분해식	색상	적응화재
제1종	탄산수소나트륨	$2NaHCO_3 \rightarrow Na_2CO_3 + CO_2 + H_2O$	백색	BC
제2종	탄산수소칼륨	$2KHCO_3 \rightarrow K_2CO_3 + CO_2 + H_2O$	보라색 (담회색)	BC
제3종	인산암모늄	$NH_4H_2PO_4 \rightarrow NH_3 + H_3PO_4(1차)$ $NH_4H_2PO_4 \rightarrow NH_3 + HPO_3 + H_2O(2차)$	담홍색	ABC
제4종	탄산수소칼륨 + 요소	–	회색	BC

정답 (1) $NH_4H_2PO_4$ (2) $NaHCO_3$

01 빈출

다음 제5류 위험물의 구조식을 그리시오.

(1) 트라이나이트로톨루엔
(2) 트라이나이트로페놀

(1) 트라이나이트로톨루엔[$C_6H_2(NO_2)_3CH_3$]

(2) 트라이나이트로페놀[$C_6H_2(NO_2)_3OH$]

정답 (1)

(2)

02

위험물안전관리법령상 제4류 위험물을 운송하는 경우 반드시 위험물안전카드를 휴대해야 하는 위험물 품명 2가지를 쓰시오.

위험물(제4류 위험물에 있어서는 특수인화물 및 제1석유류에 한한다)을 운송하게 하는 자는 위험물안전카드를 위험물운송자로 하여금 휴대하게 해야 한다.

정답 특수인화물, 제1석유류

03

위험물안전관리법상 지정과산화물 옥내저장소의 저장창고 기준에 대하여 다음 물음에 답하시오.

(1) 창은 바닥면으로부터 몇 m 이상의 높이에 두어야 하는지 쓰시오.
(2) 하나의 창의 면적은 몇 m² 이내로 하여야 하는지 쓰시오.
(3) 하나의 벽면에 설치하는 창의 면적의 합계는 그 벽의 면적의 얼마 이내가 되도록 하여야 하는지 쓰시오.

옥내저장소의 저장창고 기준(위험물안전관리법 시행규칙 별표 5)
저장창고의 창은 바닥면으로부터 2m 이상의 높이에 두되, 하나의 벽면에 두는 창의 면적의 합계를 당해 벽면의 면적의 80분의 1 이내로 하고, 하나의 창의 면적을 0.4m² 이내로 할 것

정답 (1) 2m 이상 (2) 0.4m² (3) 80분의 1 이내

04 ✈빈출

제3종 분말 소화약제가 열분해하여 메탄인산. 암모니아, 물을 생성하는 열분해반응식을 쓰시오.

분말 소화약제의 종류

약제명	주성분	분해식	색상	적응화재
제1종	탄산수소나트륨	$2NaHCO_3 \rightarrow Na_2CO_3 + CO_2 + H_2O$	백색	BC
제2종	탄산수소칼륨	$2KHCO_3 \rightarrow K_2CO_3 + CO_2 + H_2O$	보라색 (담회색)	BC
제3종	인산암모늄	$NH_4H_2PO_4 \rightarrow NH_3 + H_3PO_4$(1차) $NH_4H_2PO_4 \rightarrow NH_3 + HPO_3 + H_2O$(2차)	담홍색	ABC
제4종	탄산수소칼륨 + 요소	–	회색	BC

정답 $NH_4H_2PO_4 \rightarrow NH_3 + HPO_3 + H_2O$

05 ✈빈출

알루미늄분에 대하여 다음 물음에 답하시오.

(1) 흰 연기를 내면서 연소하는 완전연소반응식을 쓰시오.

(2) 염산과 반응하여 수소가스를 발생하는 화학반응식을 쓰시오.

(3) 위험물안전관리법령상 품명은 무엇인지 쓰시오.

(1) 알루미늄분의 완전연소반응식
- $4Al + 3O_2 \rightarrow 2Al_2O_3$
- 알루미늄분은 완전연소하여 산화알루미늄을 생성한다.

(2) 알루미늄분과 염산의 반응식
- $2Al + 6HCl \rightarrow 2AlCl_3 + 3H_2$
- 알루미늄분은 염산과 반응하여 염화알루미늄과 수소를 발생한다.

(3) 알루미늄분은 제2류 위험물 중 금속분이다.

정답 (1) $4Al + 3O_2 \rightarrow 2Al_2O_3$ (2) $2Al + 6HCl \rightarrow 2AlCl_3 + 3H_2$ (3) 금속분

06 ✈빈출

주유취급소에 설치한 "주유 중 엔진정지"를 표시한 게시판의 (1) 바탕색과 (2) 문자색을 쓰시오.

게시판 종류 및 바탕, 문자색

종류	바탕색	문자색
위험물제조소등	백색	흑색
위험물	흑색	황색
주유 중 엔진정지	황색	흑색
화기엄금	적색	백색
물기엄금	청색	백색

정답 (1) 황색 (2) 흑색

07

다음 ( ) 안에 알맞은 말을 쓰시오.

> (   )이라 함은 이황화탄소, 다이에틸에터, 그 밖에 1기압에서 발화점이 100℃ 이하인 것 또는 인화점이 영하 20℃ 이하이고, 비점이 40℃ 이하인 것을 말한다.

특수인화물의 정의
- 이황화탄소, 다이에틸에터, 그 밖에 1기압에서 발화점이 100℃ 이하인 것 또는 인화점이 영하 20℃ 이하이고, 비점이 40℃ 이하인 것을 말한다.
- 특수인화물의 종류 : 이황화탄소, 다이에틸에터, 아세트알데하이드, 산화프로필렌

정답 특수인화물

08 빈출

제2종 분말 소화약제인 탄산수소칼륨($KHCO_3$) 200kg이 약 190℃에서 열분해되었을 때 분해반응식을 쓰고, 탄산수소칼륨이 분해할 때 발생하는 탄산가스(CO_2)의 부피를 구하시오. (단, 1기압, 200℃ 기준이며, 칼륨의 원자량은 39이다.)

(1) 열분해반응식
(2) 탄산가스 부피(m^3)

(1) 탄산수소칼륨의 열분해반응식
- $2KHCO_3 \rightarrow H_2O + CO_2 + K_2CO_3$
- 탄산수소칼륨은 열분해되어 물, 탄산가스, 탄산칼륨을 발생한다.
(2) 탄산가스(CO_2)의 부피
- 이상기체 방정식($PV = \dfrac{wRT}{M}$)을 이용하여 탄산가스의 부피를 구한다.

$$V = \frac{wRT}{M \times P} = \frac{200,000 \times 0.082 \times 473}{100 \times 1} \times \frac{1}{2} = 38,760L = 38,760,000cm^3 = 38.79m^3$$

- P : 압력(1atm)
- w : 질량(kg) : 200kg = 200 × 1,000 = 200,000g
- M : 분자량 → 탄산수소칼륨($KHCO_3$)의 분자량 = 39 + 1 + 12 + (16 × 3) = 100g/mol
- n : 몰수(mol)
- R : 기체상수(0.082L·atm/mol·K)
- T : 절대온도(K, 절대온도로 변환하기 위해 273을 더한다) → 200 + 273 = 473K

정답 (1) $2KHCO_3 \rightarrow H_2O + CO_2 + K_2CO_3$ (2) 38.79m^3

09

분자량이 약 58, 인화점이 약 −37℃, 비점이 약 34℃인 무색의 휘발성 액체로서 저장 시 불활성 기체를 봉입해야 하는 제4류 위험물의 명칭과 화학식을 쓰시오.

(1) 명칭
(2) 화학식

> 산화프로필렌(CH_2CHOCH_3)
> • 폭발을 방지하기 위해 질소, 아르곤, 이산화탄소 등의 불활성 기체를 봉입한다.
> • 물, 알코올, 에테르, 벤젠에 잘 녹는다.
> • 저장 시 구리, 은, 수은, 마그네슘 등으로 만든 용기는 사용하지 않는다.

정답 (1) 산화프로필렌 (2) CH_2CHOCH_3

10

위험물안전관리법령에서 정한 정전기를 유효하게 제거하기 위한 공기 중의 상대습도의 규정은 몇 % 이상인지 쓰시오.

> 정전기 제거조건
> • 접지에 의한 방법
> • 공기 중의 상대습도를 70% 이상으로 하는 방법
> • 공기를 이온화하는 방법
> • 위험물을 느린 유속으로 흐르게 하는 방법

정답 70%

11

햇빛에 의해 4몰의 질산이 완전분해하여 산소 1몰을 발생하였다. 다음 물음에 답하시오.

(1) 산소와 같이 발생하는 유독성의 기체는 무엇인지 쓰시오.
(2) 질산의 분해반응식을 쓰시오.

질산의 분해반응식

- $4HNO_3 \rightarrow O_2 + 2H_2O + 4NO_2$
- 질산은 완전분해하여 산소, 물, 이산화질소를 발생한다.
- 발생한 물질 중 이산화질소는 유독성의 기체이다.

정답 (1) 이산화질소 (2) $4HNO_3 \rightarrow O_2 + 2H_2O + 4NO_2$

12

탄화칼슘이 고온에서 질소와 반응하여 석회질소를 생성하는 반응식을 쓰시오.

탄화칼슘과 질소의 반응식

- $CaC_2 + N_2 \rightarrow CaCN_2 + C$
- 탄화칼슘은 질소와 반응하여 석회질소와 탄소를 생성한다.

정답 $CaC_2 + N_2 \rightarrow CaCN_2 + C$

13

다음 제1류 위험물의 화학식을 쓰시오.

(1) 과염소산칼륨

(2) 과산화칼륨

(3) 아염소산나트륨

(4) 브로민산칼륨

위험물	화학식	특징
과염소산칼륨	$KClO_4$	강력한 산화제로, 산소 원자가 4개 결합한 과염소산 이온(ClO_4^-)을 포함한다.
과산화칼륨	K_2O_2	과산화 이온(O_2^{2-})을 포함하며, 공기 중 수분과 반응하여 산소를 방출하는 강력한 산화제이다.
아염소산나트륨	$NaClO_2$	아염소산 이온(ClO_2^-)을 포함하며, 물에서 산소를 방출할 수 있는 산화제이다.
브로민산칼륨	$KBrO_3$	브로민산 이온(BrO_3^-)을 포함하며, 산화성이 매우 강하다.

정답 (1) $KClO_4$ (2) K_2O_2 (3) $NaClO_2$ (4) $KBrO_3$

01

위험물안전관리법령상 고체위험물과 액체위험물은 각각 운반용기 내용적의 몇 % 이하의 수납률로 수납하여야 하는지 쓰시오.

(1) 고체위험물

(2) 액체위험물

> 운반용기 내용적의 수납률은 위험물별로 다음과 같다.
> • 고체위험물 : 운반용기 내용적의 95% 이하의 수납율로 수납
> • 액체위험물 : 운반용기 내용적의 98% 이하의 수납율로 수납하되, 55℃의 온도에서 누설되지 아니하도록 충분한 공간용적을 유지하도록 할 것
> • 자연발화성 물질 중 알킬알루미늄등은 운반용기의 내용적의 90% 이하의 수납율로 수납하되, 50℃의 온도에서 5% 이상의 공간용적을 유지하도록 할 것

정답 (1) 95% (2) 98%

02

다음의 각 설명에 해당하는 제6류 위험물의 물질명과 분자식을 쓰시오.

(1) 피부 접촉 시 크산토프로테인 반응이 일어난다.

(2) 가열 시 폭발 우려가 있고 물과 반응하여 발열하며 증기비중은 약 3.46이다.

> 제6류 위험물 특징
> (1) 질산(HNO_3) : 단백질과 크산토프로테인반응을 하여 노란색으로 변한다.
> • 크산토프로테인 반응 : 단백질 검출 반응의 하나로서 아미노산 또는 단백질에 진한 질산을 가열하면 황색이 되고, 냉각하여 염기성으로 되게 하면 동황색을 띤다.
> (2) 과염소산($HClO_4$) : 가열 시 폭발 우려가 있고 물과 반응하여 발열하고 증기비중은 약 3.46이다.

정답 (1) HNO_3(질산) (2) $HClO_4$(과염소산)

03 ⭐빈출

위험물은 수납하는 위험물에 따라 그 운반용기의 외부에 규정에 의한 주의사항을 표시하여야 하는데, 과산화수소를 수납한 경우 표시하여야 하는 주의사항은 무엇인지 쓰시오.

- 위험물 유별 운반용기 외부 주의사항과 게시판

유별	종류	운반용기 외부 주의사항	게시판
제1류	알칼리금속의 과산화물	가연물접촉주의, 화기·충격주의, 물기엄금	물기엄금
	그 외	가연물접촉주의, 화기·충격주의	–
제2류	철분, 금속분, 마그네슘	화기주의, 물기엄금	화기주의
	인화성 고체	화기엄금	화기엄금
	그 외	화기주의	화기주의
제3류	자연발화성 물질	화기엄금, 공기접촉엄금	화기엄금
	금수성 물질	물기엄금	물기엄금
제4류	–	화기엄금	화기엄금
제5류		화기엄금, 충격주의	화기엄금
제6류		가연물접촉주의	–

- 과산화수소는 제6류 위험물로 운반용기 외부에 "가연물접촉주의"를 표시한다.

정답 가연물접촉주의

04 ⭐빈출

다음 할로겐(할로젠)화합물 소화약제의 Halon 번호에 해당하는 화학식을 쓰시오.

(1) Halon 1011

(2) Halon 1211

할론명명법 : C, F, Cl, Br 순으로 원소의 개수를 나열할 것
- Halon 1011 = CH_2ClBr
- Halon 1211 = CF_2ClBr

정답 (1) CH_2ClBr　(2) CF_2ClBr

05

위험물안전관리법령상 이동저장탱크저장소의 이동저장탱크 방파판은 두께 몇 mm 이상의 강철판으로 만들어야 하는지 쓰시오.

방파판은 두께 1.6mm 이상의 강철판 또는 이와 동등 이상의 강도·내열성 및 내식성이 있는 금속성의 것으로 할 것(위험물안전관리법 시행규칙 별표 10)

정답 1.6mm 이상

06

다음 표에서 각 번호에 해당되는 위험물의 명칭과 지정수량을 쓰시오.

화학식	명칭	지정수량(kg)
NH_4ClO_4	①	②
$KMnO_4$	③	④
$K_2Cr_2O_7$	⑤	⑥

화학식	명칭	지정수량(kg)
NH_4ClO_4	과염소산암모늄	50
$KMnO_4$	과망가니즈산칼륨	1,000
$K_2Cr_2O_7$	다이크로뮴산칼륨	1,000

정답 ① 과염소산암모늄 ② 50 ③ 과망가니즈산칼륨 ④ 1,000 ⑤ 다이크로뮴산칼륨 ⑥ 1,000

07

제1류 위험물인 질산칼륨 1mol 중의 질소함량은 약 몇 wt%인지 구하시오. (단, K의 원자량은 39이다.)

(1) 계산과정

(2) 답

질산칼륨(KNO_3) – 제1류 위험물
- 질산칼륨(KNO_3) 분자량 = $30 + 14 + (16 \times 3) = 101g/mol$
  (K원자량 : 39, N원자량 : 14, O원자량 : 16)
- 질소함량 = $\dfrac{14}{101} \times 100(\%) = 13.86wt\%$

정답 (1) [해설참조] (2) 13.86wt%

08

위험물안전관리법령에 따라 탱크시험자가 갖추어야 하는 장비는 필수장비와 필요한 경우에 두는 장비로 구분할 수 있다. 각각에 해당하는 장비 2가지를 쓰시오.

(1) 필수장비

(2) 필요한 경우에 두는 장비

탱크시험자가 갖추어야 하는 장비(위험물안전관리법 시행령 별표 7)
(1) 필수장비 : 자기탐상시험기, 초음파두께측정기 및 다음 중 어느 하나
- 영상초음파시험기
- 방사선투과시험기 및 초음파시험기
(2) 필요한 경우에 두는 장비
- 충·수압시험, 진공시험, 기밀시험 또는 내압시험의 경우
  - 진공능력 53KPa 이상의 진공누설시험기
  - 기밀시험장치(안전장치가 부착된 것으로서 가압능력 200KPa 이상, 감압의 경우에는 감압능력 10KPa 이상·감도 10Pa 이하의 것으로서 각각의 압력 변화를 스스로 기록할 수 있는 것
- 수직·수평도 시험의 경우 : 수직·수평도 측정기
※ 비고 : 둘 이상의 기능을 함께 가지고 있는 장비를 갖춘 경우에는 각각의 장비를 갖춘 것으로 본다.

정답 (1) 자기탐상시험기, 초음파두께측정기, 영상초음파시험기, 방사선투과시험기, 초음파시험기 중 2가지
(2) 진공능력 53kPa 이상의 진공누설시험기, 기밀시험장치, 수직·수평도 측정기 중 2가지

09

다음에서 설명하는 위험물은 무엇인지 쓰시오.

- 분자량이 약 104.2이고, 지정수량이 1,000L인 제2석유류이다.
- 비점은 약 146℃, 인화점은 약 32℃이다.
- 에틸벤젠을 탈수소화 처리하여 얻을 수 있다.

스타이렌 – 제4류 위험물
- 비수용성이고 메탄올, 에탄올, 에테르, 이황화탄소에 잘 녹는다.
- 가연성 및 독성이므로 취급에 주의한다.

정답 스타이렌

10

다음 [보기]에서 금속나트륨과 금속칼륨의 공통적 성질에 해당하는 것을 모두 선택하여 번호를 쓰시오.

―――――[보기]―――――
(1) 무른 경금속이다.
(2) 알코올과 반응하여 수소를 발생한다.
(3) 물과 반응할 때 불연성 기체를 발생한다.
(4) 흑색의 고체이다.
(5) 보호액 속에 보관한다.

---

(1) 나트륨(Na)과 칼륨(K)은 주기율표의 1족(알칼리금속)에 속하는 원소이다. 이 원소들은 금속이지만 매우 부드럽고 쉽게 자를 수 있는 특성을 지닌 무른 경금속이다.
(2) 알코올과의 반응식
- 나트륨과 알코올의 반응식 : $2Na + 2C_2H_5OH \rightarrow 2C_2H_5ONa + H_2$
- 칼륨과 알코올의 반응식 : $2K + 2C_2H_5OH \rightarrow 2C_2H_5OK + H_2$
  → 알코올과 반응하여 공통적으로 수소를 발생한다.
(3) 물과의 반응식
- 나트륨과 물의 반응식 : $2Na + 2H_2O \rightarrow 2NaOH + H_2$
- 칼륨과 물의 반응식 : $2K + 2H_2O \rightarrow 2KOH + H_2$
  → 물과 반응하여 공통적으로 가연성의 수소를 발생한다.
(4) 나트륨과 칼륨은 은백색의 고체이다.

(5) 나트륨과 칼륨은 공기 중의 산소와 수분에 매우 민감하다. 이 금속들은 수분과 접촉하면 격렬히 반응하여 산화되거나, 수소 기체를 발생시키며 발열 반응을 일으켜 위험할 수 있다. 따라서 금속 표면이 산소나 수분과 직접 접촉하는 것을 방지하기 위해, 무기질유(광유)나 경유 같은 보호액 속에 보관한다.

정답 (1), (2), (5)

11 빈출

분말소화기에서 ABC 분말 소화약제의 열분해반응식을 쓰시오.

분말 소화약제의 종류

약제명	주성분	분해식	색상	적응화재
제1종	탄산수소나트륨	$2NaHCO_3 \rightarrow Na_2CO_3 + CO_2 + H_2O$	백색	BC
제2종	탄산수소칼륨	$2KHCO_3 \rightarrow K_2CO_3 + CO_2 + H_2O$	보라색 (담회색)	BC
제3종	인산암모늄	$NH_4H_2PO_4 \rightarrow NH_3 + H_3PO_4(1차)$ $NH_4H_2PO_4 \rightarrow NH_3 + HPO_3 + H_2O(2차)$	담홍색	ABC
제4종	탄산수소칼륨 + 요소	–	회색	BC

정답 $NH_4H_2PO_4 \rightarrow NH_3 + HPO_3 + H_2O$

12

다음 구조식을 가진 위험물의 위험물안전관리법령상 (1) 품명과 (2) 지정수량을 쓰시오.

NH_2

물질명	화학식	품명	지정수량	비중	인화점
아닐린	$C_6H_5NH_2$	제3석유류(비수용성)	2,000L	1.02	70℃

정답 (1) 제3석유류 (2) 2,000L

13

위험물제조소의 옥외에 있는 가솔린 취급탱크 2기의 주위에 하나의 방유제를 설치하는 경우 방유제의 용량은 얼마 이상이 되게 하여야 하는지 구하시오. (단, 탱크의 용량은 각각 200m³, 100m³이다.)

(1) 계산식
(2) 정답

> 탱크 2기의 방유제 용량의 계산은 다음과 같다.
> (최대 탱크 용량 × 0.5) + (나머지 탱크 용량 × 0.1)
> = (200m³ × 0.5) + (100m³ × 0.1) = 110m³

정답 (1) [해설참조] (2) 110m³ 이상

14 ⭐빈출

위험물을 운반할 때 위험물안전관리법령상 제6류 위험물과 혼재할 수 있는 위험물은 제 몇 류 위험물인지 모두 쓰시오. (단, 운반하고자 하는 위험물은 지정수량의 1/5 수준이다.)

유별을 달리하는 위험물 혼재기준

1	6		혼재 가능
2	5	4	혼재 가능
3	4		혼재 가능

정답 제1류 위험물

03

위험물기능사 실기[필답형]
모의고사

국가기술자격 제1회 실기 모의고사

종 목	시험시간	배 점	문제수	형 별	성 명	
위험물기능사	1시간 30분	100	14	A	수험번호	
					감독확인	

* 다음 물음에 답을 해당 답란에 답하시오. (배점 : 100, 문제수 : 14)

1. 피크린산의 구조식을 그리시오. 빈출

득점	배점
	6

2. 이동탱크저장소에서 이동저장탱크는 그 내부에 몇 L 이하마다 3.2mm 이상의 강철판 또는 이와 동등 이상의 강도·내열성 및 내식성이 있는 금속성의 것으로 칸막이를 설치하여야 하는지 쓰시오. (단, 원칙적인 경우에 한함)

득점	배점
	7

3. 제4류 위험물을 취급하는 위험물제조소와 고등교육법에서 정하는 학교 간에는 몇 m 이상의 안전거리를 확보해야 하는지 쓰시오.

득점	배점
	6

4. 다음은 분말 소화약제의 주성분이다. 해당하는 소화약제 종별을 구분하여 쓰시오. ★빈출

득점	배점
	8

(1) 탄산수소나트륨

(2) 인산염류

(3) 탄산수소칼륨 + 요소

5. 나이트로화합물 중 폭약의 폭발력의 표준이 되는 물질로 톨루엔과 혼산(질산 + 황산)으로 나이트로화시켜 만드는 제5류 위험물의 명칭을 쓰시오. ★빈출

득점	배점
	7

6. 위험물안전관리법령에서 정한 다음 위험물의 지정수량을 쓰시오.

득점	배점
	8

(1) 삼산화크로뮴

(2) 과산화칼륨

(3) 염소산칼륨

7. 제6류 위험물에 적용성이 있는 소화설비를 다음에서 모두 골라 번호를 쓰시오.

득점 | 배점
7

> ① 옥내소화전설비
> ② 불활성 가스 소화설비
> ③ 할로겐(할로젠)화합물 소화설비
> ④ 탄산수소염류 등의 분말 소화설비
> ⑤ 포 소화설비

8. 제6류 위험물 중 다음 설명에 해당되는 것을 화학식으로 쓰시오.

득점 | 배점
8

> • 분자량 : 100.5
> • 비중 : 1.76
> • 증기비중 : 3.5

9. 2몰의 염소산칼륨이 완전 열분해될 때 생성되는 산소의 양(g)을 구하시오.

득점 | 배점
8

(1) 계산과정

(2) 답

10. 위험물안전관리법령상 제1류 위험물 중 알칼리금속의 과산화물의 운반용기 외부에 표시해야 하는 주의사항을 모두 쓰시오. ★빈출

득점 | 배점
7

11. 탄산수소나트륨 소화약제가 열분해되는 화학반응식을 쓰시오.

득점	배점
	7

12. Halon 1211의 화학식을 쓰시오.

득점	배점
	6

13. 칼륨이 다음 물질과 반응할 때의 화학반응식을 각각 쓰시오.

(1) 물

(2) 에탄올

득점	배점
	8

14. 위험물안전관리법령상 간이저장탱크의 용량은 몇 L 이하이어야 하는지 쓰시오.

득점	배점
	7

국가기술자격 제2회 실기 모의고사

종 목	시험시간	배 점	문제수	형 별
위험물기능사	1시간 30분	100	13	A

성 명	
수험번호	
감독확인	

＊다음 물음에 답을 해당 답란에 답하시오. (배점 : 100, 문제수 : 13)

1. 위험물안전관리법령상 제4류 위험물 중 위험등급 I과 위험등급 II에 대항하는 품명을 구분하여 모두 쓰시오.

   (1) 위험등급 I

   (2) 위험등급 II

득점	배점
	8

2. 다음 분말 소화약제의 주성분을 화학식으로 쓰시오. 빈출

   (1) 제1종 분말 소화약제

   (2) 제2종 분말 소화약제

   (3) 제3종 분말 소화약제

득점	배점
	8

3. 금속나트륨과 에틸알코올이 반응하여 수소를 발생하는 화학반응식을 쓰시오.

득점	배점
	7

4. 아연분에 대하여 다음 각 물음에 답하시오.

(1) 공기 중 수분에 의한 화학반응식을 쓰시오.

(2) 염산과 반응할 경우 발생 기체는 무엇인지 쓰시오.

득점	배점
	8

5. 과산화나트륨과 물이 반응하였을 때와 과산화나트륨과 이산화탄소가 반응하였을 때 공통적으로 생성되는 물질의 화학식을 쓰시오. 빈출

득점	배점
	8

6. 위험물안전관리법령상 제5류 위험물 운반용기 외부에 표시해야 하는 주의사항을 모두 쓰시오. 빈출

득점	배점
	7

7. 위험물안전관리법령상 "위험물제조소"라는 표시를 한 표지를 설치할 때의 기준에 대하여 다음 물음에 답하시오. ⭐빈출

득점	배점
	8

(1) 표지 크기 기준에 대하여 쓰시오.

(2) 표지의 바탕과 문자의 색상을 쓰시오.

8. 이황화탄소가 완전연소할 때 연소반응식을 쓰시오.

득점	배점
	7

9. 탄소 100kg을 완전연소시키려면 표준상태에서 공기 몇 m³가 필요한지 구하시오. (단, 공기는 질소 79vol%, 산소 21vol%로 되어 있다.) ⭐빈출

득점	배점
	8

(1) 계산과정

(2) 답

10. 탄화칼슘 1mol과 물 2mol이 반응할 때 생성되는 기체를 쓰고, 그 기체는 표준상태를 기준으로 몇 L가 생성되는지 쓰시오. ★빈출

득점	배점
	9

(1) 생성 기체

(2) 생성량(L)

11. 위험물안전관리법령상 위험물은 지정수량의 몇 배를 1소요단위로 하는지 쓰시오.

득점	배점
	7

12. 위험물안전관리법령상 이동탱크저장소의 탱크는 강철판의 두께가 몇 mm 이상이어야 하는지 쓰시오.

득점	배점
	7

13. 다음 물질의 화학식을 각각 쓰시오.

득점	배점
	8

(1) 에틸렌글리콜

(2) 초산에틸

(3) 피리딘

국가기술자격 제3회 실기 모의고사

종 목	시험시간	배 점	문제수	형 별	성 명	
위험물기능사	1시간 30분	100	13	A	수험번호	
					감독확인	

* 다음 물음에 답을 해당 답란에 답하시오. (배점 : 100, 문제수 : 13)

1. 톨루엔을 진한 질산과 진한 황산으로 나이트로화시키면 탈수되어 무엇이 생성되는지 쓰시오. **빈출**

득점	배점
	7

2. 분말소화기에서 ABC 분말 소화약제의 열분해반응식을 쓰시오. **빈출**

득점	배점
	7

3. [보기]의 설명 중 과염소산에 대한 내용으로 옳은 것을 모두 선택하여 그 번호를 쓰시오.

득점	배점
	8

   ───────[보기]───────
   ① 분자량은 약 78이다.
   ② 분자량은 약 63이다.
   ③ 무색의 액체이다.
   ④ 짙은 푸른색을 나타내는 액체이다.
   ⑤ 농도가 36wt% 미만인 것은 위험물에 해당하지 않는다.
   ⑥ 가열분해 시 유독한 HCl 가스를 발생한다.

4. 알루미늄 분말이 고온의 물과 반응하여 수소를 발생하는 화학반응식을 쓰시오. ⭐빈출

득점	배점
	7

5. 다음 위험물의 위험물안전관리법령상 품명을 쓰시오.

득점	배점
	8

(1) 아세트알데하이드

(2) 아닐린

(3) 톨루엔

6. 적린 연소 시 생성되는 흰 연기의 화학식을 쓰시오. ⭐빈출

득점	배점
	7

7. 다음 [보기] 중 질산에스터류에 해당하는 물질을 모두 쓰시오. ⭐빈출

득점	배점
	8

─────[보기]─────
트라이나이트로톨루엔, 나이트로셀룰로오스, 나이트로글리세린, 테트릴, 질산메틸, 피크린산

8. 제3류 위험물 중 위험등급 Ⅲ에 해당하는 위험물 품명은 지정수량이 얼마인지 쓰시오.

득점	배점
	8

9. 위험물안전관리법령상 지하저장탱크를 2개 이상 인접하게 설치하면 그 상호 간의 간격은 얼마 이상으로 하여야 하는지 쓰시오. (단, 원칙적인 경우에 한한다)

득점	배점
	8

10. 과산화나트륨이 물과 반응하여 산소를 발생하는 화학반응식을 쓰시오. 빈출

득점	배점
	7

11. 과산화수소 1,200kg, 질산 600kg, 과염소산 900kg을 같은 장소에 저장하려 할 때 각 위험물의 지정수량 배수의 총합은 얼마인지 구하시오. 빈출

득점	배점
	8

(1) 계산과정

(2) 답

12. 다음 위험물의 지정수량을 쓰시오.

득점	배점
	9

   (1) $C_2H_5OC_2H_5$

   (2) $(CH_3)_2CHNH_2$

   (3) 동식물유류

13. 제5류 위험물제조소의 주의사항 게시판에 대하여 다음 각 물음에 답을 쓰시오. **빈출**

득점	배점
	8

   (1) 게시판의 바탕색을 쓰시오.

   (2) 게시판의 문자색을 쓰시오.

   (3) 표시해야 하는 주의사항을 쓰시오.

국가기술자격 제4회 실기 모의고사

종 목	시험시간	배 점	문제수	형 별	성 명	
위험물기능사	1시간 30분	100	13	A	수험번호	
					감독확인	

＊다음 물음에 답을 해당 답란에 답하시오. (배점 : 100, 문제수 : 13)

1. 위험물안전관리법령상 제4류 위험물과 같이 적재하여 운반하여도 되는 위험물은 제 몇 류 위험물인지 모두 쓰시오. ⭐빈출

득점	배점
	7

2. 벤젠에 대한 다음 물음에 답을 쓰시오.

   (1) 증기비중을 구하시오. (단, 계산식과 함께 쓰시오.)

   (2) 완전연소반응식을 쓰시오.

   (3) 위험물안전관리법령상 지정수량은 얼마인지 쓰시오.

득점	배점
	8

3. 제6류 위험물의 운반용기 외부에 표시해야 하는 주의사항을 쓰시오. ⭐빈출

득점	배점
	7

4. 다음 각 종별에 따른 분말 소화약제의 주성분을 쓰시오. ⭐빈출

득점	배점
	7

    (1) 제1종

    (2) 제2종

    (3) 제3종

5. 다음 각 물질의 시성식을 쓰시오.

득점	배점
	8

    (1) 포름산에틸

    (2) 메틸에틸케톤

    (3) 톨루엔

6. 황 32g을 완전연소시킬 때 27℃에서 몇 L의 SO_2가 생성되는지 구하시오. (단, 압력은 1atm이고 황의 원자량은 32이다.) ⭐빈출

득점	배점
	9

    (1) 계산과정

    (2) 답

7. 다음 Halon 번호에 해당하는 화학식을 쓰시오. ★빈출

    (1) Halon 2402

    (2) Halon 1211

득점	배점
	8

8. 다음 물질 중 위험물안전관리법령상 제1석유류에 속하는 물질을 모두 쓰시오.

아세트산, 포름산, 아세톤, 클로로벤젠, 에틸벤젠, 경유

득점	배점
	7

9. 제6류 위험물의 옥내탱크저장소의 기준에 대하여 다음 물음에 답하시오.

    (1) 옥내저장탱크와 탱크전용실의 벽과의 사이 및 옥내저장탱크 상호 간에는 몇 m 이상의 간격을 유지하여야 하는지 쓰시오. (단, 탱크의 점검 및 보수에 지장이 없는 경우는 제외한다.)

    (2) 옥내저장탱크의 용량은 지정수량의 몇 배 이하이어야 하는지 쓰시오.

득점	배점
	8

10. 수소화나트륨이 습한 공기 중에서 물과 반응하여 수소기체를 발생하는 반응식을 쓰시오.

득점	배점
	7

11. 위험물안전관리법령상 제4류 위험물 중 일부 품명에 속하는 위험물의 이동탱크저장소에는 기준에 의하여 접지도선을 설치하여야 한다. 그에 해당하는 위험물안전관리법령상의 품명을 모두 쓰시오.

득점 | 배점
8

12. 옥내소화전설비의 설치기준에 대하여 다음 ( ) 안에 알맞은 수치를 쓰시오.

득점 | 배점
8

> 옥내소화전은 제조소등의 건축물의 층마다 당해 층의 각 부분에서 하나의 호스접속구까지 수평거리가 (①)m 이하가 되도록 설치할 것. 이 경우 옥내소화전은 각 층의 출입구 부근에 (②)개 이상 설치하여야 한다.

13. 아세트알데하이드등의 저장기준에 대하여 다음 ( ) 안에 알맞은 용어 또는 수치를 쓰시오.

득점 | 배점
8

(1) 보냉장치가 있는 이동저장탱크에 저장하는 아세트알데하이드등의 온도는 당해 위험물의 ( ) 이하로 유지할 것

(2) 보냉장치가 없는 이동저장탱크에 저장하는 아세트알데하이드등의 온도는 ( )℃ 이하로 유지할 것

국가기술자격 제5회 실기 모의고사

종 목	시험시간	배 점	문제수	형 별
위험물기능사	1시간 30분	100	14	A

성 명	
수험번호	
감독확인	

＊ 다음 물음에 답을 해당 답란에 답하시오. (배점 : 100, 문제수 : 14)

1. 다음에서 설명하는 위험물의 완전연소반응식을 쓰시오.

   - 은백색의 광택이 있는 경금속이다.
   - 칼로 잘리는 무른 금속이다.
   - 원자량은 39, 비중은 약 0.86이다.

득점	배점
	7

2. 다음 위험물의 주된 연소 형태를 [보기] 중에 1가지 선택하여 쓰시오. ★빈출

   ─────[보기]─────
   표면연소, 분해연소, 증발연소, 자기연소, 예혼합연소, 확산연소

   (1) 나프탈렌

   (2) 석탄

   (3) 금속분

득점	배점
	7

3. 다음 위험물 중 비수용성인 것을 모두 쓰시오. (단, 해당하는 물질이 없을 경우에는 "없음"이라 쓰시오.)

   에틸알코올, 이황화탄소, 아세트알데하이드, 벤젠, 아세트산

득점	배점
	7

4. 트라이에틸알루미늄이 물과 접촉하면 발생하는 가연성 가스의 화학식을 쓰시오. ★빈출

득점	배점
	7

5. 다음은 물분무 소화설비의 설치기준이다. ( ) 안에 알맞은 수치를 쓰시오.

득점	배점
	7

   (1) 방호대상물의 표면적이 150m²인 경우 물분무 소화설비의 방사구역은 ( )m² 이상으로 할 것

   (2) 수원의 수량은 분무헤드가 가장 많이 설치된 방사구역의 모든 분무헤드를 동시에 사용할 경우에 당해 방사구역의 표면적 1m²당 1분당 ( )L의 비율로 계산한 양으로 ( )분간 방사할 수 있는 양 이상이 되도록 설치할 것

PART 03

6. 지정수량의 10배 이상의 위험물을 운송할 경우 제6류 위험물과 혼재할 수 없는 위험물은 제 몇 류 위험물인지 모두 쓰시오. ★빈출

득점	배점
	7

7. 동식물유류를 아이오딘값에 따라 분류할 때 야자유와 같이 아이오딘값이 100 이하인 것을 무엇이라 하는지 쓰시오. ★빈출

득점	배점
	7

8. 제4류 위험물 중 특수인화물인 $C_2H_5OC_2O_5$의 연소범위가 1.9 ~ 48%라고 할 때 위험도를 구하시오.

득점	배점
	7

   (1) 계산과정

   (2) 답

9. 벤젠의 수소원자 1개를 메틸기로 치환하면 생성되는 물질의 명칭과 지정수량을 쓰시오.

득점	배점
	7

   (1) 물질명

   (2) 지정수량

10. 분말 소화약제 $NH_4H_2PO_4$ 115g이 열분해할 경우 몇 g의 HPO_3가 생기는지 화학반응식을 쓰고, 그 답을 구하시오. (단, P의 원자량은 31이다.) ★빈출

득점	배점
	8

   (1) 화학반응식

   (2) 계산과정

   (3) 얻을 수 있는 HPO_3의 g수

11. 다음 위험물의 시성식을 쓰시오.

   (1) 에틸렌글리콜

   (2) 나이트로벤젠

   (3) 아닐린

득점	배점
	7

12. 불활성 가스 소화약제 IG-541의 구성성분 3가지를 쓰시오.

득점	배점
	7

PART 03

13. 경유 600L, 중유 200L, 등유 300L, 톨루엔 400L를 보관하고 있다. 위험물안전관리법령 상 각 위험물의 지정수량의 배수의 합은 얼마인지 구하시오. ⭐빈출

득점	배점
	7

   (1) 계산과정

   (2) 답

14. 위험물제조소의 옥외에 용량이 500L와 200L인 액체위험물(이황화탄소 제외) 취급탱크 2 기가 있다. 2기의 탱크 주위에 하나의 방유제를 설치하는 경우 방유제의 용량은 얼마 이상 이 되게 하여야 하는지 쓰시오. (단, 지정수량 이상을 취급하는 경우이다.)

득점	배점
	8

   (1) 계산과정

   (2) 답

1

피크린산(트라이나이트로페놀) : $C_6H_2(NO_2)_3OH$

2 4,000L

이동저장탱크 설비기준에서 칸막이는 4,000L 이하마다 3.2mm 이상의 강철판 또는 이와 동등 이상의 강도·내식성 및 내열성이 있는 금속성의 것으로 설치해야 한다.

3 30m 이상

위험물제조소의 안전거리

구분	거리
사용전압 7,000V 초과 35,000V 이하 특고압 가공전선	3m 이상
사용전압 35,000V 초과의 특고압 가공전선	5m 이상
주거용으로 사용	10m 이상
고압가스, 액화석유가스, 도시가스를 저장 취급하는 시설	20m 이상
학교, 병원급 의료기관, 영화상영관 등 수용인원 300명 이상 복지시설, 어린이집 등 수용인원 20명 이상	30m 이상
유형문화재, 지정문화재	50m 이상

4 (1) 제1종 분말 소화약제 (2) 제3종 분말 소화약제 (3) 제4종 분말 소화약제

분말 소화약제의 종류

약제명	주성분	분해식	색상	적응화재
제1종	탄산수소나트륨	$2NaHCO_3 \rightarrow Na_2CO_3 + CO_2 + H_2O$	백색	BC
제2종	탄산수소칼륨	$2KHCO_3 \rightarrow K_2CO_3 + CO_2 + H_2O$	보라색 (담회색)	BC
제3종	인산암모늄	$NH_4H_2PO_4 \rightarrow NH_3 + H_3PO_4$(1차) $NH_4H_2PO_4 \rightarrow NH_3 + HPO_3 + H_2O$(2차)	담홍색	ABC
제4종	탄산수소칼륨 + 요소	–	회색	BC

5 트라이나이트로톨루엔(TNT)

트라이나이트로톨루엔[$C_6H_2CH_3(NO_2)_3$]은 톨루엔에 질산 또는 황산을 반응시켜 생긴다.

6 (1) 300kg   (2) 50kg   (3) 50kg

위험물	삼산화크로뮴	과산화칼륨	염소산칼륨
품명	제1류 위험물	제1류 위험물	제1류 위험물
지정수량	300kg	50kg	50kg

7 ①, ⑤

제6류 위험물은 물과 반응성이 없으므로 주로 주수소화한다.

8 $HClO_4$

과염소산($HClO_4$) – 제6류 위험물
- 분자량 = 1 + 35.5 + (16 × 4) = 100.5g/mol
- 비중 : 1.76
- 증기비중 = $\dfrac{\text{과염소산 분자량}}{\text{공기의 평균 분자량}} = \dfrac{100.5}{29} = 3.5$

9 (1) [해설참조]   (2) 96g

- 염소산칼륨의 열분해반응식 : $2KClO_3 \rightarrow 2KCl + 3O_2$
- 염소산칼륨은 열분해하여 2mol의 염화칼륨과 3mol의 산소를 생성한다.
- 산소 1mol의 분자량은 16 × 2 = 32g/mol이므로, 생성되는 산소의 양은 3mol × 32g/mol = 96g이다.

10 가연물접촉주의, 화기·충격주의, 물기엄금

위험물 유별 운반용기 외부 주의사항 및 게시판

유별	종류	운반용기 외부 주의사항	게시판
제1류	알칼리금속의 과산화물	가연물접촉주의, 화기·충격주의, 물기엄금	물기엄금
	그 외	가연물접촉주의, 화기·충격주의	–
제2류	철분, 금속분, 마그네슘	화기주의, 물기엄금	화기주의
	인화성 고체	화기엄금	화기엄금
	그 외	화기주의	화기주의
제3류	자연발화성 물질	화기엄금, 공기접촉엄금	화기엄금
	금수성 물질	물기엄금	물기엄금
제4류		화기엄금	화기엄금
제5류	–	화기엄금, 충격주의	화기엄금
제6류		가연물접촉주의	–

11 $2NaHCO_3 \rightarrow Na_2CO_3 + H_2O + CO_2$

탄산수소나트륨($NaHCO_3$) : 제1종 분말 소화약제
- 탄산수소나트륨의 열분해반응식 : $2NaHCO_3 \rightarrow Na_2CO_3 + H_2O + CO_2$
- 탄산수소나트륨은 열분해되어 탄산나트륨, 물, 이산화탄소를 생성한다.

12 CF_2ClBr

- 할론명명법 : C, F, Cl, Br 순으로 원소의 개수를 나열할 것
- Halon 1211 = CF_2ClBr

13 (1) $2K + 2H_2O \rightarrow 2KOH + H_2$ (2) $2K + 2C_2H_5OH \rightarrow 2C_2H_5OK + H_2$

(1) 칼륨과 물의 반응식

  • $2K + 2H_2O \rightarrow 2KOH + H_2$

  • 칼륨은 물과 반응하여 수산화칼륨과 수소를 발생한다.

(2) 칼륨과 에탄올의 반응식

  • 칼륨은 에탄올과 반응하여 칼륨에틸레이트와 수소를 발생한다.

  • $2K + 2C_2H_5OH \rightarrow 2C_2H_5OK + H_2$

14 600L 이하

간이저장탱크의 용량은 600L 이하이어야 한다(위험물안전관리법 시행규칙 별표 9).

국가기술자격 제2회 실기 모의고사

1 (1) 특수인화물 (2) 제1석유류, 알코올류

(1) 제4류 위험물 중 위험등급 I 인 위험물 : 특수인화물

(2) 제4류 위험물 중 위험등급 II 인 위험물 : 제1석유류, 알코올류

2 (1) $NaHCO_3$ (2) $KHCO_3$ (3) $NH_4H_2PO_4$

분말 소화약제의 종류

약제명	주성분	분해식	색상	적응화재
제1종	탄산수소나트륨	$2NaHCO_3 \rightarrow Na_2CO_3 + CO_2 + H_2O$	백색	BC
제2종	탄산수소칼륨	$2KHCO_3 \rightarrow K_2CO_3 + CO_2 + H_2O$	보라색 (담회색)	BC
제3종	인산암모늄	$NH_4H_2PO_4 \rightarrow NH_3 + HPO_4$(1차) $NH_4H_2PO_4 \rightarrow NH_3 + HPO_3 + H_2O$(2차)	담홍색	ABC
제4종	탄산수소칼륨 + 요소	–	회색	BC

3 $2Na + 2C_2H_5OH \rightarrow 2C_2H_5ONa + H_2$

금속나트륨과 에틸알코올의 반응식

• $2Na + 2C_2H_5OH \rightarrow 2C_2H_5ONa + H_2$

• 금속나트륨은 에틸알코올과 반응하여 나트륨에틸레이트와 수소를 발생한다.

4 (1) $Zn + 2H_2O \rightarrow Zn(OH)_2 + H_2$ (2) 수소(H_2)

(1) 아연과 물의 반응식

  • $Zn + 2H_2O \rightarrow Zn(OH)_2 + H_2$

  • 아연은 물과 반응하여 수산화아연과 수소를 발생한다.

(2) 아연과 염산의 반응식

  • $Zn + 2HCl \rightarrow ZnCl_2 + H_2$

  • 아연은 염산과 반응하여 염화아연과 수소를 발생한다.

5 O₂(산소)

- 과산화나트륨과 물의 반응식 : $2Na_2O_2 + 2H_2O \rightarrow 4NaOH + O_2$
- 과산화나트륨은 물과 반응하여 수산화나트륨과 산소를 발생한다.
- 과산화나트륨과 이산화탄소의 반응식 : $2Na_2O_2 + 2CO_2 \rightarrow 2Na_2CO_3 + O_2$
- 과산화나트륨은 이산화탄소와 반응하여 탄산나트륨과 산소를 발생한다.

6 화기엄금, 충격주의

위험물 유별 운반용기 외부 주의사항 및 게시판

유별	종류	운반용기 외부 주의사항	게시판
제1류	알칼리금속의 과산화물	가연물접촉주의, 화기·충격주의, 물기엄금	물기엄금
	그 외	가연물접촉주의, 화기·충격주의	–
제2류	철분, 금속분, 마그네슘	화기주의, 물기엄금	화기주의
	인화성 고체	화기엄금	화기엄금
	그 외	화기주의	화기주의
제3류	자연발화성 물질	화기엄금, 공기접촉엄금	화기엄금
	금수성 물질	물기엄금	물기엄금
제4류		화기엄금	화기엄금
제5류	–	화기엄금, 충격주의	화기엄금
제6류		가연물접촉주의	–

7 (1) 한 변의 길이가 0.3m 이상이고, 다른 한 변의 길이는 0.6m 이상인 직사각형 (2) 백색바탕, 흑색문자

표지의 설치기준(위험물안전관리법 시행규칙 별표 4)

제조소에는 보기 쉬운 곳에 다음의 기준에 따라 "위험물 제조소"라는 표시를 한 표지를 설치하여야 한다.
- 표지는 한 변의 길이가 0.3m 이상, 다른 한 변의 길이가 0.6m 이상인 직사각형으로 할 것
- 표지의 바탕은 백색으로, 문자는 흑색으로 할 것

8 $CS_2 + 3O_2 \rightarrow CO_2 + 2SO_2$

- 이황화탄소의 연소반응식 : $CS_2 + 3O_2 \rightarrow CO_2 + 2SO_2$
- 이황화탄소는 연소하여 이산화탄소와 이산화황을 생성한다.

9 (1) [해설참조] (2) 888.43m³

- 탄소의 연소반응식 : $C + O_2 \rightarrow CO_2$
- 탄소는 연소하여 이산화탄소를 생성한다.
- 탄소 질량 100kg는 100,000g이고 탄소의 원자량은 12g이므로 탄소 100kg의 몰수는 다음과 같다.

$$\frac{탄소의\ 질량}{탄소의\ 몰질량} = \frac{100,000g}{12g/mol} = 8,333.33mol$$

- 탄소 1mol당 산소 1mol이 필요하므로 필요한 산소의 몰수는 탄소의 몰수와 동일하다.
- 표준상태에서 1mol의 기체는 22.4L의 부피를 차지하므로 산소 8,333.33mol의 부피는 $8,333.33 \times 22.4L = 186.67m^3$이다.
- 공기 중 산소는 21%이므로 필요한 공기의 부피는 다음과 같다.

$$\rightarrow 공기부피 = \frac{산소부피}{0.21} = \frac{186.67m^3}{0.21} = 888.43m^3$$

10 (1) 아세틸렌 (2) 22.4L

(1) 생성 기체
- 탄화칼슘과 물의 반응식 : $CaC_2 + 2H_2O \rightarrow Ca(OH)_2 + C_2H_2$
- 탄화칼슘은 물과 반응하여 수산화칼슘과 아세틸렌을 발생한다.

(2) 생성량(L)
- (1)의 반응식을 통해 탄화칼슘 1mol과 물 2mol이 반응하여 아세틸렌 1mol이 발생됨을 확인할 수 있다.
- 표준상태에서 1mol의 기체는 22.4L의 부피를 차지하므로 생성되는 아세틸렌의 부피는 1mol × 22.4L/mol = 22.4L이다.

11 10배

위험물은 지정수량의 10배를 1소요단위로 한다.

12 3.2mm

이동저장탱크는 그 내부에 4,000L 이하마다 3.2mm 이상의 강철판 또는 이와 동등 이상의 강도·내열성 및 내식성이 있는 금속성의 것으로 칸막이를 설치하여야 한다(위험물안전관리법 시행규칙 별표 10).

13 (1) $C_2H_4(OH)_2$ (2) $CH_3COOC_2H_5$ (3) C_5H_5N

제4류 위험물

위험물	품명	분자식	특징
에틸렌글리콜	제3석유류(수용성)	$C_2H_4(OH)_2$	• 무색, 무취의 점성이 있는 액체 • 독성이 있음 • 주로 부동액 및 냉각제로 사용됨
초산에틸 (아세트산에틸)	제1석유류(비수용성)	$CH_3COOC_2H_5$	에스터류로, 아세트산과 에탄올이 결합한 에스터
피리딘	제1석유류(수용성)	C_5H_5N	• 무색의 액체로, 특유의 불쾌한 냄새를 지님 • 주로 화학반응에서 용매로 사용되며, 약물 합성에 중요한 중간체로 사용됨

국가기술자격 제3회 실기 모의고사

1 트라이나이트로톨루엔(TNT)

톨루엔을 진한 질산과 진한 황산으로 나이트로화시키면 탈수되어 트라이나이트로톨루엔(TNT, $C_6H_2(NO_2)_3CH_3$)이 생성된다.

2 $NH_4H_2PO_4 \rightarrow NH_3 + HPO_3 + H_2O$

분말 소화약제의 종류

약제명	주성분	분해식	색상	적응화재
제1종	탄산수소나트륨	$2NaHCO_3 \rightarrow Na_2CO_3 + CO_2 + H_2O$	백색	BC
제2종	탄산수소칼륨	$2KHCO_3 \rightarrow K_2CO_3 + CO_2 + H_2O$	보라색 (담회색)	BC
제3종	인산암모늄	$NH_4H_2PO_4 \rightarrow NH_3 + HPO_4(1차)$ $NH_4H_2PO_4 \rightarrow NH_3 + HPO_3 + H_2O(2차)$	담홍색	ABC
제4종	탄산수소칼륨 + 요소	–	회색	BC

3 ③, ⑥

과염소산 - 제6류 위험물

- 과염소산($HClO_4$)의 분자량은 100.5이다.
- 과염소산은 무색의 액체로 존재하며, 고농도 과염소산은 강력한 산화제이자 부식성 액체이다.
- 과염소산은 농도와 관계없이 위험물로 취급된다. 과산화수소의 경우 농도가 36wt% 이상이면 위험물에 해당한다.
- 과염소산의 가열분해반응식 : $HClO_4 \rightarrow HCl + 2O_2$
- 과염소산은 가열되면 분해하여 유독한 염화수소(HCl) 가스와 산소를 방출한다.

4 $2Al + 6H_2O \rightarrow 2Al(OH)_3 + 3H_2$

알루미늄과 물의 반응식

- $2Al + 6H_2O \rightarrow 2Al(OH)_3 + 3H_2$
- 알루미늄분은 물과 반응하여 수산화알루미늄과 수소를 발생한다.

5 (1) 특수인화물 (2) 제3석유류 (3) 제1석유류

- 아세트알데하이드(CH_3CHO)는 제4류 위험물 중 특수인화물이다.
- 아닐린($C_6H_5NH_2$)은 제4류 위험물 중 제3석유류이다.
- 톨루엔($C_6H_5CH_3$)은 제4류 위험물 중 제1석유류이다.

6 P_2O_5

적린의 연소반응식

- $4P + 5O_2 \rightarrow 2P_2O_5$
- 적린은 연소 시 흰 연기의 오산화인을 생성한다.

7 나이트로셀룰로오스, 나이트로글리세린, 질산메틸

품명	위험물	상태
질산에스터류	질산메틸 질산에틸 나이트로글리콜 나이트로글리세린	액체
	나이트로셀룰로오스 셀룰로이드	고체
나이트로화합물	트라이나이트로톨루엔 트라이나이트로페놀 다이나이트로벤젠 테트릴	고체

8 300kg

제3류 위험물(자연발화성 및 금수성 물질)

등급	품명	지정수량(kg)	위험물	분자식
I	알킬알루미늄	10	트라이에틸알루미늄	$(C_2H_5)_3Al$
	칼륨		칼륨	K
	알킬리튬		알킬리튬	RLi
	나트륨		나트륨	Na
	황린	20	황린	P_4
II	알칼리금속(칼륨, 나트륨 제외)	50	리튬	Li
			루비듐	Rb
	알칼리토금속		칼슘	Ca
			바륨	Ba
	유기금속화합물(알킬알루미늄, 알킬리튬 제외)		–	–
III	금속의 수소화물	300	수소화칼슘	CaH_2
			수소화나트륨	NaH
	금속의 인화물		인화칼슘	Ca_3P_2
	칼슘, 알루미늄의 탄화물		탄화칼슘	CaC_2
			탄화알루미늄	Al_4C_3

9 1m 이상

지하저장탱크의 위치, 구조 및 설비의 기준(위험물안전관리법 시행규칙 별표 8)

지하저장탱크를 2 이상 인접해 설치하는 경우에는 그 상호간에 1m(당해 2 이상의 지하저장탱크의 용량의 합계가 지정수량의 100배 이하인 때에는 0.5m) 이상의 간격을 유지하여야 한다.

10 $2Na_2O_2 + 2H_2O \rightarrow 4NaOH + O_2$

과산화나트륨과 물의 반응식

• $2Na_2O_2 + 2H_2O \rightarrow 4NaOH + O_2$

• 과산화나트륨은 물과 반응하여 수산화나트륨과 산소를 발생한다.

11 (1) [해설참조] (2) 9배

• 과산화수소, 질산, 과염소산은 제6류 위험물로 지정수량이 300kg이다.

• 지정수량 배수 $= \dfrac{저장량}{지정수량}$

• 지정수량 배수의 총합 $= \dfrac{1,200kg}{300kg} + \dfrac{600kg}{300kg} + \dfrac{900kg}{300kg} = 9배$

12 (1) 50L (2) 50L (3) 10,000L

(1) 다이에틸에터($C_2H_5OC_2H_5$)의 지정수량 : 50L

(2) 이소프로필아민[$(CH_3)_2CHNH_2$]의 지정수량 : 50L

(3) 동식물유류의 지정수량 : 10,000L

13 (1) 적색 (2) 백색 (3) 화기엄금

위험물 유별 운반용기 외부 주의사항 및 게시판

유별	종류	운반용기 외부 주의사항	게시판
제1류	알칼리금속의 과산화물	가연물접촉주의, 화기 · 충격주의, 물기엄금	물기엄금
	그 외	가연물접촉주의, 화기 · 충격주의	–
제2류	철분, 금속분, 마그네슘	화기주의, 물기엄금	화기주의
	인화성 고체	화기엄금	화기엄금
	그 외	화기주의	화기주의
제3류	자연발화성 물질	화기엄금, 공기접촉엄금	화기엄금
	금수성 물질	물기엄금	물기엄금
제4류		화기엄금	화기엄금
제5류	–	화기엄금, 충격주의	화기엄금
제6류		가연물접촉주의	–

게시판의 종류별 바탕색 및 문자색

종류	바탕색	문자색
위험물제조소등	백색	흑색
위험물	흑색	황색
주유 중 엔진정지	황색	흑색
화기엄금	적색	백색
물기엄금	청색	백색

국가기술자격 제4회 실기 모의고사

1 제2류 위험물, 제3류 위험물, 제5류 위험물

유별을 달리하는 위험물 혼재기준

1	6		혼재 가능
2	5	4	혼재 가능
3	4		혼재 가능

2 (1) 2.69 (2) $2C_6H_6 + 15O_2 \rightarrow 12CO_2 + 6H_2O$ (3) 200L

1) 벤젠의 증기비중
- 벤젠(C_6H_6)의 분자량 = $(12 \times 6) + (1 \times 6) = 78g/mol$

- 증기비중 = $\dfrac{\text{분자량}}{29(\text{공기의 평균 분자량})}$

- 벤젠의 증기비중 = $\dfrac{(12 \times 6) + (1 \times 6)}{29} = \dfrac{78}{29} = 2.69$

2) 벤젠의 완전연소반응식
- $2C_6H_6 + 15O_2 \rightarrow 12CO_2 + 6H_2O$
- 벤젠은 완전연소하여 이산화탄소와 물을 생성한다.

(3) 벤젠의 지정수량

• 벤젠은 제4류 위험물 중 제1석유류 비수용성으로 지정수량은 200L이다.

3 가연물접촉주의

위험물 유별 운반용기 외부 주의사항 및 게시판

유별	종류	운반용기 외부 주의사항	게시판
제1류	알칼리금속의 과산화물	가연물접촉주의, 화기 · 충격주의, 물기엄금	물기엄금
	그 외	가연물접촉주의, 화기 · 충격주의	–
제2류	철분, 금속분, 마그네슘	화기주의, 물기엄금	화기주의
	인화성 고체	화기엄금	화기엄금
	그 외	화기주의	화기주의
제3류	자연발화성 물질	화기엄금, 공기접촉엄금	화기엄금
	금수성 물질	물기엄금	물기엄금
제4류		화기엄금	화기엄금
제5류	–	화기엄금, 충격주의	화기엄금
제6류		가연물접촉주의	–

4 (1) 탄산수소나트륨($NaHCO_3$) (2) 탄산수소칼륨($KHCO_3$) (3) 인산암모늄($NH_4H_2PO_4$)

분말 소화약제의 종류

약제명	주성분	분해식	색상	적응화재
제1종	탄산수소나트륨	$2NaHCO_3 \rightarrow Na_2CO_3 + CO_2 + H_2O$	백색	BC
제2종	탄산수소칼륨	$2KHCO_3 \rightarrow K_2CO_3 + CO_2 + H_2O$	보라색 (담회색)	BC
제3종	인산암모늄	$NH_4H_2PO_4 \rightarrow NH_3 + HPO_4$(1차) $NH_4H_2PO_4 \rightarrow NH_3 + HPO_3 + H_2O$(2차)	담홍색	ABC
제4종	탄산수소칼륨 + 요소	–	회색	BC

5 (1) $HCOOCH_2CH_3$ (2) $CH_3COC_2H_5$ (3) $C_6H_5CH_3$

6 (1) [해설참조] (2) 24.6L

• 황의 연소반응식 : $S + O_2 \rightarrow SO_2$
• 황은 산소와 반응하여 이산화황을 발생한다.
• 황(S)의 원자량은 32g/mol이므로 32g은 1mol이다.
• 이상기체 방정식으로 이산화황의 부피를 구하기 위해 PV = nRT의 식을 이용한다.

$$V = \frac{nRT}{P} = \frac{1 \times 0.082 \times 300}{1} = 24.6L$$

[P(압력) = 1atm, n(이산화황 몰수) = 1mol, R(기체상수) = 0.082L · atm · k^{-1} · mol^{-1}, T(절대온도) = 273 + 27 = 300K]

7 (1) $C_2F_4Br_2$ (2) CF_2ClBr

할론명명법 : C, F, Cl, Br 순으로 원소의 개수를 나열할 것
• Halon 2402 = $C_2F_4Br_2$
• Halon 1211 = CF_2ClBr

8 아세톤, 에틸벤젠

제4류 위험물 중 제1석유류는 다음과 같다.

위험물	품명
아세트산	제2석유류
포름산	제2석유류
아세톤	제1석유류
클로로벤젠	제2석유류
에틸벤젠	제1석유류
경유	제2석유류

9 (1) 0.5m   (2) 40배 이하

옥내저장탱크 저장소의 기준(위험물안전관리법 시행규칙 별표 7)
- 옥내저장탱크와 탱크전용실의 벽과의 사이 및 옥내저장탱크의 상호 간격에는 0.5m 이상의 간격을 유지한다.
- 옥내저장탱크의 용량은 지정수량의 40배 이하여야 한다.

10 $NaH + H_2O \rightarrow NaOH + H_2$

수소화나트륨과 물의 반응식
- $NaH + H_2O \rightarrow NaOH + H_2$
- 수소화나트륨은 물과 반응하여 수산화나트륨과 수소를 발생한다.

11 특수인화물, 제1석유류, 제2석유류

접지도선의 설치기준(위험물안전관리법 시행규칙 별표 10)
제4류 위험물 중 특수인화물, 제1석유류 또는 제2석유류의 이동탱크저장소에는 다음의 기준에 의하여 접지도선을 설치하여야 한다.
- 양도체의 도선에 비닐 등의 전열차단재료로 피복하여 끝부분에 접지전극등을 결착시킬 수 있는 클립(clip) 등을 부착할 것
- 도선이 손상되지 아니하도록 도선을 수납할 수 있는 장치를 부착할 것

12 ① 25   ② 1

옥내소화전의 설치기준
- 층마다 그 층의 부분에서 하나의 호스접속구까지의 수평거리는 25m 이하가 되도록 해야 한다.
- 각 층의 출입구 부근에 1개 이상 설치한다.

13 (1) 비점   (2) 40

아세트알데하이드등의 저장기준

보냉장치 있는 경우	보냉장치 없는 경우
이동저장탱크에 저장하는 아세트알데하이드등의 온도는 당해 위험물의 비점 이하로 유지할 것	이동저장탱크에 저장하는 아세트알데하이드등의 온도는 40℃ 이하로 유지할 것

1 $4K + O_2 \rightarrow 2K_2O$

- 칼륨의 완전연소반응식
  - $4K + O_2 \rightarrow 2K_2O$
  - 칼륨은 완전연소하여 산화칼륨을 생성한다.
- 칼륨의 또 다른 특징은 다음과 같다.
  - 물, 알코올과 반응하여 수소 발생
  - 공기 중 물과 닿지 않도록 석유(등유, 경유) 속에 저장
  - 주수소화 금지하고 탄산수소염류 분말 소화약제, 팽창질석, 마른모래 등으로 질식소화 해야 함

2 (1) 증발연소 (2) 분해연소 (3) 표면연소

고체가연물 연소형태
- 표면연소 : 목탄, 코크스, 숯, 금속분 등
- 분해연소 : 목재, 종이, 플라스틱, 섬유, 석탄 등
- 자기연소 : 제5류 위험물 중 고체
- 증발연소 : 파라핀(양초), 황, 나프탈렌 등

3 이황화탄소, 벤젠

위험물별 수용성 여부

위험물	수용성 여부
에틸알코올	수용성
이황화탄소	비수용성
아세트알데하이드	수용성
벤젠	비수용성
아세트산	수용성

4 C_2H_6

트라이에틸알루미늄과 물의 반응식
- $(C_2H_5)_3Al + 3H_2O \rightarrow Al(OH)_3 + 3C_2H_6$
- 트라이에틸알루미늄은 물과 반응하여 수산화알루미늄과 에탄을 발생한다.

5 (1) 150 (2) 20, 30

물분무 소화설비의 설치기준(위험물안전관리법 시행규칙 별표 17)
- 방호대상물의 표면적이 150m²인 경우 물분무 소화설비의 방사구역은 150m² 이상으로 할 것
- 수원의 수량은 분무헤드가 가장 많이 설치된 방사구역의 모든 분무헤드를 동시에 사용할 경우에 당해 방사구역의 표면적 1m²당 1분당
- 20L의 비율로 계산한 양으로 30분간 방사할 수 있는 양 이상이 되도록 설치할 것

6 제2류 위험물, 제3류 위험물, 제4류 위험물, 제5류 위험물

유별을 달리하는 위험물 혼재기준

1	6		혼재 가능
2	5	4	혼재 가능
3	4		혼재 가능

7 불건성유

아이오딘값에 따른 동식물유류의 구분

구분	아이오딘값	종류
건성유	130 이상	동유, 아마인유
반건성유	100 초과 130 미만	참기름, 콩기름
불건성유	100 이하	피마자유, 야자유

8 (1) [해설참조] (2) 24.26

- 다이에틸에터($C_2H_5OC_2O_5$)의 연소범위 : 1.9 ~ 48%

- 위험도를 구하기 위한 식 : 위험도 $= \dfrac{\text{연소상한 - 연소하한}}{\text{연소하한}}$

- 위험도 $= \dfrac{48 - 1.9}{1.9} = 24.26$

9 (1) 톨루엔 (2) 200L

톨루엔 – 제4류 위험물(인화성 액체)

- 톨루엔($C_6H_5CH_3$)은 벤젠의 수소원자 1개가 메틸기로 치환하여 생성되는 물질로 제1석유류(비수용성)이며, 지정수량은 200L이다.
- 톨루엔을 진한 질산과 진한 황산으로 나이트로화하면 트라이나이트로톨루엔이 생성된다.
- 물에 녹지 않고 알코올, 에테르, 벤젠에 녹는다.

10 (1) $NH_4H_2PO_4 \rightarrow NH_3 + HPO_3 + H_2O$ (2) [해설참조] (3) 80g

- 분말 소화약제의 종류

약제명	주성분	분해식	색상	적응화재
제1종	탄산수소나트륨	$2NaHCO_3 \rightarrow Na_2CO_3 + CO_2 + H_2O$	백색	BC
제2종	탄산수소칼륨	$2KHCO_3 \rightarrow K_2CO_3 + CO_2 + H_2O$	보라색 (담회색)	BC
제3종	인산암모늄	$NH_4H_2PO_4 \rightarrow NH_3 + HPO_4$(1차) $NH_4H_2PO_4 \rightarrow NH_3 + HPO_3 + H_2O$(2차)	담홍색	ABC
제4종	탄산수소칼륨 + 요소	–	회색	BC

- 인산암모늄($NH_4H_2PO_4$)은 열분해하여 암모니아, 메타인산, 물이 생성된다.
- 인산암모늄($NH_4H_2PO_4$) 115g은 1mol이다.
- 인산암모늄과 메타인산의 반응비는 1 : 1이므로 메타인산(HPO_3)의 질량은 1 + 31 + (16 × 3) = 80g이다.

11 (1) $C_2H_4(OH)_2$ (2) $C_6H_5NO_2$ (3) $C_6H_5NH_2$

위험물	품명	분자식	특징
에틸렌글리콜	제3석유류	$C_2H_4(OH)_2$	• 무색, 무취의 점성이 있는 액체 • 독성이 있음 • 주로 부동액 및 냉각제로 사용됨
나이트로벤젠	제3석유류	$C_6H_5NO_2$	황색의 기름 같은 액체로, 아몬드 냄새가 남
아닐린	제3석유류	$C_6H_5NH_2$	• 무색에서 약간 황색을 띄는 액체로, 특유의 냄새가 남 • 염료, 약품, 고무 화학제품의 제조에 사용됨

12 질소, 아르곤, 이산화탄소

IG-541의 구성성분

질소(N_2) : 아르곤(Ar) : 이산화탄소(CO_2) = 52 : 40 : 8로 혼합되어 있으며, 화재 시 산소농도를 낮춰 화재를 진압하는 역할을 한다.

13 (1) [해설참조] (2) 3배

• 위험물별 지정수량

위험물	품명	지정수량
경유	제2석유류(비수용성)	1,000L
중유	제3석유류(비수용성)	2,000L
등유	제2석유류(비수용성)	1,000L
톨루엔	제1석유류(비수용성)	200L

• 지정수량 배수 $= \dfrac{\text{저장량}}{\text{지정수량}}$

• 지정수량 배수의 총합 $= \dfrac{600L}{1,000L} + \dfrac{200L}{2,000L} + \dfrac{300L}{1,000L} + \dfrac{400L}{200L} = 3$배

14 (1) [해설참조] (2) 270L

위험물제조소 옥외의 방유제 용량 계산식

탱크 2기인 경우 = (최대탱크용량 × 0.5) + (나머지 탱크용량 × 0.1)

　　　　　　　 = (500L × 0.5) + (200L × 0.1) = 270L

성공의 커다란 비결은
결코 지치지 않는 인간으로 인생을 살아가는 것이다.
(A great secret of success is to go through life as a man who never gets used up.)

알버트 슈바이처(Albert Schweitzer)

박문각 취밥러 시리즈
위험물기능사 실기

초판인쇄	2025. 2. 10	
초판발행	2025. 2. 15	

저자와의
협의 하에
인지 생략

발 행 인	박용
출판총괄	김현실, 김세라
개발책임	이성준
편집개발	김태희
마 케 팅	김치환, 최지희, 이혜진, 손정민, 정재윤, 최선희, 윤혜진, 오유진
일러스트	㈜유미지

발 행 처	㈜박문각출판
출판등록	등록번호 제2019-000137호
주 소	06654 서울시 서초구 효령로 283 서경B/D 4층
전 화	(02) 6466-7202
팩 스	(02) 584-2927
홈페이지	www.pmgbooks.co.kr

ISBN	979-11-7262-269-5
정가	22,900원

이 책의 무단 전재 또는 복제 행위는 저작권법 제 136조에 의거, 5년 이하의 징역 또는 5,000만원 이하의 벌금에 처하거나 이를 병과할 수 있습니다.